How to Improve Innovative Thinking Ability?

创新思维力

吴寿仁 著

新华出版社

图书在版编目（CIP）数据

创新思维力 / 吴寿仁著.
——北京：新华出版社，2015．5
ISBN 978-7-5166-1679-6

Ⅰ.①创… Ⅱ.①吴… Ⅲ.①创造性思维 Ⅳ①B804.4
中国版本图书馆CIP数据核字（2015）第094230号

创新思维力

作　　者：吴寿仁

出 版 人：张百新		责任编辑：庆春雁	
特约策划：陈占宏		版式设计：张晓东	

出版发行：新华出版社
地　　址：北京石景山区京原路 8 号　　邮　　编：100040
网　　址：http://www.xinhuapub.com　http://press.xinhuanet.com
经　　销：新华书店
购书热线：010－63077122　　　中国新闻书店购书热线：010－63072012

设计制作：上海静睿印务科技有限公司
印　　刷：上海南朝印刷有限公司

成品尺寸：170mm×240mm
印　　张：20.5　　　　　　　　字　　数：258 千字
版　　次：2015 年 5 月第一版　　印　　次：2015 年 5 月第一次印刷

印　　数：1-10000册
书　　号：ISBN 978-7-5166-1679-6
定　　价：46.00 元

图书如有印装问题，请与印刷厂联系调换：021-64221587

目 录

前言

　　企业要发展必须创新，个人要进步，也必须创新。创新离不开创造，创造离不开思维。能够引发创造的思维就是创造性思维，引发创新的思维就是创新思维。

2010年笔者受上海市人力资源与社会保障局和上海市科学技术委员会的委托，编写了上海市专业技术人员创新公需科目继续教育辅导教材《创新知识基础》一书。该书从专业技术人员从事创新活动的角度出发，由创新概述、创新思维、创新方法、创新管理、创新模式和创新政策六章内容构成。自2012年以来《创新知识基础》一书先后进行了两次修订，以确保该书能够顺应科技创新新形势的变化和需求。2013年底，笔者着手考虑对此书作第三次修订。经过创新公需科目四年来的教学实践和培训教师的反馈，以及专业技术人员的创新实践需求，笔者初步考虑将修订的重点放在"创新思维"这一章。这主要基于两个原因：一是在科技创新活动中，创新思维显得更加重要。党的十八大报告提出实施创新驱动发展战略，并将科技创新摆在国家发展全局的核心位置。党的十八届三中全会决定提出，深化科技体制改革，建立健全鼓励原始创新、集成创新、引进消化吸收再创新的体制机制，健全技术创新市场导向机制。全国上下对科技创新工作的重视程度前所未有，科技创新实践活动开展的深入程度也前所未有。创新活动的开展需要善于运用创新思维，而用好创新思维的前提就是需要深入认识创新思维。二是在前两次修订中，涉及创新思维的内容不多。基于这样的原因，笔者开始着手修改"创新思维"这一章内容。

修订辅导教材是一件比较痛苦的事情，既要顺应形势的变化，不断充实新的内容，又要保证篇幅的相对稳定，删减一些不必要的内容，也就是要求增减幅度必须基本同步。增加内容相对容易一些，但删除内容却比较困难。因为修订教材实际上要打破原有的知识体系，构建新的知识体系。单纯的"破"与"立"均比较容易，但在"破"的基础上进行"立"却不那么容易了。

经过近半年的学习、调研和思考，笔者在动笔修改时，发现随着认识的深入，需要增加的内容越来越多，而删减却越来越难。又经过两个月的痛苦煎熬之后，笔者突然灵光乍现，何不跳出"创新思维"一章修订的定势思维的局限，干脆另起炉灶，重新写一本有关创新思维的书呢。主意已定，笔者就开始重新安排内容，按照成书的要求进行编写。

创新是人们的一种价值判断，即与过去相比有新的进步就是创新。无价值则无所谓创新，与过去相比无进步也无所谓创新。为追求新的有进步意义的结果，这就对我们的思维提出了新的要求，追求新的有进步意义结果的思维就是创新思维。与之相反的是再现性思维。所以说，创新思维不是一种新的思维方式，更不是一种新的思维形式，而是改变平时思考问题的角度、方式、方法等，得出超出平常的新见解。换句话说，创新思维是一种统称，是对凡是能够产生新的有进步意义的各种思维形式、思维方式的统称。我们与其去探询所谓的创新思维是什么，还不如设法从已有的思维形式或思维方式中得到新的有进步意义的结果，在运用各种思维形式、思维方式时，改变视角，或退后一步，或跨前一步，或站高一步，或往下站低一步，从多个视角看事物，便可将事物看得更周全一点；或者改变思考问题的方式方法，将问题想得再远一点，再深一点，再透一点，再细一点，再清楚一点，既要想象出事物的轮廓，又要想清楚事物的细节，既要将问题当成一个整体进行思考，也要拆分成若干个局部进行思考。在思考问题时，我们还可以作出各种假设，可否把复杂问题作简单化处理，或者可否把简单的问题想得再复杂一些；也可将多个事物组合起来，或者将一个事物拆分成多个事物；还可再拓展一些，在现有事物上增加一些，或者减少一些等。通过这样的转换或转变，我们能不能得到新的事物，寻找到现有问题新的解决办法。将简单问题复杂化思考，或对事物进行组合，或在现有事物上增加事物，实际上就是发散思维，与此相对应的，将复杂问题简单化思考，或对事物进行拆分，或在现有事物上减去部分，就是收敛思维了。

本书大致可分为五个部分共十一章。第一部分是引言，即第一章。第一章换一种视角看创新的内涵，改变已有对创新下规范定义的方式，而是采取描述的方式，从多个视角来看创新，可对创新有一个直观且立体的印象。既然是介绍思维的书，为叙述方便，第一章对思维作了一个不完整的介绍，进而对创新思维作了简要的介绍。为方便读者对创新思维有一个直观的了解，第一章分析了一个大家比较熟悉的案例，该案例无论从创新的角度还是思维的角度，都是比较典型的，是值得借鉴的。

第二部分讨论创新思维的障碍，即思维定势和思维偏见。无论思维定势还是思维偏见，都是人的心理在起作用。由于心理因素，你所见到的，听到的，感受到的，不一定是真实的。也就是说，人与事物之间虽然面对面，却隔着一层——"人心"，从而使你对事物作出误判。当然，任何事物都有两面性，既有不利的一面，也有有利的一面。也许你会认为，相对于创新活动而言，思维障碍会错失一些机遇，阻碍了创新，是弊大于利。但是，你也可利用他人的思维障碍抓住机遇，变不利为有利。因此，学习和了解思维障碍，就是要努力克服其不利的一面，用好其有利的一面。

本书第二章介绍了思维定势的基本概念，它主要表现为惯性思维、线性思维、模式思维、习惯思维等。惯性、线性、模式和习惯的内涵是比较相近的，有些文献干脆将思维定势等同于惯性思维，但在现实生活中各自的使用情景又有些细微的差异。思维定势的形成机制就在于人们内心隐藏的"偷懒"心理，克服"偷懒"心理就可以克服思维定势了。

第三章介绍了思维偏见的基本概念，其表现形式多种多样，包括利益偏见、经验偏见、位置偏见、文化偏见等。随着行为心理学的发展，人们发现偏见的表现形式五花八门，本书只是列举了一小部分，难以穷举。偏见的形成机制主要是心理暗示、心理归纳和心理图式。要完全克服心理偏见是不可能的，只能运用各种创新思维来减缓其程度。

第三部分有关创新思维的基本方式，包括发散思维、收敛思维、形象思维、抽象思维和联想思维，分别是本书的第四、五、六章。正如前面所介绍的，思维本身并没有创新与不创新之分，只是将有利于创新的思维统称为创新思维而已。事物总是矛盾运动的，有正的一面，往往也存在负（或背）的一面；有放的一面，也就有收的一面。为充分认识各种思维方式，本书将相近的思维方式或思维形式放在一起介绍，将相互对立的两种思维方式放在一起介绍，以增强体系感和立体感，也有利于结合起来运用，或者交互运用。

第四章介绍思维方向，即思维的发散性和收敛性，主要是发散思维与收敛思维及其各种表现形式。通常情况下，横向思维、逆向思维、多向思维、求异思维、立体思维、平行思维被认为是发散思维，或等同于发散思维。尽管纵向思维、顺向思维、单向思维、求同思维、垂直思维不能完全等同于收敛思维，但为了使各种思维形成强烈的对比反差，将纵向思维与横向思维、顺向思维与逆向思维、单向思维与多向思维、求同思维与求异思维、平面思维与立体思维、平行思维与垂直思维等都放在第三章介绍，有助于读者深入认识并理解运用各种思维方式。

第五章介绍思维的认知方式，即思维的形象性与抽象性，主要是形象思维与抽象思维，以及各种相近的思维方式及其思维形式。感性思维与理性思维相对，分别与形象思维与抽象思维相近。逻辑思维属于抽象思维，逻辑思维与辩证思维相对，而在逻辑思维中又分形式逻辑与辩证逻辑。想象是形象思维的形式，推理是抽象思维的形式，而且想象与推理是相对立的。归纳和演绎都是逻辑思维形式，而且又是相反的思维形式。

第六章介绍联想、联想思维及其方法和形式。联想既是一种发散思维，又是一种形象思维，既有发散思维和形象思维的某些特点，又有自身的特点。想象、直觉、灵感和类比都是联想思维的基本形式，但想象也是形象思维的形式，已经在第五章中作了介绍，类比不仅是一种联想思维形式，又是一种推理方式，是推理与联想的结合，这一章还介绍了直觉、灵感两种思维形式。

第四部分讲述了创新思维方式的综合运用，包括思维转换、思维视角、思维品质和思维层次，分别为第七至第十章。严格意义上讲，思维转换、思维视角、思维品质和思维层次所涉及的各种思维方式都不是基本的思维方式，而是基本思维方式的综合运用。能不能创新，关键在于运用，即在创新活动中灵活运用各种思维形式或方式。当然，这样的分法也并不很严格，为了叙述方便和篇幅的平衡，本书作了并不很严格的归类。

第七章讨论的思维转换，是指在创新活动中从一种思维方式转换成另一种思维方式。既然是转换，就是从甲转到乙，或者从乙转到甲，或者甲与乙相互转换，实际上主要是联想思维的综合运用。换轨思维是思维方式的转换，换位思维是思维主体转换立场或位置进行思维，跳跃思维是思维主体转换思维对象，移植思维和侧向思维都是联想思维的具体形式。由于没有条条框框的限制，这样的思维转换也可看成是发散思维。

第八章讨论思维视角，从思维主体的角度介绍了一些常用的思维方法，各种思维方法反映出思维主体的心理因素和价值判断。思维主体不同的心理状态、不同的价值判断，得出的思维结果的差异是比较大的。批判性思维、质疑思维都是寻找问题的思维，从事物的现实出发，找到创新的契机。包容性思维是针对不相容或矛盾的事物，找到共通之处，化干戈为玉帛。弹性思维是指处理问题时要留有余地。刚性与柔性、开放与封闭是思维主体看待事物的角度，而正面与负面、光明与黑暗都是思维主体看待事物的态度。当然，思维主体以不同的角度与态度进行思考，结果会相差很大。协同思维和众向思维都是思维主体借助外力解决问题的思维方式。

第九章讨论的思维品质主要基于思维对象，从思维对象出发进行思维。当然思维对象也会反作用于思维主体，进而影响思维主体的价值判断和思维活动。把思维对象看成是历史的还是未来的，是宏观的还是微观的，是静态的还是动态的，对称的还是非对称的，以及抓住思维对象的整体或部分（底线），均有不同的结果。

第十章讨论的思维层次，更多的是从变动的角度来看思维对象，从简单到复杂或从复杂到简单、合合分分或分分合合、加加减减或减减加加，因没有固定的思维模式，也没有参照对象，更需要智慧，更体现出思维的灵活性和辨证性。互联网思维是基于互联网的思维方式，是一种复合性思维，是多种思维方式的综合运用。

第五部分是结语，即第十一章讨论了思维能力。思维障碍、思维方式及其应用，最终取决于其思维能力。你掌握了每一种思维形式、每一种思维方式方法，却不能灵活运用，还是不行的。掌握各种思维方式方法是基础，灵活运用并提高思维能力很重要。第十一章介绍了提升思维能力的方式方法和途径。

在写作本书的过程中，笔者也经过了创新思维的洗礼，写完之后，自我感觉：考虑问题的角度多了，思维更活跃了，遇到问题时点子多了，思考问题的条理性更强了，平时也更加注重观察和积累，对一些司空见惯的情况，也喜欢问些为什么，在大脑里多转几个弯。阅读能激发灵感，交流能激发灵感，观察也会激发灵感，因此平时多阅读、多交流、多观察、多思考，自己就会在潜移默化中发生改变。许多过去想不明白的，甚至有些钻牛角尖的东西，现在也逐渐明白了，变得更洒脱了些。

本书写完之后，分别发给大学教授、培训机构的培训讲师、协会负责人、科技行政机关科技管理人员、企业科研人员、企业的一线工作人员、大学在读研究生、媒体负责人等审读，他们对本书提出了不少宝贵的意见，给予了积极正面的评价，表示读后较有收获，值得一读。正像一位大学教授所说的，该书适合各种人群阅读，包括大学生、研发人员、管理人员、营销人员等，特别是当读者在进行研发、设计、策划等思维活动遇到障碍时，看看本书，既是一种休息，也许也能从中找到灵感，打开思路，从而突破障碍。

本书只是一种尝试，还有许多不完善的地方，甚至错漏之处可能还不少，敬请读者批评指正。本书参考了大量的书籍，参考文献所列书目，百度百科以及网上的许多文献，给予笔者很多营养。书中的许多案例有些引自文献（其中，标"Φ"的案例引自龙柒的《世界上最伟大的50种思维方法》），有些来自我们的工作和生活。由于一些案例在多种参考文献中出现过，详略各有不同，本书在引用时尽量还原其事实，而且只是用于说明本书的观点。在本书写作过程中，笔者尽可能对所引用的或者参考的文献注明出处，但可能存在差错，如有不当之处，敬请谅解。

吴寿仁

2015年5月3日

01

创新与思维

　　创新就是要突破传统、打破常规，而突破传统、打破常规必须改变认识，以开放的心态，积极的态度，或者转变思维方式，避免重复的或再现式的思考，以新的视角看待事物，在事物的隐秘之处发现机会，寻求突破，创造价值。思维是思考的维度，包括思考的角度、层次、品质等。因此，创新与思维密不可分，改变现状、突破常规的思维就是创新思维。

　　在自然界中，人类与其他生物相比具有许多特征，其中最显著的特征就是具有复杂思维的能力。由于具备了这种能力，人类才最终成为适应自然并改造自然的主体。

01 创新就是更好地实现价值

（1）创新就是解决问题。马云说，"我从不使用咨询公司，也很少理会学者的说法，因为他们的理论都是事后归纳出来的。创新绝对不是提前就设计好，按图索骥地一步步走下来的。创新没有理论，也没有公式，就是一个个地解决问题。我相信，天下有一千个问题，就有一千个回答。"

1994年底，马云在美国上网时发现，当时的互联网上没有任何关于中国商品的信息，于是他就有了把中国企业的商品信息放到网站上去的想法，以期让老外帮中国企业做事情。回到杭州以后，他咨询了大批的老师，他们都反对。他又请了他所在夜校的24个学生到他家里进行讨论，经过两个小时的讨论，23个人表示反对，只有一个人说，他想试试的话，就去试试看，于是他就决定去试试。当时马云想注册一家互联网公司，到工商部门去注册公司的时候，他花了一个多小时向工作人员解释互联网公司是什么，但工作人员却说在字典里没有互联网这个词，于是他就组建了杭州第一家电脑资讯服务公司。

一开始，马云就确定了通过电子商务帮助小企业发展的战略，今天看来那是成功的。但他说，在当时他没有其他选择。因为当时的网络经济模式只有三种：一是门户网站；二是游戏网站；三是电子商务。做门户网站，需要大量的资金和充裕的资源，但他当时没钱没资源。做游戏网站的话，他又不想让小孩子们泡在游戏里。于是，他只能做电子商务了。

支付宝，也是被"逼"出来的。当年，淘宝做得很热闹，却没办法进行交易。中国的网上诚信现状倒逼他们必须解决支付的问题。支付宝的模式实质上是"中介担保"。马云形象地解释说：假如你买一个包，我不相信你，钱不敢汇过去，就把钱放在支付宝里面。你收到包以后，你满意了，"中介"就把钱汇给包的供货商。你不满意的话，就通知"中介"把钱退回给你。当时他和学者们谈到那种想法时，他们都说："太愚蠢了，这个东西几百年以前就有。早就淘汰了，你干吗还要做？"但是，马云不是想去创造一种新的商业模式，只是为了解决很现实的交易问题。

马云的成功，并不是从创业的第一天开始就设计好的，或者规划好的，而是成功地解决一个个问题、满足客户一个个需要，一步步地走出来的。如果说有模式的话，马云总结他们的模式就是"需求"出来的，即根据客户需要来调整自己。客户要什么，他们就调整成什么。

（2）创新就是要让产品货真价实。同仁堂从1669年创办至今已有340多年，享誉海内外，树起了一块金字招牌，可谓是药业史上的一个奇迹，靠的是"真材实料＋信仰"。在开业之初，同仁堂就十分重视药品质量，并以严格的管理作为保证。创始人乐显扬的三子乐凤鸣在其编著的《同仁堂药目》一书的序言中写到：遵肘后，辨地产，炮制虽繁，必不敢省人工；品味虽贵，必不敢减物力。意思是严格依方配制，辨明原料的产地，做产品的工艺过程虽然繁琐也不能偷懒，材料即便贵也要用最好的。"炮制虽繁必不敢省人工，品味虽贵必不敢减物力"，不仅是同仁堂的圭臬，也是同仁堂对后世的"千古一诺"。其核心思想就是"真材实料"。如果企业都能这样做，就不会有毒大米、三聚氰胺、染色馒头等的了。

要做到"真材实料"，说起来简单，做起来很难。如何做到"真材实料"呢？同仁堂又提出："修合无人见，存心有天知。"意思是说，你所做的一切，只有你自己的良心和老天知道。

同仁堂做到基业长青，就是坚持做到真材实料和对得起良心这两条，并由此形成"配方独特、选料上乘、工艺精湛、疗效显著"四大制药特色，生产出了众多疗效显著的中成药。其背后就是坚持创新，包括体制机制创新、经营管理创新和技术创新，以适应不断变化的社会经济发展环境。例如，1954年同仁堂率先实行了公私合营；1957年成立中药提炼厂，开创中药西制的先河；1992年成立集团公司；1997年进行现代企业制度试点，并成立股份公司，在上海证券交易所上市；2000年成立生物技术公司，向生物技术领域开始探索。只有坚持创新，才能在不断变化的外部环境中生存发展，才能"以不变应万变"，即以"真材实料"这个"不变"应对社会经济变化这个"万变"。

如果你打着创新的幌子偷工减料，走所谓的捷径，就会像三鹿奶粉等公司那样，死得很惨。

（3）**创新就是让客户超出其预期。**海底捞是一家川味特色的火锅店。你去过海底捞的话，就会发现就餐环境实际上是很嘈杂的，但服务员却有着发自内心的笑容，他们的笑容真的能够打动人。为什么海底捞的服务员会有发自内心的笑呢？因为他们的工资比同行业平均工资高出30%。

海底捞善待员工，员工自然就会善待顾客，顾客得到了尊重，享受到了好的服务，超出了其预期，就会形成好的口碑。例如，曾有人在微博上发了一个段子，讲的是有个客人在海底捞吃完饭后，想将餐后没吃完的西瓜打包带走，海底捞说不行。可是当他结完账准备离开时，一个服务员拎了一个没有切开的西瓜对他说："您想打包，我们准备了一个完整的西瓜给您带走，切开的西瓜带回去不卫生。"一瞬间，那个客户被深深打动了。这就叫口碑。

为什么海底捞表面上看破破烂烂的，进去闹哄哄的，却有那么好的口碑呢？就是因为包括服务员的笑容在内，海底捞在很多细节上做得很好，征服了每个顾客：一是为等待就餐的顾客提供免费美甲、美鞋、护手，以及免费的饮料、零食和水果；二是服务员来自五湖四海，顾客可以找老乡服务，态度很热情；三是味道地道，有10多种锅底和20余种调料，顾客可根据自己的喜好任意调配，还有免费水果和小米粥或是银耳汤等；四是价廉物美，所有的菜品都可以点半份，半份半价，而且价格不高，这样就可以品尝更多种类的食物。这些细节上的举措，与其他同类火锅店相比，更体现了对顾客体贴周到的关心，超出了顾客对同等火锅店的预期。别人没做到的，你做到了，就是创新。创新并不需要"高大上"，而是把细节想到并且做好，超出一般水平，超出预期就是成功。

（4）**创新就是让客户享受低价的服务。**沃尔玛这个零售业巨头，之所以取得成功，是因为让客户享受低价的服务。在50多年前，老山姆在家乡创办了一个杂货店。当时他发现美国流通行业的平均毛利率高达45%。老山姆心想，我只赚别人一半的钱，只要将毛利率做到22%，即天天平价，销量可以是别人的好几倍，肯定能赚钱。于是他把"天天平价"做成了沃尔玛创办的Slogan。当别的连锁店毛利率高达45%的时候，沃尔玛只有22%，很有竞争力，但从理论上讲肯定要亏本。

老山姆琢磨了很久，想出了一个主意，即设想只要便宜100美元，美国人就会愿意开车到10英里以外的地方购物。于是他的店不开在城市中心，而是开在偏远的郊区，在郊区找了一个旧仓库开店，将所有的成本降到最低，就算毛利率只有22%，也有几个点的净利润。就这么一个创新举措，沃尔玛只用了30年就成为世界第一。这其中的秘密，就是做到了更高的效率。效率高了，价格才能降低。

Costco（好市多，美国最大的连锁会员制仓储量贩店）也是如此。例如，新秀丽牌子的大箱子，在国内卖9000多元人民币，而Costco只卖150美元，即900多元人民币。因为Costco的信条是：所有的东西，只有1%—14%的毛利率，平均毛利率只有7%。任何物品的定价如果毛利率超过14%，必须经过CEO批准，再经过董事会批准。如此低的毛利率是不赚钱的。那怎么赚钱呢？通过会员费来盈利。凡是要到Costco买东西的，必须成为其会员。它有2000多万个会员，每个会员每年交会员费100美元。Costco店面大概只有沃尔玛的1/4，每类商品只有两三个品牌，但都是最好的，也是最便宜的。

无论是沃尔玛还是Costco，都是让顾客购买低价的服务，要想在低毛利率下生存，就必须提高运作效率。要提高运作效率，就必须创新。

（5）创新就是为客户提供质优价廉的产品。 雷军认为，最好的产品就是营销，最好的服务就是营销。他相信，好的产品或服务能够打动消费者，能够口口相传，进而会有很强的生命力和渗透力。为了做更好的产品，小米采用的材料全部用全球最好的。处理器用高通的，屏幕是夏普的，组装交给全球最大的平台——富士康。刚开始，小米从擅长的软件入手，开发了基于安卓的MIUI。2010年4月6日小米公司成立，同年8月16日发布了MIUI第一个版本。10月，MIUI就从国际上火起来了，并获得了安卓最佳产品的提名。

产品不仅要好，还要便宜。小米第一款产品出来时成本高达2000元人民币，定价只有1999元，因而是零毛利。随着生产规模的不断扩大，产品才逐步有百分之十几的毛利率。小米要以如此低的毛利率赚钱，必须严格控制整体的运作成本。小米已经将整体运作成本控制在5%以内，2012年是4.1%，2013年是4.3%。小米现有员工7500人，其中5000人在服务部门，2500人在研发运作部门。以2014年预计的750亿元到800亿元的营业额来说，运作效率是极高的。小米是如何做到的呢？一是专注。小米的哲学是"少就是多，一定要专注"。为把手机做好，每年只出一两款手机。雷军对每款手机都要使用半年以上，所以对每款产品好在哪里不好在哪里都很清楚。二是简单，即简化流程。小米认为简单就是核心竞争力。小米开设了一个网站，等用户上网购买，把中间渠道、零售店等全部省掉了。三是少雇人，对人才精挑细选，不惜代价地吸引各方顶级的人才。小米所选用的人才必须是处于行业的前两三百位，有十年以上的经验。

（6）创新就是造就强大的向心力。 华为是一家纯民营企业，是《财富》（Fortune）

世界500强企业中唯一一家非上市公司，2013年华为的营收为349亿美元，超过爱立信的336亿美元，成为全球通信产业的龙头。华为的营收70%来自海外，在150多个国家拥有500多个客户，超过20亿人每天使用华为的设备提供的通信服务。华为有强大的技术创新能力，拥有3万项专利技术，其中40%是国际标准组织或欧美国家的专利。

1987年任正非以2万元起步，27年来，华为一路成长到今天，取得如此大的成就，关键因素是什么？许多人将其归诸于中国政府的支持，实际上，关键有两条：一是员工关系；二是客户关系。把客户服务做透，是华为制胜的关键。但客户服务要靠员工去做，所以最核心的是华为的员工敢冲、敢拼。为什么华为的员工敢冲、敢拼呢？一是华为采用了史无前例的奖酬分红制度。在华为有"1+1+1"的说法，即员工的薪酬中，工资、奖金、分红三者比例是相同的，各占三分之一。员工在华为工作2至3年，就享有配股分红的资格。在华为的股权结构中，任正非本人所持股票只占1.4%，其余的98.6%归员工所有，在15万名员工中有7万人持有股票。持股员工除无表决权不能出售、拥有股票之外，可以享受分红与股票增值的利润。而且，华为每年所赚取的净利润，几乎是百分之百分配给股东。例如，2010年华为的净利润达到238亿元人民币，是有史以来最高的，股息是每股2.98元人民币。以一名在华为工作10年、绩效优良的资深主管为例，配股可达40万股，其股利就高达近120万元人民币。这一项收入就比许多外资企业高级经理人的年收入还高。这就等于把公司的利益与员工的个人利益紧紧地捆绑在一起。这也正是员工甘心乐意为公司为客户卖命的原因所在。这也造就了华为式管理的强大向心力。二是以客户为中心的企业文化。在华为的企业文化中核心有三条：第一条是"以客户为中心"；第二条是"以奋斗者为本"；第三条是"持续而艰苦地奋斗着"。这三条不是墙上挂挂，嘴上喊喊，而是实实在在地践行着。华为不允许员工讨好上司，禁止上司接受下属的招待，所有员工必须一门心思地思考客户的需要。所以在华为，没有潜规则，或者说，潜规则与显规则是一致的。

华为的上述举措，哪一项不与创新有关？华为是创新能力最强的公司之一，所取得的巨大成就都源于其强大的向心力，而强大的向心力造就其强大的创新力。

（7）创新不力就可能被淘汰。 不创新，或者创新不够，后果是非常严重的。例如，曾经风光无限的诺基亚、柯达、摩托罗拉等都风光不再了。

2012年1月19日，拥有131年历史的摄影器材企业——柯达向法院递交破产保护申请，让人唏嘘不已。在辉煌时期，柯达曾占据全球胶卷市场的2/3。然而，由于数码影像方便快捷、易于分享的优势，随着数码成像技术的发展与普及，数码影像产品以迅雷不及掩耳之势席卷全球，传统的胶片市场迅速萎缩，柯达的胶卷业务出现了明显的滑落。早在2003年，柯达影像部门的销售利润从2000年的143亿美元锐减至41.8亿美元，跌幅高达71%。在2005—2011年间，除2007年盈利6.76亿美元外，其余年份均亏损。

曾经风光无限的摄影业龙头老大为何会走到没落的境地呢？主要原因在于，未能认清摄影行业的发展趋势，逆势而行，并在错误的道路上渐行渐远，以至于逐渐被市场所抛弃。

按理说，柯达其实早在1975年就发明了世界上第一台数码相机，是数码相机的首创者，本应拥有先发优势。但是，柯达却担心该新技术会对传统的胶片市场造成不利的影响而将它"雪藏"起来，最终导致了自己的灭亡。腾讯汲取了柯达的教训，正当QQ兴起之时，突然冒出了微信。有了QQ，还容得下微信吗？腾讯在权衡利弊后，及时推出了微信，避免了微信的流失并且被微信所颠覆的风险。

历史是不能假设的。如果当初柯达对市场趋势有正常且敏锐的嗅觉，并作出前瞻性的判断，在传统的胶片市场之外，努力在数码影像技术方面寻求新的增长点，也许它依然是摄影摄像行业的龙头老大。

柯达的破产有两点启示：一是任何成熟技术都有被新技术完全替代的可能，今天的畅销品明天就有可能被淘汰。企业只有随时保持敏锐的嗅觉和前瞻的眼光，把握住市场的发展趋势，并坚持不懈地进行创新，才能在激烈的竞争中立于不败之地。二是发明与创新不是一回事，只有发明而不去努力实现发明的价值，或者只善于发明而不善于转化发明成果，发明的价值得不到实现，发明是转化不成现实生产力的，发明的优势就转化不成竞争优势。所以，发明只是创新的一个环节，发明的价值没有得到实现，那还不是创新。创新就是实现发明的价值。

正反两方面的案例充分说明，当今是变革的伟大时代，人们的生活方式已经发生了根本性的变化，来不及顺应变革且大力创新的企业，必定遭遇前所未有的劫难。例如，国美、中国联通和中国移动等过去辉煌的企业，当今的日子越来越艰难了。

创新不仅限于高新技术产业，而是发生在各行各业，而且创新往往是跨界的，而跨界的，往往不是本专业领域的，大多来自另一个领域。 它们往往神出鬼没，在你还没有意识到的时候就悄悄地出现了，你都不知道它们是从那里窜出来的。如果你醒得慢、醒得晚、反应不够快的话，很快就会落伍，甚至被淘汰。例如，马云的交易平台导致大量的商铺租不出去了，大量的书店、服装店、鞋店、精品店等面临着倒闭的风险；刘一秒和刘文华的培训颠覆了中国培训业；……

当今的世界，你不创新，或者创新力不够的话，随时有被跨界者所颠覆或者替代的可能。无论是哪一家公司，如果不能够深刻地意识到随着消费体验的改变，金钱的流向所发生的改变，那么无论你过去有多么成功、多么辉煌，未来都只能苟延残喘，直到破产倒闭。

随着互联网技术的发展，互联网将会像以往蒸汽机、电力那样渗透到各行各业、各个领域，并成为一件非常有用的工具。学科之间、行业之间、领域之间交叉渗透将会越来越深刻，边界正被打破。在行业发展中，传统的广告业、运输业、零售业、酒店业、服务业、医疗卫生业等，都有可能被逐一击破。新产业、新业态、新技术、新模式正不断涌现，更便利、更关联、更全面的商业系统正在逐步形成。

微信在悄然改变人们的生活，使人们从家庭、办公室的局限中解脱出来，进入一个极大的、广阔的社交需求时代。机场、酒吧、咖啡厅、酒店、餐厅、银行、飞机舱等都有可能改变原来的功能或用途，将成为跨界的对象，成为人们娱乐、交际的场所。

你不跨界，就会有人跨到你这边来打劫。未来像马云、马化腾那样的"搅局者"将遍布各个领域，他们只是开了个头而已，今后所发生的故事，将会越来越精彩。跨界就是创新，创新就是创造新的事物，解决新的问题，实现新的价值，取得新的有进步意义的结果。

创新的问题实际上是思维的问题，华为等公司的成功就在于突破了思维的局限，大胆前行，柯达的失误却是犯了思维上的错误，舍不得丢弃已到手的胶片市场，殊不知，胶片市场已经严重萎缩。守着日益萎缩的市场，其命运只会是日益走向衰败。因此，要创新，必须解决思维的问题，必须突破思维的障碍。

然而，创新必须从实际出发。史玉柱提出，创新不是一个口号，要从实际出发，要以企业的实力为基础。他认为，创新主要基于三个方面：一是管理创新，而管理的目的是最大限度地发挥员工的主观能动性，降低成本；二是产品创新，让客户觉得产品好用，如让玩家觉得其游戏好玩；三是营销创新，以最低成本获得最大的产出、最高的销售额。[①] 例如，2004年史玉柱在组织开发《征途》产品时，制订研发计划时的定位是3D，但经过市场调查发现，月收入1500元以上的游戏玩家，喜欢2D的人占70%以上，其中在上海喜欢3D的只占3%。更大的市场在县城、小城市、城镇，甚至乡村。他们还分析，要做到80万人同时在线，认为三年之内只有2D有可能。于是他们改用2D。所以史玉柱得出结论，创新应当从实际出发，不应该把创新作为一个广告。

---

① 引自《史玉柱口述：我的营销心得》（剑桥增补版）。

02 思维：从表象深入到本质

下雨是一种常见的自然现象，对这一自然现象的感知觉，仅仅是直接作用于人的感官，是对这一现象表面的认识；如果要研究为什么会下雨，并把这一现象与玻璃窗上结水珠、水管"冒汗"、壶盖上滴水珠等现象联系在一起，那就会发现它们都是"空气对流"的表现或者"水蒸气遇冷液化"的结果，这就深入到事物的内在机理与因果关系的思维之中了。

在日常生活中，读书、看报、说话等日常行为均有思维活动，并根据客观世界的变化主动地作出调整。"思"是指思考，即动脑筋，"维"就是维度、角度，即套路。从字面来理解，思维就是思考的维度。**从常理上讲，思维是指人们在有关思维客体的表象、概念的基础上进行分析、综合、判断、推理等认识活动的过程。**从思维方法来看，思维主体和思维客体都是一样的，只是基于的表象、概念不同，采取的思维方法不同，进行的思维过程不同，得到的结果也不同。

从认识论的角度看，思维是人类大脑对事物概括的和间接的反映，是对事物的本质和事物间规律性联系的反映，属于理性认识。要认识思维，必须了解大脑的构成，它是由两个部分、三位一体和六个通道构成。"两个部分"是指大脑分为左右两个部分，即左脑和右脑；中间通过多达3亿个细胞组成的胼胝体相联。左右脑的功能是不同的，左脑具有语言符号、分析、逻辑推理、数字计算等抽象思维的功能，主要进行理性、分析和逻辑思维，其信息处理的方式是串行的、继时的，思考方式是收敛性的、因果式的，是抽象思维中枢；右脑具有非语言的、综合的、形象的、空间位置的、音乐的等形象思维的功能，主要进行形象、非逻辑和创新思维，其信息处理的方式是并行的、空间的，其思考方式是发散性的、非因果式的，是形象思维中枢。连结左右脑全部皮质的横行神经纤维束被称为胼胝体，估计有4亿条神经纤维束，使左右脑两部分互通信息。从左右脑的功能特点来看，左右脑主要储存着两种信息，即语言信息和形象信息，或者说是概念系统和形象（或称表象）系统；也存在着两种不同的编码系统，即抽象记忆、抽象思维与形象记忆、形象思维，分别是大脑的两种基本编码系统。可见形象记忆与抽象记忆是人类的两种基本记忆，形象思维与抽象思维也是人类的两种基本思维。它们有各自的规律，也称为记忆思维的基本规律。对于这些基本规律的应用就是记忆思维的基本方法。"三位一体"是指大脑由以下三个部分组成：一是小脑，也称爬行动物脑，它控制着呼吸、心跳、平衡、运动等大脑本能；二是小脑上面一层，为脑的边缘系统，也称古哺乳动物脑，它控制着吃奶、情感、记忆等；三是最上面一层，是大脑皮层，也称新哺乳动物脑，它负责编制行为的程序，调节和控制人的行为和心理过程，同时，它还要将行为的结果与最初的目的进行比照，以保证思维活动的完成。思维虽是整个大脑的功能，但主要是大脑皮层的功能，人们观察、交谈、思考、分析、推理、创新等功能主要由大脑皮层负责。大脑的皮层额叶特别发达，有2毫米厚，成熟的皮层有6层，是黑猩猩的4倍，比其他高等动物更发达。这一结构特点使人类的智力高度发达，与其他动物相比具有独一无二的优势。"六个通道"是指大脑通过视觉、听觉、嗅觉、味觉、触觉和动作这六个基本通道与外界进行双向交流。

尽管思维同感知觉一样是人脑对客观现实的反映，但感觉（即感觉器官接受到客观事物的刺激作用所产生的反应）和知觉所反映的是事物的个别属性、个别事物及其外部的特征和联系，属于感性认识。在认识过程中，思维实现着从现象到本质、从感性到理性的转化，并达到对客观事物的理性认识，从而构成了人类认识的高级阶段。思维是人类主观意识层面，在表象、概念的基础（大脑中所想的事物）上，按照一定的思维路径（即"维"），通过分析、综合、判断、推理等"思"的活动，对客观事物的属性和联系所进行的概括和间接反映的过程。

一个完整的思维概念，应当包括思维主体、思维客体、思维单元、思维路径、思维过程、思维目的与结果等要素。思维单元是指思维的输入要素，包括概念、表象等。思路是指分析、综合、判断、推理等认识活动的方式、方法或者角度，即思维方式或思维模式。改变思维方式或模式就是思维转化。思维是大脑的机能活动，是一个过程，属于主观意识层面，通常被认为就是"想"和"算"。思维有时是有目的性的，有时并没有明确的目的，就是一种自然而然地对事物作出响应的过程。作出响应本身就是一种结果，但该结果不一定正确，或者目前认为是错的，以后也许又是正确的了，或者目前认为是对的，但随着认识的深入，又可能是错的了。

主体和客体都是哲学的概念，而且两者是相对的。在哲学上，主体（Subject）

是指对客体有认识和实践能力的人，客体（Object）是指主体之外的可感知或可想象到的事物，包括客观存在并可以主观感知的事物（如树木、房屋等具体事物，物价、自由等抽象事物），也包括思维开拓的事物（如神话人物），是主体行为产生的原因和涉及的对象。从主体与客体的关系上，主体是客体的存在意义的决定者，客体是主体认识与实践的对象。

（1）**思维的特点**。思维是由感性指向理性的各种认识活动，具有以下特点：

①概括性，即将不同的事物建立起联系，把具有相同性质的事物抽取出来，加以概括。例如，有1支钢笔、1支铅笔、1支圆珠笔，尽管各自的形状、大小不相同，购买的价格不同，所使用的书写原料不同，但都是书写文字的工具。从这一点来讲，我们就可以用数量词将它们概括为3支笔。这实际上是将复杂的事物进行简化处理。

②间接性，即通过某种媒介来推断事物的能力。例如，警察在罪犯的犯罪现场，通过寻找罪犯在现场留下的一些痕迹，就可以推断出罪犯在现场作案时的场景；医生在给患者看病时，通过询问病人的病情及其症状的描述，以及一些化验、检测结果，可以对病人进行诊断，判断病人的病因以及感染的病毒。这种把本无直接关系的现象联系在一起，使得我们不必直接地接触某些信息，通过一些事物与现象之间的规律性认识，便可以揭示出事物的本质。

③深刻性，即超出感性认识的能力。在科学研究、技术开发和文艺创作中，人们不仅可以通过感觉来直接判断、理解研究对象，还可以通过寻找其活动的规律，并对相同的规律加以概括，深入地去揭示它。

④灵活性，即不仅可以再现已有的经历或事物，通过归纳与概括掌握事物的规律，还可以在已有事物的基础上，通过想象、嫁接、移植等，创造全新的、原本不存在的事物。例如，发明家可以对已经存在的物品加以改进，发明出新的物品。

（2）**思维过程的三个阶段**。思维过程可从多个维度进行理解。从对事物的感知过程来看，思维要经历知觉、回忆和组合三个阶段。当人们接触到某一新事物时，如果感知它了，就认识它了，即在大脑里产生投影，这个投影被称为"记块"。这个投影就在大脑中形成影像，即在生物钟的作用下被提取出来放到大脑的思维中枢，或者说人们记住了这一新事物，这个影像被称为"忆块"，供以后回忆时调用。忆块按一定的规则所进行的组合被称为"思块"，可在刺激和生物钟同时起作用时产生。当人们接触某一事物时，即接受该事物的刺激，产生直接的认识，这一过程被称为"知觉"，即在大脑中产生"记块"，其影像就是"忆块"，它是一级思维。任何思维的产生都来自外界的刺激，如开车、做梦等，然后将该"忆块"与储存在大脑的忆块一一进行比对，看看以前是否接触过，即调用以往存放在大脑思维中枢里的影像，这一过程被称为"回忆"。回忆的过程是思维过程的关键，其活跃程度反映了一个人的智商水平。忆块不断进行组合，就产生新的思维，进而控制人的行为，即产生一种行为表现。因此可以说，思维就是一种组合。但是，忆块组合也要讲规则，忆块组合所遵循的规则是思维的基础，也是一种忆块，被称为规则忆块，即按照不同的规则去调取其他忆块，就是通常所说的心智模式。对忆块进行不同的组合，思维会完全不同，进而产生完全不同的行为。规则忆块也是事先存储在人的大脑里的。一旦调不出规则忆块，就会出现思维停滞现象。如果规则忆块出现偏差，思维也就会出现偏差。实际上，思维是在一个或多个规则的作用下进行的。

从认识活动的过程来看，思维是指在表象、概念的基础上进行分析、综合、比较、抽象、概括，再在分析、综合、比较等基础上进行判断、推理等。其中，分析是指把一个事物的整体分解为部分，并把该事物的各部分属性都单独地分离开的过程；综合是分析的逆向过程，是指把事物里的各部分、各属性都结合起来，形成一个整体的事物；比较是指在大脑里把事物加以对比，确定它们的异同点的过程，或者说是在思想上确定对象之间异同的心智操作。例如，把苹果和梨进行比较，会发现它们都具有水果的特性，但在形状、味道等方面又各不相同；抽象是指把事物的共有特征、共有属性都抽取出来，并对与其不同的，不能反映其本质的内容进行舍弃；概括是指以比较作为其前提条件，比较各种事物的共同之处以及不同之处，并对其进行统一归纳；分类是指在思想上根据对象的共同点和差异点，把它们区分为不同类别的心智操作。

从思维过程来看，知觉、回忆和组合是基础，分析、综合、比较、抽象、概括等都是一种组合方式，即由规则忆块决定的。什么是规则忆块呢？应该就是人的理念，或者心智模式。人与人之间的思维差异，就在于大脑中储存的忆块数量的多少，特别是规则忆块的多少，说到底就是理念的差异。理念是指人们诠释客观事物的思想、观念、概念与法则等，其中观念就是对客观事物的认识。要纠正一个人的行为，应先纠正他的认识，特别是要纠正储藏在他大脑里的规则忆块，即心智模式。虽然人人都能够进行思维，但是对于同样一个问题、同样一个事物，不同的人有不同的思维，即常说的看法。有的人一生事业平平，有的人却硕果累累，其主要差异是什么呢？关键在于思维上的差异：一是忆块的差异，好的忆块，特别是好的规则忆块，即好的心智模式，会产生好的思维，抽象一点说是世界观、人生观和价值观"三观"上的差异，即正确的"三观"，对客观事物会作出正确的判断。二是思维能力的差异，也就是说大脑内的忆块多少的差异，一个人大脑里的忆块越多，忆块质量越高，其思维就越好。硕果累累的人，他的思维能力很强，其中就包括较强的创新思维能力。而忆块数量多少与质量高低，主要取决于一个人的学习能力、理论水平和实践能力。如果学习能力强，有扎实的基础知识，丰富的实践能力，忆块的数量就越多，质量就越高。因此，我们要提高思维能力，就应该加强学习，增加并丰富我们的工作、生活阅历。

然而，在思维过程中，如果受到外界干扰的影响，或者停止思维，或者思维转移到其他目标上，原来的思维就被中断了。要使思维不中断，必须集中注意力，或者将注意力控制住，避免被其他目标和情感干扰。要想思维不被外界事物打断，一种有效的办法是设定目标，有意避开让你分心的干扰信息，或及时消除与目标不相关的信息障碍。设定目标，同时考虑其实现的方式、时间、原因、场所等。有了目标，在一些不相关信息挡道时，可以及时消除，在处理工作、健康、情感调节、学业等生活需求时，才具备基本的认知能力。排除干扰的能力被称为意志力，也称为抑制力。抑制力越强，消除或者远离干扰信息的能力也越强。人的意志力，一部分是与生俱来的，受纯生物因素的影响，一部分也受动机的驱动。有的动机是机遇，有的可能是威胁，无论是机遇还是威胁，只要是积极的情绪，都有利于集中注意力，增强抑制力。

（3）**思维的分类**。从思维主体的行为特征来分，思维可分为自主思维、协同思维、借力思维等。自主思维是指思维主体独立思考，不借助其他人的思维活动；协同思维是指思维主体与其他人共同思考、共同完成既定目标任务的思维方式；借力思维是指思维主体借助其他人的力量完成既定目标的思维方式。

按照思维主体的认知方式来分，思维可分为动作思维、形象思维和抽象思维。动作思维是一种凭借实际动作进行的思维活动；形象思维是一种以直观形象或表象所进行的思维活动；抽象思维是运用概念进行判断、推理的思维活动，是人类特有的复杂且高级的形式。三种思维发展的过程，往往是从动作思维发展到形象思维，再发展到抽象思维。一般来说，在具体的思维活动中，这三种思维方式可能同时存在，但哪一种思维占据优势，主要取决于思维对象的本身，这并不表明其思维水平的高低。例如，工人在生产、农民在耕作等以动作为主的实践活动中，动作思维占据优势；在艺术创作时，形象思维占据优势；在写作、科研活动中，抽象思维占据优势。

按思维是否遵循明确的逻辑形式和逻辑法则，思维可分为直觉思维和分析思维。

直觉思维是一种未经有意识的逻辑推理过程，而对问题的答案突然领悟或者迅速作出合理的猜测、设想的思维；分析思维又称逻辑思维，是按照逻辑规律，经过仔细研究、逐步分析推导，最后获得合乎逻辑的正确答案或合理结论的思维方式。

按思维的主动性和创造性的不同，思维可分为常规思维和创造思维。常规思维又称为习惯性思维、再造性思维、再现性思维，是指按照长期形成的既定方向和程序进行的思维方式，包括运用已经获得的知识经验，按照现成的方案解决问题等。例如，猫抓老鼠，太阳从东边出来西边落下，一日三餐等。常规思维既可以是定向思维也可以是感性思维。定向思维是指按照既定方向或程序进行思维活动的过程，与发散思维相对；感性思维是指主要靠自己的经验和直觉进行思考和判断的思维方式。从主观作用力的大小来看，定向思维小于常规思维，常规思维小于感性思维；创造性思维是指采用新颖的、独特的方法来解决问题的思维方式。

（4）**思维模式与方式。**思维模式，也称心智模式，是指人们思考问题的范式，即通过各种思维内容体现出来的具有逐渐定型化的一般路线、方式、程序、模式。如果拿人脑比作电脑，思维模式好比安装在电脑里的软件，包括操作系统和各种应用软件。人们在长期的实践活动中渐渐形成一些固定的有效的思维范式，比如，发散思维范式、系统思维范式、艺术家思维范式、数学家思维范式，等等，这些思维范式对帮助人们思考具有很重要的指导作用。思维模式主要有三种来源：一是人的感官体验；二是从社会获得的所有教育；三是人们自己思考的结果与过去的经历。它的形成往往经历不知不觉、后知后觉、当知当觉和先知先觉四种状态，而思维模式的自我超越往往经历混沌、察觉、醒觉和超越四个步骤。[1] 在你的常规生活中，你的生活一切照旧，工作没有压力，也没有感到奔头，平平淡淡，混混沌沌，没有感受到任何变化，此时的你处于不知不觉中；当你有一次改变的机会，如轮岗，或收入下降，或其他意外事件，使你对生活有了察觉，此时的你处于后知后觉中；当这样的经历多了，如收入持续下降，或你的工作变得有较大的竞争压力等，使你必须马上作出反应，对以前平淡的生活有了醒觉，此时叫当知当觉；最终你打算作出改变，选择更好的模式来超越以前固有的生活模式，此时叫先知先觉。从混沌→察觉→醒觉→超越，你的状态也从不知不觉→后知后觉→当知当觉→先知先觉，你的心智模式实现了超越。

思维方式是指人们看待事物的角度、方式和方法，是人们与外部事物相互作用的中介。思维方式的正确与否直接影响着人们能否有效地进行实践。科学的思维方式一旦内化为人们的思维方式和行为方式，不仅有助于人们大幅度提升思维水平，而

---

① 可参阅古典著：《拆掉思维里的墙》，吉林出版集团北方妇女儿童出版社2011年版。

且对人们学习方法的改善，内在潜力的挖掘，创新活力的释放，乃至人格的完善，也都具有十分重要且深远的意义。思维方式有许多种，下面列举一些思维方式：

①理想型思维方式，是指为了满足自我的心理需要而编造一些可能或不可能的事物。

②预见性思维方式，是指用模糊的思路开创一种预见性的事物或将零碎的思维条件融合在一起。

③逆向型思维方式，是指对现有事物逆向思考可能发生的影响、结果和过程。

④无定义思维方式，是指想到什么就去思考什么，无固定的主体和定位。

⑤惯性思维方式，是指用事物自然发展规律去思考事物发展的起因、经过、结果。

⑥历史思维方式，是指用历史的事物发展来思考现在发生的事物的起因、经过、结果。

⑦创造型思维方式，是指用可用和曾用或从来没有用过的事物来推测、制造一个新的事物。

⑧辨析式思维方式，是指提出多个可分析论点进行有效的分析并从中选择。

尽管思维方式有多种，但是思维方式也可以简化为一种，即个性思维，是指人们按照其个性、能力、思维环境而确定的。人们可以把一个简单的事物看得复杂，即以小见大；也可以把一个复杂的事物看得简单，因为抓住了事物的主要矛盾。

03 创新思维就是突破常规

在机械加工中，车削加工一般是从右向左走刀。为减少加工误差，机床主轴中心线与机床导轨中心线需适当调整出一定的角度，以弥补因刀具的微小磨损造成工件出现锥度。然而，在加工易变形的细长杆件时，因卡紧的轴向力与切削的轴向力的共同作用，工件未加工部分会产生形变，进而降低了工件的加工精度。为防止形变，一名实践经验丰富的工人师傅，改变传统的做法，将走刀方向改为从左向右，并把原来的卡盘、尾座、跟刀架三点定中心改为卡盘、跟刀架两点定中心。这就使工件未加工部分处于自由状态，不产生变形，而且提高了切削转速并增加了切削用量，把原来加工一根细长杆的时间缩短了几倍，产品质量和成品率也相应提高了。这一操作方法看似简单的改变，却跳出了常规、常理、常识等框框的影响，因而是创新思维。

创新思维是指突破现有的常规的思路约束，以全新的、独特的思路或方法探索未知领域或者解决新的问题，从而创造出新的物质或者精神产物的思维过程。这一概念的突出特点就是，以新的思路解决新的问题或者探索未知领域，并取得新的成果。也就是说，创新思维最显著的特征：一是运用独特的方式方法，即非常规性；二是积极主动地解决问题，即积极主动性。需要指出的是，相对于常规思维而言的创新思维，其新思路与新结果之间不一定存在一一对应关系，有时按照常规的思路也能得到新的结果，或者按照新的思路不一定就能得到新的结果。

创新思维有广义与狭义之分。一般认为人们在提出问题和解决问题的过程中，一切对创新成果起作用的思维活动，均可视为广义的创新思维。而狭义的创新思维则是指人们在创新活动中直接形成创新成果的思维活动，诸如灵感、直觉、顿悟等非逻辑思维形式。

创新思维的过程与创新活动的过程基本上是对应的。有研究指出，创新活动一般分为四个阶段：一是准备阶段，主要是搜集素材，详细、全面地占有素材；二是孕育阶段，主要是对素材进行分析和综合，开展积极的想象活动，有时也借助于原型启发，不断地酝酿新概念和新形象；三是灵感阶段，即人的全部精神力量，处于高度集中的状态，突然产生出创造性的新形象；四是整理阶段，即整理研究结果，如写出论文或获取新成果。而与之相对应的，可将创新思维分为准备期、酝酿期、豁朗期和验证期四个阶段。创新思维的准备期对应于创新活动的准备阶段，实际上是素材的输入阶段，包括概念或表象等；创新思维的酝酿期对应于创新活动的孕育阶段，也就是试图将各种原来没有关联的表象或概念关联起来；创新思维的豁朗期对应于创新活动的灵感阶段，即表象或概念建立起关联，形成了新的形象或新的概念，创造出新的事物；创新思维的验证阶段则对应于创新活动的整理阶段。

创新思维除具有思维的共同特点之外，还有以下特点：

（1）**思维形式的非常规性**，即思维发展的突变性、反常性、跨越性或逻辑的中断，这是因为创新思维主要不是对现有概念、知识的循序渐进的逻辑推理，而是依靠灵感、直觉或顿悟等非逻辑思维形式，运用独特的方式方法去提出问题并解决问题。非常规性思维，顾名思义，就是不合常规逻辑的思维方式和违反常规解决问题的方法，是一种更多地依靠非逻辑思维，打破常规、另辟蹊径的思维活动。

（2）**思维过程的辩证性**，既包含抽象思维，又包含形象思维；既包含发散思维，又包含收敛思维；既有求同思维，又有求异思维等，由此形成创新思维的矛盾运动。创新思维的一个重要特点就是利用逻辑的不对称性。创新并不是漫无边际的奇思妙想，一定要有价值，因为创新就是价值实现。从哲学角度看，创新性是思维认识的飞跃、拓展、更新和变革。创新思维人人都有，但不是所有的人都能够用好它，大量的创新思维被埋没了。平常人是常规性的思维占主导，创造力不易发挥出来。创新思维与创造性活动相关联，是多种思维活动的统一，但发散思维和灵感在其中起重要的作用。

（3）**思维空间的开放性**，即从多角度、全方位、宽领域地考察问题。创新理论认为，在事物的内部难以实现创新，是因为在事物的内部无论怎样进行关联，也无法构造出新的事物。只有跳出事物的内部，与外部的事物进行关联，才有可能创造出新的事物，这就决定了必须开放思维空间。

（4）**思维成果的独创性**，即具体表现为创新成果的新颖性及唯一性。创新思维以新颖独特的思维活动揭示客观事物本质及内在联系并指引人们去获得对问题的新的解释，从而产生前所未有的思维成果。

（5）**思维主体的能动性**，即创新主体的一种有目的的活动。对同一个问题或同一个事物，不同的人有不同的思维，表明不同人的思维是有差异的。能动性是对人们开展创造性活动提出的要求，要创造新的事物，新的方法，就必须具有积极主动和进取的心态，否则就不能"思人之所未思"，去创造性地解决问题。而且，在创造的过程中，困难重重，更需要创新主体以大无畏的精神全身心地投入，去敏锐观察，发挥想象，活跃灵感，标新立异，把一个人的全部积极的心理品质都充分调动起来。

关于创新思维的重要性，人们总喜欢举这样一个经典故事加以说明，即"两名推销员的故事"[①]：有两名推销员到同一个岛屿上推销鞋子，第一个推销员到岛上之后，发现这个岛上的居民均赤着脚，没有穿鞋的习惯。于是，他大受打击，转而告诉公司此地没有鞋子销售的市场，并打道回府。第二个推销员到了岛上，则非常兴奋，认为这个岛屿的市场太大了，如果每一个人都穿一双鞋，该销出多少双鞋！于是他马上打电报回去将鞋空运过来，并采取措施打开了当地的市场。他设想了许多办法让岛上居民喜欢穿鞋，如免费送鞋给居民试穿，使他们体会到穿鞋的好处；举行跑步比赛，让穿鞋的人一组，不穿鞋的人为另一组，让两组人进行比赛；组织爬山活动，分别让穿鞋的与不穿鞋的都参加爬山活动等。从这些活动中，岛上居民可发现穿鞋比不穿鞋更好，从而主动购买鞋。为什么对于同样一个问题，占有同样的素材，面对同样的场景，不同的人得出的结论却是截然不同的呢？前者采用的是常规思维、消极思维，后者是非常规思维和积极思维。对于同一事物、同一件事情，采用不同的思维方式，或者说，对同样的信息或同样的素材，采取不同的加工方式，得出的结果就可能天差地别。

由此可见，创新思维有多么重要。创新思维产生创新实践，是创造力发挥的前提。创新思维是竞争的法宝，通过创新可以闯出一片新天地。创新思维还有助于培养高素质的人才。

创造是创新的核心特征，创造是人类思维的本性，是人类思维得以发展和进化的内在根据。人类的历史就是一部发明创造史，没有发明创造，就没有人类社会的繁荣与昌盛，也就没有人类的物质文明和精神文明。科学技术发展的源泉是科学发现和发明创造，进行科学发现和发明创造时，需要有创造力，而创新思维，是构成创造力的核心。

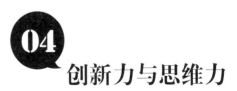

04 创新力与思维力

创新与创造是既有区别又有联系的两个概念。创造是指一个产生新的、意想不

---

① 参见《思维案例》，百度文库，http://wenku.baidu.com/view/72c2bbc608a1284ac8504313.html。这个故事有多个版本，但大致意思是相同的。

到的和有用的想法的过程，其结果被称为"创意"，往往是研究论文或者知识产权的原型，而创新是将创意转化为产品或者工艺流程的过程，是创意的价值实现。创造活动的主体是创造者，但创新活动的主体不只是创造者，还包括创意的实施者（即创意的采用者）。

由于创新就是通过创新活动实现价值，创新力就是创造新事物并实现其价值的能力，实质上就是创造性地解决问题的能力，是学习能力、创造能力、实践能力和管理能力的综合体。学习是创新的基础，创造是创新的核心，实践是创新的根本，管理是创新的保障。

创造力是指人们产生新思想，发现和创造新事物的能力，即人们用自己的方法创造新的事物，主要由知识能力、智力和人格素质三个方面的因素构成。

知识是创造力的基础，知识能力包括吸收知识、记忆知识和理解知识的能力。任何创造性活动都离不开知识，人们吸收知识，掌握专业技术、实操技术，积累实践经验，运用知识分析问题，都是创造力的重要内容。

智力是创造力的重要部分，既包括敏锐、独特的观察力，也包括高度集中的注意力，高效持久的记忆力和灵活自如的操作力，以及创造性思维能力，掌握和运用创造原理、技巧和方法的能力等。一个正常人至少有以下七种不同类型的智力：

①语言智力，即与语言运用有关的听、说、读、写的能力，语言智力高的人通常能够善于利用语言的一些特点。

②逻辑智力，即计算与推理能力，表现为思维缜密、逻辑性强，科学家、工程师等的逻辑智力比较发达。

③音乐智力，即感受、辨别、记忆、改变和表达音乐的能力，表现为对节奏、音调、音色、旋律的敏感，可通过作曲、演奏、歌唱等形式表达思想和感情，这在作曲家、指挥家和一流的音乐家等身上有较明显的发展。

④空间智力，即感受、辨别、记忆、改变物体的空间关系并藉此表达思想和情感的能力，表现为对线条、形状、结构、色彩和空间关系的敏感，以及通过平面图形和立体造型表现出来的能力，可以通过体育锻炼、运用自己的身体来培养，这在建筑师、雕塑家、画家、航海家和飞行员等身上有更好的表现。

⑤运动智力，即运用包括体育运动理论在内的多学科知识，参加运动训练和运动比赛的能力，这在运动员、舞蹈家、体操运动员等身上有很好的体现。

⑥人际智力，也称人际关系智力，即与他人相处的能力，是指能够准确敏感地观察他人，有效地理解他人，并与他人沟通、交往的能力，包括建立和维持各种关系，在一个群体中扮演一定的角色，这在教师、社区工作人员、社会工作者、营销员、

演说家、外交家、政治家等身上都具有较好的体现。

⑦内省智力，即洞察能力和了解自己的能力，或者说有自知之明并据此作出适当行为的能力，包括对自己有相当的了解，意识到自己的内在情绪、意向、动机、脾气、欲求以及自律、自知和自尊的能力。

人格也是创造力的重要部分，包括意志、情操等方面的内容。永不满足的进取心、强烈的求知欲、坚韧顽强的意志、积极主动的独立思考精神等优良的个性品质是发挥创力的重要条件和保证。

《企业创新力》(Corporate Creativity)一书概括出企业创造力的六个影响因素：一是团结，确保全体员工的兴趣和行动都以企业的主要目标为中心，以便于任何一名员工都能识别出一个可能有用的想法并作出积极的反应；二是自发活动，允许员工提出他们感兴趣并认为能够解决的问题，内在动力远远高于当方案已被提出或别人为他们提出时的情况；三是非职务行为，是没有企业直接且正式的支持时发生，并以做出全新且有益的事情为意图。创新行为的精华总是在非职务行为阶段得以形成；四是意外发现珍奇事物的本领。一个偶然的新奇发现需要幸运的意外事件和睿智（敏锐的洞察力）两个因素。创新力有时涉及事物的重新组合或将看起来没有联系的事物联系起来。联系越模糊，需要跨越的智力距离就越大，不可预知性的作用就越重要；五是多种激励因素。一种激励可以为一个人正在着手做的事情提供新见识，或使这个人碰上不同的事情；六是企业内部交流。无法预料的企业内部交流会自然地发生在规模较小的企业中。一个企业的创造潜能会随着企业规模的变大而迅猛增加，但如果没有一个正确的体制去促进不可预料的信息交流，这些潜能将永不会实现。

纽约医生乔治·比尔德对1000多个著名人物的自传进行了仔细研究之后得出以下结论：创造力的高峰刚好在50岁以前，然后开始缓慢下降。他将人生命中每一个十年的创造潜能比做不同的物质：20岁是黄铜时代；30岁，黄金时代；40岁，银时代；50岁，铁时代；60岁，锡时代；70岁，木时代。他推测，世界创造成果中的70%来自小于45岁的人，大约一半是来自"黄金十年"的人。①人的创造力是热情与经验相互作用的结果。

思维能力是能力构成的核心部分，是指人们思考问题并解决问题的能力，是直接影响思维活动效率的能力，包括发动、组织思维活动的能力，观察和发现问题的能力，搜集加工、分析概括材料的能力，理论思维能力，语言表达能力等。

总之，创新力是由创造力构成的，创造力是由智力构成的，智力是由思维力构成的。创新思维力是指人们运用创造性思维活动进行科学发现、发明新技术、提出新创意、形成新观念、创建新理论、解决新问题的能力。

---

① 引自《企业创新力》。

05 创新思维的典型案例

袁隆平"杂交水稻"的研发成功，为人类解决粮食短缺难题作出了杰出贡献。在杂交水稻的研发过程中所体现的创新思维，值得我们借鉴。

（1）缘起。袁隆平，1953年8月毕业于西南农学院（现西南大学）农学系，毕业后被分配到湖南省安江农校教书。他始终坚持教学与科研、生产实践紧密结合，按照米丘林、李森科的学说开展无性杂交、嫁接培养、环境影响等方面的试验，如把月光花嫁接到红薯、西红柿嫁接到马铃薯、西瓜嫁接到南瓜等，以期得到经济性状优良的无性杂种，却都未能如愿。

1960年，袁隆平从一些学报杂志上获悉，欧美的孟德尔、摩尔根创立的染色体、基因遗传学说，对良种繁育有重大的指导作用。同时，杂交高粱、杂交玉米、无籽西瓜等已广泛应用于国内外生产中。袁隆平在向学生传授染色体、基因学说以及杂种优势利用在作物育种中的广阔前景的同时，也从中认识到：遗传学家孟德尔、摩尔根及其追随者们提出的基因分离、自由组合和连锁互换等规律对作物育种有着非常重要的意义。1960年7月，袁隆平在安江农校实习农场的早稻常规品种试验田中，发现了一株与众不同的特异稻株，即天然杂交稻株，它表现出了明显的杂交优势。

1961年春天，袁隆平把那株变异株收入的种子播到试验田里，并加以细致管理，每天观察，可到出穗的时候却大失所望，试种的1000多株没有一株像它的"老子"那样好。但他突然意识到（即产生灵感），那株特异稻株是地地道道的"天然杂交稻"，于是萌发了研究杂交水稻的想法。就这样，丰富的理论知识和实践经验，促使袁隆平跳出无性杂交学说圈，毅然放弃多年的无性杂交试验，把精力转移到水稻的有性杂交试验、培育人工杂交稻这一崭新的课题上来。

（2）**起步。**1964年，袁隆平根据玉米、高粱利用杂种优势的经验，提出了进行水稻杂种优势利用的研究（即类比思维）。杂交水稻研究是世界公认的难题，美国、日本、菲律宾等国早已开展了研究，一直没有获得成功。因为水稻是雌雄同花，自交结实，不能像玉米那样依靠人工采用去雄杂交的方法产生大量的杂交种子，这就给水稻杂种优势利用的研究带来极大的困难。正因为如此，当袁隆平提出开展杂交水稻研究时，在农业科技界引起了不小的争论。虽然不少人主张积极试验，在水稻生产上闯出一条新路，但也有不少人搬出西方的遗传学，引"经"据"典"，说"水稻是自花授粉作物，杂交没有优势，提出这个课题是对遗传学的无知，即使搞成了杂交种子，在生产上也没有利用价值"，"国外从50年代起就进行研究，至今也没有得到应用"，等等。总之一句话，"此路不通"。这些观念形成思维定势，成了杂交水稻研究的障碍。

袁隆平等人没有被"权威"的理论吓倒，并依据对立统一规律认为，杂种优势在生物界是普遍存在的，为什么水稻要例外呢？而且，在实践中他们发现，用人工杂交得到的水稻杂种第一代已经显现了优势现象，说明利用水稻杂种优势夺取高产是有可能的。当然，由于杂种优势只有在杂种第一代表现得最为明显，要利用杂种优势提高产量，就必须每年培养大量的第一代杂交种子。袁隆平从高粱、玉米等作物杂种优势利用成功的实例中受到启发，提出利用水稻雄性不育性，进而培育出不育系、保持系和恢复系，通过"三系"配套产生杂种第一代的设想。而突破水稻杂种优势利用研究的关键，就在于培育不育系。

（3）**提出"三系"配套的技术路线，但研究受挫。**为了实现"三系"配套，首先就要在自然界中找到水稻的天然雄性不育株，作为培育雄性不育系的试验材料。但要找到这种天然的水稻雄性不育株犹如大海里捞针。为寻找那从未见过，而且从没见中外文献资料报道过的水稻雄性不育株，袁隆平在1964年六七月间，在安江农校实习农场的洞庭早籼稻田中，头顶烈日，脚踩烂泥，驼背弯腰，一穗一穗地观察寻找，终于在1964年7月5日，发现了一株雄花花药不开裂、性状奇特的植株。那株奇异的"天然雄性不育株"，是国内首次发现的，经人工授粉，结出了数百粒第一代雄性不育材料的种子。1965年7月，袁隆平和助手们又在安江农校附近稻田的南特号、早粳4号、胜利籼等品种中，逐穗检查了14000多个稻穗，连同上年发现的不育株，共计找到6株，其中4株在两年的春播与翻秋中繁殖了1至2代。

　　袁隆平分别采收了自然授粉的第一代雄性不育材料的种子，然后把那些不育株种子分类进行加速繁殖。他亲自耕耘、播种，亲自浇水、施肥，仔细观察在每个生长发育阶段的细微变化，并作了详尽记录。经过两个春秋的观察试验和科学数据的分析整理，袁隆平对水稻雄性不育材料有了较丰富的认识，发表了第一篇重要论文《水稻的雄性不育性》（刊登在中国科学院主编的《科学通报》1966年第17卷第4期），详尽叙述了水稻雄性不育株的特点，并就当时发现的材料区分为无花粉、花粉败育和部分雄性不育三种类型。文中还预言，通过进一步选育，将可以从中获得雄性不育系、保持系（使后代保持雄性不育的性状）和恢复系（恢复雄性可育能力），实现三系配套，使利用杂交水稻第一代优势成为可能，这将给农业生产带来大面积、大幅度的增产。该论文的发表，引起国家科委的关注，被一些同行们认为是"吹响了第二次绿色革命"（水稻高杆变矮杆被称为"第一次绿色革命"）的进军号角。

　　之后，袁隆平和助手们又花了4年的时间，先后用1000多个品种，做了3000多个杂交组合，但仍然没有培育出不育株率和不育度都达到100%的不育系。1970年夏，袁隆平从云南引进野生稻，拟在靖县（那时，安江农校搬迁到了靖县）做杂交，因没有进行短光照处理而未获成功。1970年6月，当时的湖南省革委会在常德召开了"湖南省农业学大寨科技经验交流会"。"水稻杂交无优势"的论断越来越被人们相信，对袁隆平的质疑声不绝于耳。

　　（4）远缘杂交取得突破。袁隆平总结了过去6年的经验教训，苦苦思索着一个问题，为什么没有培育出一个不育株率和不育度都达到100%的雄性不育系来？联想到遗传学中关于杂交亲本亲缘关系远近对杂交后代影响的有关理论（即联想思维），他悟出了一个道理：过去6年来所用的试验材料，都是栽培稻品种，其亲缘关系都比较近。这如同人类近亲繁殖，生下的后代不太聪明一样。

　　根据所观察到的不育现象，袁隆平意识到，必须跳出栽培稻的小圈子（即突破思维定势），重新选用亲本材料，提出了利用"远缘的野生稻与栽培稻杂交"的新设想。在这一思想（即开放性思维）的指导下，1970年秋季，袁隆平带领他的学生李必湖、尹华奇来到海南岛崖县南江农场进行研究试验，向该场技术员与工人调查野生稻的分布情况。功夫不负有心人，1970年11月23日上午，该场技术员冯克珊与李必湖在南江农场与三亚机场公路的铁路桥边的水坑沼泽地段，找到了一片约0.3亩面积的普通野生稻。当时正值野生稻开花之际，因李必湖对水稻雄性不育株有很深的感性知识，在野生稻群中一株一株地仔细观察，发现了3个雄花异常的野生稻穗，而且那3个稻穗都生长在同一个稻蔸上，由此初步推断为由一粒种子生长起来的不同分蘖。除这3个稻穗以外，还有大量的匍匐于水面生长的后生分蘖。为了弄清这蔸野生稻不育株产生的原因及其研究利用价值，他们将它连根拔起，搬回试验基地进行研究，并命名为"野败"，国际上称它为"WA"（即 Wild-Abortive Type Hybrid Rice），并用广场矮、京引66等品种测交，发现其对野败不育株有保持能力。这就为培育水稻不育系和随后的"三系"配套打开了突破口，给杂交稻研究带来了新的转机。但袁隆平心里很清楚，要把"野败"转育成"不育系"，进而实现"三系"配套，直到应用于大田生产，还有一道又一道的难关要跨过去。

（5）"三系"配套成功。1971年，袁隆平被调到湖南省农科院杂交稻研究协作组工作。是将"野败"这一珍贵材料封闭起来，自己关起门来研究，还是发动更多的科技人员协作攻关呢？在这个重大的原则问题上，袁隆平毫不含糊、毫无保留地及时向全国育种专家和技术人员通报了他们的最新发现，并慷慨地把历尽艰辛才发现的"野败"奉献出来（即开放思维），分送给有关单位进行研究，协作攻克"三系"配套关。

1972年3月，国家科委把杂交稻列为全国重点科研项目，组成了全国范围的攻关协作网。各有关省、市、自治区根据自己的特点，分别组织本地农业科研部门、大专院校、国营农场和社队开展协作（即协同思维），许多农业科研机构、大专院校分担了杂交水稻的基础理论研究工作，对水稻三系和一些杂交组合材料，进行了细胞学、遗传学、生理生态学等方面的研究。1972年，袁隆平育成了中国第一个应用于生产的水稻雄性不育系二九南1号。

当然，事物的发展不会是一帆风顺的。1972年夏，为了证明水稻具有杂种优势，袁隆平等人在湖南省农科院做了试验，杂交稻长势很旺。最后验收的时候，结果却不尽如人意，产量还比对照种略有减产，而稻草却增加了将近7成，有人讲风凉话说"可惜人不吃草，如果要吃草的话，你这个杂交稻就大有发展前途"。那些受传统观点影响认为水稻、小麦等自花授粉植物没有杂交优势的人因此反对和讽刺袁隆平的研究。在一次讨论要不要支持杂交稻的研讨会上，袁隆平成了少数派。在那次研讨会上，他站起来发言说："从表面上看，这个试验是失败了，但是从本质上讲我的试验是成功的，因为证明水稻具有强大的杂种优势。至于这个优势表现在稻谷上，还是稻草上（即转换思维），那是技术问题。我们可以改进技术，选择优良品种，使其发挥在稻谷上，这是完全做得到的。"

1973年，广大科技人员在突破"不育系"和"保持系"的基础上，选用长江流域、华南、东南亚、非洲、美洲、欧洲等地约1000多个品种进行测交筛选，找到了

100多个具有恢复能力的品种。袁隆平等率先在东南亚品种中，找到了一批以籼稻品种 IR24 为代表的优势强、花药发达、花粉量大、恢复度在90%以上的恢复系。1973年10月，袁隆平在苏州召开的水稻科研会议上发表了题为《利用野败选育三系的进展》的论文，正式宣告我国籼型杂交水稻"三系"配套成功。这是我国水稻育种的一个重大突破。

（6）**推广应用**。1974年，袁隆平育成了中国第一个强优势杂交组合"南优2号"。在安江农校试种，亩产量达628公斤，比常规稻每亩增产75—100公斤。1975年栽培晚稻1.33公顷，亩产量为511公斤。

杂交稻"三系"已经成功配套，又过了高产优势关，但最初进行试验田繁殖制种产量却很低。因此，提高制种产量又成为一道难关，此关不破，杂交稻仍然无法大面积推广。当时有人曾预言：杂交水稻的制种关肯定过不了，即使杂种优势再强，也不可能在生产上应用。袁隆平运用辩证唯物的观点（即辨证思维），探索试验田制种高产经验，实施调整父母本花期和割叶、剥包、喷射"920"，人工辅助授粉等行之有效的综合性措施，提高母本结实率，闯过了制种关，创造了一套比较完整的制种技术和体系。最初，制种田每亩只产10多斤，后来提高到大面积亩产40到50斤的水平，最高亩产达到350斤。袁隆平系统地总结了制种攻关的实践经验，发表了《杂交水稻制种与高产的关键技术》论文，有力地指导了全国的杂交水稻制种工作。至此，袁隆平历经多年的磨难，闯过了提高雄性不育率关、三系配套关、育性稳定关、杂交优势关、繁殖制种关等"五关"。

自1976年起，杂交水稻在全国大面积推广，粮食单产增产了20%左右。这是继20世纪60年代初矮化育种成功实现第一次突破之后的第二次突破，我国已成为世界上第一个把水稻杂种优势应用于生产的国家。

袁隆平在杂交水稻研究中，始终坚持实践第一，但也不能忽视理论升华的观点。1977年，他发表了《杂交水稻培育的实践和理论》（载于《中国农业科学》1977年第1期），认真总结了10多年来杂交水稻育种的经验，深刻阐述了杂交水稻育种中几个重大的实践和理论问题（即理性思维），并再一次预见杂交水稻"具有广阔的发展前途，蕴藏着巨大的增产潜力"。该论文的发表，对于杂交水稻的进一步发展，起着巨大的推动作用。从1976年至1993年，我国累计推广杂交水稻24亿亩，增产稻谷2400亿公斤。

随着杂交水稻的培育成功和在全国大面积推广，袁隆平名声大震。在成绩和荣誉面前，袁隆平公开声称现阶段培育的杂交稻的缺点是"三个有余、三个不足"，即

"前劲有余、后劲不足；分蘖有余，成穗不足；穗大有余，结实不足"，并组织助手们，从育种与栽培两个方面，采取措施加以解决。

（7）从"三系"到"两系"再到"一系"。1985年，袁隆平以强烈的责任感发表了《杂交水稻超高产育种探讨》一文，提出了选育强优势超高产组合的四个途径，其中花力气最大的是培育核质杂种。可是，多年的育种实践，却没有产生出符合生产要求的组合。他便果断迅速地从核质杂种研究中跳了出来（即换轨思维），向新的希望更大的研究领域去探索。

凭着丰富的想象、敏锐的直觉和大胆的创造精神，袁隆平认真总结了百年农作物育种史和20年"三系杂交稻"育种经验。1986年10月，袁隆平发表了《杂交水稻育种的战略设想》，在总结国内外水稻杂种优势利用经验的基础上，提出将杂交水稻育种分为三系法、两系法和一系法三个战略发展阶段，即育种程序朝着由繁至简且效率越来越高的方向发展；从杂种优势水平的利用上分为品种间（三系）、亚种间（二系）和远缘杂种（一系）优势的利用三个发展阶段（即系统思维），即优势利用朝着越来越强的方向发展。根据这一设想，杂交水稻每进入一个新的阶段都是一次新的突破，都将把水稻产量推向一个更高的水平。

1987年7月16日，在袁隆平的指导下，李必湖的助手邓华风在安江农校籼稻三系育种材料中，找到一株奇异的光敏核不育水稻，历经两年三代异地自交繁殖和观察，于1988年7月育成光敏核不育系。该材料农艺性状整齐一致，不育株率和不育度都达到了100％，不育期在安江稳定50天以上，并且育性转换明显和同步，被定名为"安农 S—1光敏不育系"。这一新成果，为杂交水稻从"三系法"过渡到"两系法"开拓了新局面。关于水稻"无融合生殖"研究的进展，也使一系法远缘杂种优势利用研究迈出了可喜的一步。袁隆平对杂交水稻研究的前景，充满必胜的信心。

1995年8月，袁隆平郑重宣布：我国历经9年的两系法杂交水稻研究已取得突破性进展，可以在生产上大面积推广。正如袁隆平在育种战略上所设想的，两系法杂交水稻确实表现出更好的增产效果，普遍比同期的三系杂交稻每公顷增产750－1500公斤，而且米质有了较大的提高。在生产示范中，全国已累计种植两系杂交水稻1800余万亩。国家"863"计划将培矮系列组合作为两系法杂交水稻的先锋组合，在全国推广。

（8）超级杂交稻。1998年8月，袁隆平又向新的制高点发起冲击。他向朱镕基总理提出选育超级杂交水稻的研究课题。朱总理闻讯后非常高兴，当即划拨1000万元予以支持。袁隆平为此深受鼓舞。在海南三亚农场基地，袁隆平率领一支由全国十多个省、区成员单位参加的协作攻关大军，日夜奋战，攻克了两系法杂交水稻难关。经过近一年的艰苦努力，超级杂交稻在小面积试种获得成功，有关专家对48亩实验田的超级杂交水稻晚稻的实测结果表明：水稻稻谷结实率达95%以上，稻谷千粒重达27%以上，每亩高产847公斤。到2013年袁隆平培育的超级杂交水稻亩产超过980公斤，2014年又突破了1000公斤的大关。这表明"杂交水稻之父"袁隆平又取得"四大突破"：目前超级杂交水稻晚稻亩产量高；稻谷结实率高；稻谷千粒重高；筛选出两个适合华南地区种植的中国新型香米新品种。在场的专家和科技人员对这位卓越科学家取得的新成功欣喜不已。这标志中国超级杂交稻育种研究再次超越自我，继续领跑世界。之后，超级杂交稻走向大面积试种推广。

袁隆平始终没有停下创新的脚步，他有两个心愿：一是把超级杂交稻合成；二是让杂交稻走向世界。为了实现这个心愿，他从成绩与荣誉两个"包袱"中解脱出来，超然于名利之外，对于众多的头衔和兼职，能辞去的坚决辞去，能不参加的会议一般不参加，梦魂萦绕的只有杂交稻。他希望杂交水稻的研究成果既能增强我国自己解决吃饭问题的能力，也能为解决人类仍然面临的饥饿问题作出更大贡献。袁隆平把帮助其他国家发展杂交稻当作为人类谋幸福的崇高事业，他受聘担任了联合国粮农组织的首席顾问。

（9）**秘诀**。袁隆平总结成功的秘诀：**知识＋汗水＋灵感＋机遇＝成功**。他用自己的实践解析该公式：一是捕捉到了"鹤立鸡群"的稻株就是"天然杂交稻"，靠的是灵感；二是在田间地头脚踏实地的苦干，必须付出辛勤的汗水；三是构想"把杂交育种材料亲缘关系尽量拉大，用一种远缘的野生稻与栽培稻进行杂交"的技术路线，必须具备丰富的知识；四是慧眼识珠发现雄性不育野生稻，是抓住了机遇的垂青。

从袁隆平50余年的实践来看，有三点重要的启示：一是创新只有起点，没有终点。袁隆平从1960年发现一株天然杂交稻株以来，一直在从事杂交水稻的研究，从三系到两系，再到超级稻，从没有中断过；二是创新之路是曲折坎坷的，创新的过程就是成功解决一系列问题的过程，例如在"三系"配套中，先后解决了提高雄性不育率关、三系配套关、育性稳定关、杂交优势关、繁殖制种关等"五关"；三是创新的最大障碍是思维定势，每突破一次就前进一步，因此在创新过程中，最重要的是灵活运用创新思维方法，善于运用多种思维方法。袁隆平从早稻试验田里中发现一株与众不同的特异稻株作出是天然杂交稻的判断，他是基于特异稻株的表象，运用了分析和判断的认识活动，这是形象思维；根据玉米、高粱利用杂种优势的经验，袁隆平提出了进行水稻杂种优势利用的研究，他是运用了比较、综合等认识活动，这是转换思维；从水稻雄性不育株的特点，袁隆平预言通过进一步选育，将可以从中获得雄性不育系、保持系和恢复系，实现三系配套，这是在杂交概念的基础上，运用了分析、综合、推理等认识活动，是抽象思维等。

　　袁隆平在研制杂交水稻的过程中，一次又一次地突破了思维定势，克服了思维偏见，不断进行思维创新，从而找到了一条通往成功的道路。在突破思维定势方面，一是突破了无性杂交学说圈，开展有性杂交；二是突破水稻杂交无优势的说法，而且国外一直不成功，毅然开展了水稻杂交研究；三是突破近亲杂交的问题，开展远缘杂交研究；四是突破杂交优势表现关，从表现在植株上转移到在稻谷上；五是突破制种关；六是突破育种关；七是突破高产关，不断培育出新的超级杂交稻等。同时，袁隆平在研究杂交水稻的过程中，坚持系统思维、战略思维、开放性思维、超前思维等，首先提出"三系"配套，从"三系"到"两系"，再到"一系"；从近亲到远缘，在全国开展大协作；预见杂交水稻的发展趋势，并制定发展战略；50余年始终坚持杂交水稻的研究与推广，在战略的指导下，攻克一个又一个技术难题。杂交水稻的整个研究过程实际上就是思维创新的过程，就是突破思维定势、克服思维偏见、不断进行创新思维的过程。

02

思维定势

创新的障碍，首先表现为思维的障碍。思维受到陈规旧律、规则、习惯的制约或束缚就形成思维定势。思维受心理因素的影响就形成思维偏见。无论是思维定势还是思维偏见，均阻碍创新，统称为思维障碍。

思维定势是创新思维的主要障碍之一，是思维的固有程序、规则和框架。它形成的原因之一是传统的观念，包括陈规旧律、规则、准则等；原因之二是疏忽，包括对细节的疏忽。细节的隐蔽性强，使人不易察觉到。你不仔细、不细心的话，就很容易错过创新的机会。

01 思维定势导致成人与小孩间的思维差异大

一位公安局长在路边同一位老人谈话，这时跑过来一位小孩，急促地对公安局长说："你爸爸和我爸爸吵起来了！"老人问："这孩子是你什么人？"公安局长说："是我儿子。"请问：这两个吵架的人和公安局长是什么关系？以这个问题问一个三口之家，父母没答对，孩子却很快答了出来："局长是个女的，吵架的一个是局长的丈夫，即孩子的爸爸；另一个是局长的爸爸，即孩子的外公。"为什么成年人对这个问题答不出来呢？就是因为成人一般认为公安局长是男的，即存在思维定势，而小孩不会有这样的思维局限，因而一下子就找到了正确答案。

定势，也称定式，是指长期形成的固定的方式或格式，包括生活的习惯，传统的观念，专家的权威性意见，对困难的畏惧等。思维定势[1]，是指人们由过去的知识、经验或习惯形成认知的固定倾向，即形成比较稳定的、定型化了的思维路线、方式、程序、模式，从而影响后来的分析、判断，形成思维定势。受思维定势影响的思维，就是定势思维，也称"惯性思维"。

人的世界观、生活环境和知识背景等都会影响他对其他人和事物的态度和思维方式，不过最重要的影响因素是过去的经验。生活中有许多经验，例如，按时上班下班、自觉遵守单位的规章制度等，都会时刻影响人们的思维。若要提高思维能力，就必须从冲破思维定势开始。

人们经常按一种行为方式思考问题，就会逐渐形成牢固的思维定势，深入到潜意识中并反过来支配自己的言行。思维定势一般与个人的世界观的形成存在着内在的必然联系。由于它具有社会性、阶段性以及知识经验的局限性，在一定的历史时

---

[1] 参阅《创新思维的障碍》，http://www.zreading.cn/archives/4074.html。

期成为指导人们个人行为方式的固有模式。然而，当时代需要变化创新、新旧交替时又成为其发展的主要障碍。

（1）思维定势的特点。思维定势具有以下特点：

①强大的惯性，是指已有的知识和经验不仅逐渐成为思维习惯，甚至深入到潜意识，成为不自觉的、类似于本能的反应，支配着人们"不假思索"的思考和行动，具有很强的稳定性甚至顽固性，尤其表现在要改变一种思维定势，即改变旧的定势、建立新的定势是有一定难度的。首先，要有明确的认识；其次，要有自觉的行动；第三，要有勇气和决心。

②趋向性，当人们遇到一个问题需要去解决时，总是倾向于把该问题的情境归结为熟悉的问题的情境，再按照熟悉的解决问题的办法去解决该问题。例如，美国铁路两条铁轨之间的标准距离是4.85英尺。这个距离是怎么来的？是由英国人设计制造的。为什么英国人用这个标准呢？因为英国的铁路最初由建电车轨道的人设计的，那是电车所用的标准。电车轨距是怎么来的呢？原来最早建电车的人，以前是造马车的。为什么马车轮宽用这个标准呢？是来源于路的辙迹宽度。辙迹又是怎么来的呢？那是罗马战车的宽度。罗马战车的宽度就是两匹战马的屁股的宽度。这就是常说的路径依赖。

③程序性，是指按照规范化的步骤和要求解决问题。例如，某单位为更好地享受研发费用加计扣除政策，财务部门向研发人员讲授研发费用报销的规范和程序，并要求研发人员报销时提供合格的发票，按照研发项目及其研发活动的性质对支出进行归类，填写凭证，提供完整的附件材料，并按照规定的程序进行报销。财务部门再根据加计扣除政策的要求，按研发项目及其科目进行记账和核算。这一规范使研发项目的账目清楚，有助于准确地归集研发费用，进而最大限度地享受了加计扣除政策，大大提高了工作效率。这种定势是有利于创新的。

（2）思维定势的类型。从定势形成的原因来分，思维定势包括传统定势、书本定势、经验定势、名言定势、从众定势、权威定势和麻木定势等。

①传统定势是指人们习惯于依照"老规矩"办事。"传统"是与"现代化"相对而言的，是指现代化之前的历史发展阶段。其基本特征是：以农业为主、以手工操作为主、信息闭塞、缺乏交流。在传统的社会中，整个社会自上而下形成一个稳固的金字塔，社会主体是单一的而不是多元的，所以极少发生横向之间的竞争。**没有竞争，创新就没有动力**。这种状态缺乏活力。

②书本定势是指人们看问题做事情习惯于照搬书本知识，引经据典，而不去关注和研究现实。实际上就是教条主义，亦称本本主义，其特点就是把书本、理论当教条，思想僵化，轻视实践，割裂理论与实践。**许多书本知识是没有得到验证的，因而可能是错的。**例如，武侠小说中的武打场景多为虚构，而且写武打小说的作者也多是不习武的，若按小说中对武打场面的描述作为习武的依据，就会出错，但就是有许多年轻人会信以为真，按武打小说习武，这就是书本定势造成的。

③经验定势是指人们在处理新问题时不注意事物的新信息和偶然性，习惯按照自己已有的经验去做。例如，1913年美国著名企业家亨利•福特将屠宰流水作业的思路引入到汽车生产，大批量地生产统一规格的黑色T型车。然而，福特在取得巨大成就的同时，也产生了经验定势，居然公开宣称，福特公司从那以后只生产黑色的T型车。

④名言定势是指人们在处理新问题时不实事求是，而是片面按照名人名言去做。例如，有的人在写文章、作报告时很喜欢引用名言名句，如果在场景或情势一致时，引用名言名句会更加简洁生动，一目了然，很有说服力。但是，如若生搬硬套，张冠李戴，就会显得别扭。

⑤从众定势是指服从众人、顺从大伙儿，别人怎么想我也怎么想，别人怎么做我也怎么做。盲目从众、人云亦云的人是不可能创新的。**只有敢于标新立异、善于独辟蹊径、爱好独树一帜者，才可能会有独立的思想和独到的见解。**例如，法国心理学专家约翰•法伯曾做过一个著名的"毛毛虫"试验[1]。这种毛毛虫有一种"跟随者"的习性，总是盲目地跟随着前面的毛毛虫走。法伯把若干只毛毛虫放在一个花盆的边缘上，首尾相接，围成一圈，并在花盆周围不到6英寸的地方撒了一些毛毛虫最爱吃的松针。毛毛虫开始一个跟一个，绕着花盆一圈又一圈地走。一小时过去了，一天过去了，毛毛虫们还是不停地坚韧地团团转。一连走了七天七夜，它们终于因为饥饿和筋疲力竭而死去。法伯在实验笔记中写下了这样一句耐人寻味的话：在这么多毛毛虫中，其实只要有一只稍与众不同，便立刻会避免死亡的命运。

⑥权威定势是指人们的思想和观念无条件服从权威的习惯。权威定势有两种途径：一是从儿童到成年的过程中所接受的教育权威；二是由于社会分工的不同和知识技能的差异而形成的专业权威。例如，对于人体气功等现象的研究，原是一件非常科学的工作，但如果某位著名科学家将气功研究与所谓的"人体特异功能"联系在一起，这时就可能引发意想不到的情况。由于权威定势，普通公众就此以为气功就是所谓的"人体特异功能"。

⑦麻木定势是指感知不到周围事物的变化，即使感知到了，反应也是比较缓慢

---

[1] 参见《毛毛虫试验》，百度百科，http://baike.baidu.com/view/410018.htm?fr=aladdin。

的，不及时作出响应，似乎与周围世界隔离了。例如，2014年8月2日江苏昆山中荣金属制品有限公司发生爆炸，造成69人遇难，近200人受伤。事发企业不仅是高污染企业，而且一直存在安全隐患，曾多次被举报过。这些年来，企业并没有真正采取行动消除安全隐患，所以检察机关以渎职罪追究涉案人员的刑事责任。渎职行为除了存在侥幸和逃避责任外，很大程度上就是麻木定势在起作用的结果。

另外，还有视角定势、方向定势和维度定势等。

（3）**思维定势的表现形式。**从产生的效果来分，思维定势有两种表现形式：适合性定势和错觉性定势。前者是指人们在思维过程中形成了某种定势，在条件不变时，能迅速地感知现实环境中的事物并作出正确的反应，这有利于人们更好地适应环境。后者是指人们由于意识不清或精神活动障碍，对现实环境中的事物感知错误，作出错误的解释或错误的反应。例如，个别明星因酒驾、嫖娼等行为被查处，不是他们不知道那是违法行为，而是他们存在一种不会被发现的侥幸心理，即错觉性定势。

从思维过程的大脑皮层活动情况来看，思维定势的影响是一种习惯性的神经联系，即前次的思维活动对后次的思维活动有指引性的影响。所以，**当两次思维活动属于同类性质时，前次思维活动会对后次思维活动起正确的引导作用；当两次思维活动属于异类性质时，前次思维活动会对后次思维活动起错误的指引作用。**例如，有这样一个著名的试验，把6只蜜蜂和6只苍蝇装进一个玻璃瓶中，然后将瓶子平放，让瓶底朝着窗户。结果是：蜜蜂不停地在瓶底方向找出口，一直飞不出去，都死了；苍蝇在不到两分钟之内，从另一端的瓶口逃出去了。这是因为蜜蜂有向光性，认为出口就在光亮处，而且不停地重复着这种合乎逻辑的行为。苍蝇却没有对亮光的定势，而是四下乱飞，最终逃出去了。

美国心理学家迈克曾经做过这样一个实验。迈克从天花板上悬下两根绳子，两根绳子之间的距离超过人的两臂长。如果你用一只手抓住一根绳子，那么另一只手无论如何也抓不到另外一根。在这种情况下，迈克要求一名受试者把两根绳子系在一起。不过迈克在离绳子不远的地方放了一个滑轮，意思是想给受试者以帮助。然而，尽管受试者看到了那个滑轮，却没有想到它的用处，没有想到滑轮会与系绳活动有关，结果没有完成预定的任务。其实，如果受试者将滑轮系到一根绳子的末端，用力使它荡起来，然后抓住另一根绳子的末端，待滑轮荡到他面前时抓住它，就能把两根绳子系到一起，任务就完成了。迈克在实验中，对部分受试者给予指向性的暗示，对另一些则没有。结果，前者绝大多数能够完成任务，而后者几乎没有一个能完成任务。这个实验说明，定势既有助于解决问题，也会妨碍问题的解决。但从创新思维的角度看，思维定势容易使人们产生思想上的惰性，养成一种呆板、机械、千篇一律的解决问题的习惯。当出现新情况新问题需要开拓创新时，或者说新旧问题出现形似质异时，思维定势往往会使我们步入误区。大量事实表明，思维定势确实存在较大的负面影响。当一个问题的条件发生质的变化时，思维定势会使解题者墨守成规，难以涌出新思维，作出新决策，造成知识和经验的负迁移，即对其他问题的解决产生干扰或抑制作用。因此，思维定势不利于创新思考，不利于创造。

02 阿西莫夫的惯性思维

阿西莫夫是一位俄裔美国人，著名的科普作家。有一次，他遇到一位他熟悉的汽车修理工，修理工给阿西莫夫出了一道智力题。修理工说："有一位哑巴，到五金商店买钉子，对售货员做了一个手势：左手食指立在柜台上，右手握拳作出敲击的样子。售货员见状，给他拿来一把锤子，哑巴摇摇头。售货员明白了，就给他拿来钉子。"修理工继续说："哑巴买好钉子后走了，又进来一位盲人。这位盲人想买一把剪刀。"他问阿西莫夫："盲人将会怎么做？"阿西莫夫不假思索地伸出食指和中指，作出剪刀的形状。修理工见状，开心地笑起来："盲人想买剪刀，只需要开口说就行了，何必做手势呢？"阿西莫夫就是犯了惯性思维的错误，即思维沿前一思考路径以线性方式继续延伸，并且暂时地封闭了其他的思考方向。[①] 现实生活中惯性思维也是常见的。

惯性是一个物理学概念，是指物体抵抗其运动状态被改变的性质。惯性思维是指人们在处理一些问题、看待一些事情或评价一个人时，习惯地循着以往的知识、

---

① 引自宋振杰：《创新思维——让你从此与众不同》，博锐管理在线，http://www.boraid.com/darticle3/list1.asp?id=49271&pid=1442。

经历、经验和直觉等，**不由自主地对问题的原因或结果直接作出条件性的判断而形成的思维定势**。换句话说，就是沿着某一思维路径以线性方式延伸，并暂时地封闭了其他方向的思维，形成了思维的惯性。也可将惯性思维解释为，采取某种特定的思路越多，下一次采取同样思路的可能性就越大。惯性思维如同物体在无外力作用下顺着惯性运动一样，由于这种惯性，人们在思考问题的过程中便产生了"盲点"，其根源在于认识上的模糊和偏颇。

惯性思维有多种表现形式：一是强势惯性，即由于长期形成的某一方向的思维被强化了，阻挡了其他方向思维的思考。例如，一个人在同一单位同一岗位工作了20多年，该单位突然宣布要裁员，并要将他裁掉。可以想象，这对他的打击会有多大。因为他已形成了强势惯性，他不知道一旦离开那个单位，还能找到什么工作。要解决强势惯性问题，就要跳出已有知识的惯性；二是前提惯性，即在思考中受到预设前提的制约。思维就像开车，从表面上看，开车只需要启动、挂挡、踩油门、掌握方向盘，车子就可以上路了，就这么简单。但仔细分析一下，就会发现开车也是有前提的，比如路面对车轮的摩擦力、空气阻力及开车的目的性等，只是在开车时都被忽略了。思维也是一样的，**人们往往是在已经预设的、特定的、看不见的语境、逻辑、价值、常识中思考**。要克服前提惯性，就要跳出这一预设前提的制约，否则容易陷入思维的困境；三是语境惯性，即人们对自己熟悉的语言，在长期的使用过程中已经建立了某种定势联想，这种联想会像条件反射一样，以一种惯性的形式使人们陷入语言陷阱。例如，小王托老李办事，向老李讲完了托付事情时，老李答应了小王的请求，小王告别时向老李说了一声"谢谢"，老李也回了一句"谢谢"。老李不应该说"谢谢"，而应该说"不客气"才对。这就是语境惯性。

一个群体、一个组织、一个机构形成的惯性就是群体性惯性。科学家曾对猴子做过一个实验，反映猴子形成群体惯性的过程。科学家将四只猴子关在一间房子里，在房顶上开了一个小洞，每天只喂很少的食物，让猴子饿得饥肠辘辘。几天以后，实验者在小洞口放下一串香蕉，一只饿得发昏的猴子冲上去吃香蕉，但香蕉还没来得及吃到，就被预设在房顶上泼出的热水烫伤了，其他三只猴子也有过类似的经历，也都被热水烫伤了。几次反复以后，猴子们再也不敢去吃香蕉了。过了几天，换了一只新猴子放到房内，当新猴子饿得想去吃香蕉时，立刻被其他三只猴子制止。又一只新猴子被换进来了，当那只猴子饥饿难忍，急着想去吃香蕉时，有趣的事情发生了，不仅那几只有过烫伤经历的猴子上前去制止它，就连那只没有被烫过的猴子也极力去阻止它。当所有的猴子都被换过之后，仍然没有一只猴子敢去碰香蕉。显然，被热水浇注的群体惯性仍然束缚着房子里的每只猴子，即便房顶的热水已被拿走，猴子也不敢去享用它们喜欢的香蕉。这就是群体惯性形成的过程。许多制度、惯例、习惯等就是这样产生和沿袭的。

群体惯性在一些组织里普遍存在着，过去的教训导致组织不能适应变化莫测的市场环境，从而错失了许多机会。而一些临时举措，或在特定时候采取的措施，却又容易形成惯例，导致组织僵化。克服群体惯性，有时需要巨大的"修正成本"，要变革就要付出巨大的代价。

在特定情况下惯性也有利于创新。余鸿在《思维决定创意》一书中将惯性法则列为创意法则，可将惯性法则用于思考创意上，有时可利用惯性改变思维模式、激发创意。

03
线性思维：
为什么海关关员没查出走私卡车？

一位卡车司机，开着一辆空的卡车经过海关。海关关员进行例行检查，没有发现任何走私物品，就放他过关了。第二天，那位卡车司机照样开着一辆卡车，又要过关。这位海关关员还是进行例行检查，仍然没有发现什么走私物品，照例放他过关。这样几次以后，那位海关关员起了疑心，隐约感觉到那位卡车司机在走私什么。检查的次数多了，双方也就彼此熟悉了，那位海关关员用戏谑的口吻说："我知道你一定在走私什么东西，我一定会找到的。"那位卡车司机说："你都查过了，我是一个很诚实的人。"十多年后，那位已经离开海关的关员与那位卡车司机不期而遇，双方攀谈起来。那位海关关员问那位卡车司机到底在走私什么？卡车司机道出原委，原来他走私的就是卡车。那位海关关员总以为卡车是用于运载走私物品的，没有想到是在走私卡车。这是因为他的思维是线性的。

线性（Linear）是指量与量之间按比例、成直线的关系，在空间和时间上代表规则和光滑的运动。线性思维是指沿着一个线性的思考方式进行思维，或前一个思考路径会对后一个思考路径形成强烈的导向。

把思维过程用线性来进行描述，可将原本抽象的思维过程变得更为形象，使思路更加清晰，使思维更加开阔，更加灵活，进而培养出更为良好的思维习惯，增强思维能力。在处理一些常规事情时，可突出主题，大大节约时间。但线性思维容易陷入思维定势。

线性思维的特点是把复杂的多元问题变为简单的常规问题。这是将复杂的问题简单化，抓住事物的主要矛盾。

线性思维在一定意义上说属于静态思维。从线性方向分，可分为正向线性思维和逆向线性思维。正向线性思维是指思维从某一个点开始，沿着正向向前以线性拓展，经过一个或者几个点，最终得到思维的正确结果。逆向线性思维是指思维从某一个点开始，既然正向走不通，就得沿着相反的方向思考，经过一个或几个点，最终得到正确的思维结果。之所以要逆向线性思维，是因为如果沿着正向向前以线性拓展，无论经过多少个点，最终都难以达到思维的正确结果。

现实中线性思维是比较多的。例如，张三与李四拟合作成立一家公司。张三提出，总经理、财务总监和出纳均由他派出，由李四任董事长，派出会计。张三就是按照线性思维来提出方案，要掌控公司的经营权和财权，那李四如何能够确保其投资的安全呢？张三的这一诉求，促使李四放弃合作。再如，某企业拟出资转化某研究所的一项技术成果，在洽谈中，该研究所所长要求控股，即技术作价出资入股所占比例必须超过50%。双方的洽谈因此中断。一般来说，企业是科技成果转化的主体，不仅是科技成果转化投入的主体，风险责任的承担主体，也应是受益的主体，高校、科研机构应该配合企业进行科技成果转化。但该所长仅从利己的角度出发要求控股，不符合科技成果转化规律。

线性思维也是有积极作用的。余鸿在《思维决定创意》一书中提出的创意法则中包含延长线法则，即利用已经存在的事物或现象来延展对未知事物或现象的思考，就是线性思维。例如，预测一般是按照事物过去、现在的情形推测其未来发展的趋势，就是线性思维。在前述案例中，李四放弃合作，也是运用了线性思维。在线性思维的具体运用中，要避免陷入思维定势。

04 模式思维：成败均在模式

脑白金的成功就在于找到了一条比较好的营销模式。史玉柱通过深入消费者了解到，老头老太想吃脑白金，但他们自己不舍得买，其实是等儿女们给他们买。于是他就把广告定位为"送礼"，并选了一句容易记的"今年过节不收礼，收礼就收脑白金"的病句。这个病句容易让人记住。这个广告打了十多年，非常成功。脑白金的成功是模式的成功。相反，有许多保健品不成功就败在模式上。例如，某公司将肉苁蓉提取物制成保健品，男性服用可改善性功能，女性吃了可美容，试销客户均反映有效果，但是没有找合适的营销模式，一直打不开市场局面。该公司曾尝试放在超市里销售，但进入门槛太高，又缺乏足够的广告支持，效果不佳；尝试过走礼品渠道，因缺乏足够大的营销网络，也没有走通。后来，打算制成前列腺癌手术后的治疗药品，但一测算，需要投入巨大的资金，且市场前景不太明朗，只好作罢。据说该公司后来被一家企业收购了。总之，没有找到一个合适的模式。

模式（Pattern）是指从生产、经营、科研、生活等经验中经过抽象和升华提炼出来的核心知识体系，其实就是解决某一类问题的方法论。把成功解决某类问题的方法进行总结，并固化下来，就是模式。例如，流水线生产、施工工法、标准化、操作规程等都是模式思维的产物。模式是一种指导，一个良好模式的指导，有助于人们完成任务，获得优良的设计方案或者解决问题的方案，达到事半功倍的效果。正是因为模式是对一类行为或活动的共同属性进行归纳总结，所以在解决类似问题时，可简化思考，降低信息搜索成本。模式是一种强大的现实力量，许多在商业上成功的企业家就源于商业模式的成功。例如，马云的成功就源于电商模式的成功。

许多中小企业在商业上的失败，往往也由于模式上的失败。因为，模式思维的缺陷在于它总是趋于保守，在新的危机出现前，它具有强烈的定势倾向。例如，柯达、诺基亚等一些公司原来的成功是因为有较好的模式，后来的失败，正是因为其原有的经营模式不能适应新的变化，实际上就是模式的失败。数字电视取代模拟电视、数码相机取代传统胶卷相机，是大势所趋。因此，模拟电视和胶卷相机的生产制造商若在现有模式上进行改进，是注定失败的。也就是说，成在模式，败也在模式，变是永恒的，顺应变化才能立于不败之地。

任何事物都有两面性，模式思维也是如此。在生产、加工产品的过程中，如果工人违反操作规程，代价小的只是生产出不合格产品，大的可能造成大的事故，甚至付出生命的代价。但是，**有时创新就是在错误中产生的**。因为错误是不遵守原有模式造成的，却有可能孕育新事物，发展新模式。例如，青霉素、日本清酒等发明 [1] 都是因为没有完全按照操作规程操作意外发现的。

05 惰性思维导致大象被烧死

有一则关于大象的悲剧 [2]。一家马戏团突然失火，致使一头大象被烧死了。那头大象原本是用一条细绳拴在一根小木棍上的，以大象的力量，它完全可以轻而易举地逃脱。但为什么那头大象没有逃脱呢？原来，那头大象从小就被马戏团用铁链锁住脚并绑在一棵大树上，以避免其逃脱。每当大象企图逃离时，它的脚就会被铁链磨出血来，疼得厉害。久而久之，在它的脑海中就形成了无法逃脱的印象。当它长大以后，尽管只是用一条细绳拴在一根小木棍上，大象也不会有半点逃脱的想法了。这就是惰性思维。

① 详见《思维决定创意：23种获得绝佳创意的思考法》。
② 引自宋振杰：《创新思维——让你从此与众不同》，博锐管理在线，http://www.boraid.com/darticle3/list1.asp?id=49271&pid=1442。

惰性是指因主观上的原因无法按照既定目标而行动的一种心理状态，实质上就是不想改变。惰性思维是指人们习惯于用老的眼光来看待新的问题，用曾经被反复证明有效的旧的概念去解释新的现象，是人类思维深处保守力量的体现。惰性思维者不愿去尝试，也不敢去冒险，走不出思维定势，不但错失了大好时机，其潜能也被埋没了。惰性思维实质上就是麻木定势思维。

狗鱼思维是一种典型的惰性思维。狗鱼是一种在北半球寒带到温带里广为分布的淡水鱼，嘴像鸭嘴，大而扁平，下颌突出，是淡水鱼中生性最粗暴的食肉鱼。除袭击别的鱼外，它还会袭击蛙、鼠或野鸭等。科学家做了这样一个实验：把狗鱼和小鱼放在同一个玻璃缸里，在两者中间隔上一层透明玻璃。狗鱼一开始就试图攻击小鱼，但是每次都撞在玻璃上。慢慢地，它放弃了攻击。后来，实验人员拿走了中间的玻璃，这时狗鱼仍然没有攻击小鱼的行为。这个现象被叫作狗鱼综合征。狗鱼综合征的特点是：对差别视而不见，自以为无所不知，滥用经验，墨守陈规，拒绝考虑其他的可能性，缺乏在压力下采取行动的能力。

王朔的小说《橡皮人》中的"橡皮人"，作为一种社会人格，现在对它的注解是"他们没有神经，没有痛感，没有效率，没有反应。整个人犹如橡皮做成的，是不接受任何新生事物和意见、对批评表扬无所谓、没有耻辱和荣誉感的人"。这些特征表明"橡皮人"就是典型的惰性思维。举例说明，某单位的小李已经入职十多年了，还是一名小文员。而与他差不多同时入职的小王，已经是部门负责人，事业如日中天。小李因此没有了工作热情，没有了进取心，领导交办的事情总是不能如期完成，即使处罚他，他也不在乎。领导调整他的工作岗位，他也没有实质性的改变。采取绩效考核办法对他的工作进行考核，也难以对他产生较大的制约。部门领导对他很有意见，却又没有办法。小李成了典型的"橡皮人"，他的思维方式是典型的惰性思维方式。

在职场上，惰性思维普遍存在，具体表现为渎职。许多事故的发生，也是渎职造成的。刑法规定的渎职罪就是要惩处那些应当作为而不作为的人。如果有关责任人员稍微尽点力，积极作为，许多责任事故就可避免。

要在职场上有所作为，必须顺应时代的发展，不断追求上进。一位老师讲述他的成长经历。他下过乡，插过队，在田间地头干过农活，那种"脸朝黄土背朝天"的农活非常辛苦。后来他回到城里，在一家工厂里当工人。尽管条件很艰苦，但他从来没有放弃过学习。无论在插队期间还是在工厂里，他都抓紧时间努力学习。在恢复高考后，他如愿地考上了大学，之后又考上了研究生，毕业以后，被分配到高校，做了一名老师。在高校里他也从没中断过学习和科研，先后晋升为副教授和教授，并成为一名知名的学者。正是由于他不断追求，所以在每次社会变革中都抓住了机遇。而一批与他一同插队的人，回城以后进了工厂，但都不爱学习，没有顺应社会的变革去提升自己。随着上海的产业转型，一批批工厂关停并转或迁到外地。他们都下岗了，生活顿时陷入了困境。之所以这样，是因为上海的经济社会发生了较大的变化，他们却没有感受到并且顺应这种变化，还是用老的眼光来看待上海的发展。可想而知，他们不适应上海的发展。这个故事告诉我们，**顺应时代变化的，命运就掌握在自己的手上；不顺应社会变化的，就会被时代所淘汰。**

06
点状思维导致女大学生跳楼自杀

一名学习成绩优秀的女大学生即将毕业。她可以被保送直升攻读硕士研究生，但她一心想出国，便把主要精力都放在考托福和GMAT上，放弃了保送资格。虽然她的托福和GMAT成绩都比较好，但申请国外心仪的大学受挫，没有被录取，同时，错过了找工作的机会。毕业离校时间临近了，她感到十分迷茫，不知下一步该怎么办。回家吧，觉得无脸面见父母，担心父母和亲戚朋友瞧不起她。不回家吧，又一时没有合适的去处。一天晚上，她在宿舍楼的6楼徘徊了许久，越想越感到万念俱灰，最后竟从窗户往外一跳，当场摔死了。青春豆蔻年华就此结束了，十分可惜。这就是点状思维产生的悲剧，钻入了思维的牛角尖，只看到暂时的挫折与困难，没有看到美好的人生。其实只要换个角度看待当前的困境，那人生的机会多得是呀！

点状思维是一种片面的思维方式，是指人们只看到事物的表面，没有深究其起源和本质的思维方式。点状思维往往容易让人陷入误区，缺乏主见和创新。

一位老师在一张白纸上画了一个黑点，然后问学生看到了什么。学生们的回答五花八门，有的说是芝麻，有的说是苍蝇，有的说是污迹，有的说是缺点，有的说是遗憾、损失等。总之，学生们只注意到那个黑点，却没有看到黑点之外的那张白纸。正是这个黑点束缚和禁锢了学生的思维，使学生们没看到其余更多、更好、更丰富的东西。这就是点状思维。

有的人一遇到挫折，就垂头丧气，看不到希望，甚至产生轻生的念头。有时，人们在工作或生活中遇到不顺心的事情，或者办坏了一件事，就会说"我真没用，我真窝囊，我是天底下最愚蠢的人"。有时也会透过别人不经意的一句话或一件事就对某人下了"他品质有问题"的结论。这其实就是人们只注意到那个黑点，即缺点或短处，而没有看到黑点之外的广阔空间，即优点或长处，这是点状思维的典型表现。

实际上，缺点和优点或者短处与长处都是相对的，取决于你看问题的角度。改变一下看问题的角度，缺点可转换为优点，短处可变成长处。因此，突破点状思维，就要运用转换思维、换位思维等思维方法。如果你将视线从有缺陷的地方转移到其他地方，或者换个角度看缺陷，或者充分利用缺陷，就可以克服或规避缺陷，这些思维方法有时能起到化腐朽为神奇的妙处。例如，某时装店经理不小心在一条高档呢子裙上烧了一个洞，怎么办呢？要是用织补法进行补救，也许能蒙混过关，但欺骗客户，良心上要受到谴责。这位经理突发奇想，干脆在小洞的附近又挖了一些小洞，还进行了精心的修饰，将其命名为"凤尾裙"。这一创新举措，使"凤尾裙"很受欢迎，非常畅销，经济效益可观，该时装商店也出了名。

习惯思维导致"点金石"功亏一篑

有人在书里发现了寻找能将任何一种普通的金属点化成纯金的"点金石"的秘密：点金石摸上去很温暖，而普通石子摸上去是冰凉的。点金石就在黑海的海滩上，和成千上万的与它看起来一样的小石子混在一起。他便到黑海海滩边寻找"点金石"，当他摸着冰凉的石子时，就扔到大海里，他干了一整天，却没有捡到一块"点金石"，他坚持不懈地继续寻找几年后终于有一天他捡起一块温暖的石子，但他却随手把它扔进了海里。他已经习惯于做扔石子的动作，达到条件反射的程度了，以至于当他真的找到了"点金石"时，他还是将它扔进了海里。这故事是虚构的，但现实生活中类似的情况却不少。习惯思维可能使我们无所作为，甚至是功亏一篑。

习惯，泛指一个地方的风俗、社会习俗、道德传统等。从字义来看，"惯"是指引起本能的兴趣，遵循内在的规律；"习"是指反复操作或运用，即由于重复或练习而巩固下来并且变成需要的行为方式。习惯是在很长的时间里养成的生活方式，是已经熟练掌握的、不假思索的反应行为和适应行为。

认识一旦形成固定的倾向，就是一种习惯。**习惯思维是指采用惯常的思路、方法等解决问题的思维方式，因缺乏主动性和独创性，往往阻碍着创新，是一种主要的定势思维。**

不过，好的习惯，让我们受益一生。例如，加拿大医师奥斯勒养成了每天睡前读书15分钟的习惯。不管多晚进卧室，他都要读15分钟的书才能入睡。这个习惯使奥斯勒博学多才，不仅是一名医学专家，在医学方面有过许多贡献，如成功研究了第三种血细胞（又称血小板），还是一名文学研究家。

08 思维定势有三种形成机制

有人曾将一瓶取自德国克鲁兹拉赫盐泉的红棕色液体样品交给化学家李比希鉴定，李比希没有进行细致的研究，就断定它是"氯化碘"。几年后的1824年，只有22

岁的法国青年学生巴拉尔在其家乡蒙培利埃从盐湖水提取结晶盐后的母液中，为找到那些母液的用途，进行了许多实验。当通入氯气时，母液变成红棕色。最初，巴拉尔认为那是一种含氯的碘化物。后来，他尝试了各种办法设法将该物质分解，并且断定那是一种与氯、碘相似的新元素。1826年8月14日法国科学院确认巴拉尔发现了溴元素。当李比希得知溴的发现时，立刻意识到自己的错误，并把那瓶液体放进一个柜子，在柜子上写上"耻辱柜"几个字，以警示自己。

为什么李比希没经实验就下结论呢？这是因为大脑在"办事"时往往会"偷懒"，能省则省，能简则简，以提高效率。这个"偷懒"的机制就是大脑的办事规则，这个"规则"就是规则忆块，就是定势思维的形成机制。了解并把握思维定势的形成机制及其演化过程，有利于深入认识思维定势，并可有针对性地突破思维定势，找到创新思维的路径。思维定势的形成机制主要有：

（1）归化机制。人们很善于对所做过的事情或者经历进行总结，并通过总结得到经验或教训。对于经验，以后碰到类似的事情时，可拿来继续采用。对于教训，以后碰到类似的事情时，就会设法避免以前失败的做法，就像李比希的"耻辱柜"那样。无论是经验还是教训，都归化为规则忆块，供以后在处理类似事情时调用。人们在年度结束时进行年度总结，在完成研发项目时进行技术总结，在完成一项工作时进行工作总结等，从思维过程来看，都会形成规则忆块供大脑以后调用。所以说，**已有的经验既会促进思维的发展，也会形成思维定势，阻碍思维的发展。**

（2）惯性机制。大脑还有一个办事原则是权力下放，即交给惯性代替大脑工作。靠惯性之助解决问题，要比靠意识去思维并解决问题快得多。因为惯性机制是经济的，低成本的，符合人们的期望，因而也可称为期望机制。在思维形成的过程中，人们总掺杂着一种低成本的"期望"。例如，前例中，李比希没对红棕色液体样品进行实验，就武断地直接下结论了。再如，小张在做某科研项目时为省事，该做的调研、实验没做，该采集的数据没采集，而是想方设法走所谓的捷径，即从片面的数据或实验直接得出结论。这其中有一种重要的机制，如果这种"走捷径"不易被发现，人们就会逐步放任它，屡试不爽以后，就会在这种"期望"的推波助澜下，胆子越来越大，甚至达到无所顾忌的程度。加之缺乏底线的约束，一旦突破底线，就滑向道德的深渊，陷入违法犯罪。毒奶粉、染色馒头、地沟油、学术造假等事件都是如此。事物的发展往往是渐变的，只要小小地连续地出现三次，就会产生惯性，并逐步积累壮大。所以，**防微杜渐非常重要，即不好的苗头一旦出现就要设法制止。**一旦积累到较大的程度并产生较大的惯性以后再踩急刹车，后果会很严重，消除影响的难度更大。

（3）条件反射机制。一名司机在一个漆黑的夜晚，开着一辆吉普车外出，途中抛锚了，司机估计是没油了，便下车检查油箱。当时他没带手电筒，就顺手掏出打火机，火一打出来就"轰"的一声爆炸了，车废人伤。这就是条件反射机制惹的祸①。条件反射是人出生以后在生活过程中经常发生的动作，最初由人的大脑掌控，发生的次数多了以后，转由人的小脑掌控，变成无意识动作的高级神经活动。日常生活中，刷牙、洗脸、喝水等都是由小脑控制的无意识动作。例如，多次吃过梅子的人，当他看到梅子时，也会流口水。

思维定势一旦形成，有时是很悲哀的。这也是要求我们不断学习新知识、形成新观念的原因之一。**形势在不断变化，我们必须关注这些变化并调整自己的行为。**一成不变的观念将带来毫无生机的局面。

思维定势有助于解决大量的常规问题

问题的解决过程一般分为以下七个步骤（如图2—1所示）：一是定义问题，包括是什么问题及问题的边界，将问题描述清楚；二是分析问题，包括问题的构成及其形成的原因，解决问题所需要的条件是否满足；三是提出解决方案，一般至少提出两个方案，每个方案都能够解决问题；四是评价方案，比较各个方案的优缺点，包括每个方案所要进行的投入或者付出的代价；五是通过比选，在现有的条件下选择最优或者比较满意的方案；六是执行方案，解决问题；七是评价问题是否得到了解

---

① 引自宋振杰：《创新思维——让你从此与众不同》，博锐管理在线，http://www.boraid.com/darticle3/list1.asp?id=49271&pid=1442.

决，如果问题还没有完全解决，则要从第一步开始重新进行。这一问题的解决过程
比较复杂，如果常规的问题都要按照这样一个比较复杂的程序和过程解决的话，虽
然都能比较好地加以解决，但太繁琐了，效率也不高。对于常规问题有没有简便的
程序呢？当然有。

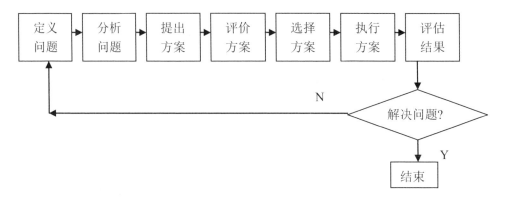

图2-1 解决问题的七个步骤

思维定势是集中思维活动的重要形式，是逻辑思维活动的前提，是创造性思维
的基础。思维定势与创造性思维可以相互转化。根据唯物辩证法的观点，不同的事
物之间既有相似性，又有差异性。思维定势所强调的是事物间的相似性和不变性。
在解决问题的过程中，它是一种"以不变应万变"的思维策略。所以，当新问题相
对于旧问题，其相似性起主导作用时，或者在环境不变的条件下，由旧问题的求解
所形成的思维定势往往有助于新问题的解决，或者更迅速地解决问题，如图2-1所
示，可省去分析问题、提出方案、评价方案和选择方案等步骤。而当新问题相对于
旧问题，其差异性起主导作用时，或者在情境发生变化时，由旧问题的求解所形成
的思维定势则往往会阻碍新问题的解决。

运用思维定势解决常规问题有以下五个步骤：一是联想，即根据所面临的问题
联想起已经解决的类似的问题；二是比较，即将新问题的特征与旧问题的特征进行
比较，抓住新旧问题间的共同特征；三是联系，即将已有的知识和经验与当前问题
的情境建立联系；四是转化，即把新问题转化成一个已解决的熟悉的问题；五是处
理，即通过解决熟悉的问题来解决新的问题。有时，不需要将新问题转化为已解决
的熟悉问题，可以直接利用处理过类似的旧问题的知识和经验来处理新的问题，可
省去"转化"一步。可见，**运用思维定势解决常规问题，比运用完整的程序解决问
题更便捷、高效，可大大节约成本。**

在运用思维定势解决问题时，应当明确以下三个方面的内容：一是所要解决的问题应有一个明确的方向和清晰的目标，否则就会陷入盲目性。这是运用思维定势解决问题的前提；二是定势思维方法是实现目标的手段，广义的方法泛指一切用于解决问题的工具，包括解决问题所用的知识。不同类型的问题总有相应的、常规的或特殊的解决方法。定势思维方法有助于对症下药，是解题思路的核心；三是运用思维定势解决问题是一个有目的、有计划的活动，必须按步骤进行，并遵守规范化的要求。

思维定势是一种按常规思路分析问题、解决问题的思维方式，对于处理常规性事务和一般性问题可以省去许多摸索、试探的步骤，缩短思考的时间，提高效率。在日常的工作和生活中，定势思维可以帮助人们解决90%以上的问题，这是定势思维积极的一面。

相对于创新思维来说，定势思维具有一定的消极作用，它会使你的大脑忽略定势之外的事物和观念。社会学、心理学和脑科学的研究成果表明，定势是难以避免的，因为它就像一副有色眼镜，戴上它，整个世界都与眼镜片的颜色相同；但如果脱掉它，你的眼睛又无法看清外界事物。通过科学的训练可以削弱定势的强度，却不能从根本上消除定势。解决定势问题的另一条思路是，尽量多地增加头脑中的思维视角，学会从多种角度观察同一个问题，通过把注意力引向外部其他相关联的领域和事物，从而受到启示，找到超出限定条件之外的新思路，进而使问题得以顺利解决。虽然你大脑中的有色眼镜是无法摘除的，但是你可以多准备几副有色眼镜；分别戴上不同的眼镜来看世界。例如，东芝公司一名小职员建议把生产的电扇由黑色改为彩色，新产品突破了"电扇只能漆成黑色"这一思维定势的束缚，几个月就卖出几十万台，取得了巨大成功。再如，美国通用汽车公司总裁斯隆首创的"分期付款、旧车折旧、年年换代、密封车身"的汽车营销四原则，一举击败了福特公司，成为世界第一大汽车制造企业。在同一时期，从福特（福特汽车公司当时只生产T型车）与斯隆的思维博弈中可以发现，创新思维是企业发展的不二法门。

10 努力突破思维定势

要创新，就必须突破思维定势。一旦突破思维定势，也许可以看到许多别样的人生风景，可以创造新的奇迹。能够把你限制住的，只有你自己。过去的你，相对于现在的你来说，就是定势。在创新的过程中，你不停地与过去的你进行斗争。斗赢了，你就前进一步；斗输了，你就原地踏步。

你的思维空间是无限的，就像铅笔有许多种用途那样。也许你正被困在一个看似走投无路的境地，或者囿于一种两难选择之间，但你一定要明白，这种境遇只是你固有的思维定势所致，你只要勇于重新考虑，跳出过去的思维框框，就一定能够找到不止一条的出路。

在现实的工作和生活中，要设法减少思维定势对形成创新思维的消极作用，扫除思维障碍。那么，如何突破思维定势呢？

（1）**加强学习以增长见识。**人的知识渊博了，见识多了，视野开阔了，看待事物就不会那么狭隘，那么死板，进而能够实现创新。

（2）**凡事留有余地。**俗话说，说话不要说得太满，只要说七分，要留三分。看事物，要多换个角度，才能看到事物的多个侧面，自然也就可以全面把握事物。做事情，要权衡利弊，之后才开始做。

（3）**做事的动机要好。**任何人做任何事时，都有其出发点和诉求，即动机。如果一个人的动机不好，则动力不强，动力不强则敷衍了事，思维定势就会产生作用，那是肯定做不好事情的。反之则能把事情做好。科学家的动力来自兴趣爱好，他们凭兴趣进行创新。企业家的创新动力来自市场需求，有需求就会努力通过创新去满足市场需求。科技人员的创新动力来自激励，包括工资薪金、福利待遇和自我价值的实现感等。所以，**要视对象进行适当的激励，激励方式对头，措施到位，才能激发创新的动力。**

（4）**要有一点风险意识，敢于尝鲜。**小徐腰病犯了，医生检查发现是腰椎间盘突出症。他去中医院做理疗、牵引、针灸，吃中药等，虽能缓解一点疼痛，但效果不太明显。有人向他推荐一名医生，该医生采取复位的办法进行治疗，有的病人可一次性复位成功，有的犯病时间太久的话只需几次巩固即可治愈，只有极少的人不能治愈或效果不明显。但小徐不敢去试，怕痛，担心受到伤害，仍然坚持他的保守治疗，一直忍受着痛苦。小徐为什么不敢试呢？就是缺乏一点风险意识，不愿意去尝鲜。

（5）运用管理学流行的德尔菲法和头脑风暴法等，也可以多听听他人的意见，有效打破思维定势。

03

思维偏见

你观察事物时，不一定能够看清事物的真相。因为你会受到心理因素的干扰。无论你多么聪明、有智慧，但你还是难以摆脱心理因素的干扰。这种干扰会蒙蔽你的双眼，使你所看到的，所感知到的，偏离了事实。在创新的过程中，对事物的观察偏离了事实，结果也打折扣。为此，在创新思维中，要认清思维偏见及其产生的机理，并设法纠正思维偏见。

01 偏见就是思维出现差错

2011年7月23日甬温线动车事故（简称"7·23"事故）夺走了40人的生命，致使200余人受伤，如此重大的铁路悲剧引发了舆论对高铁的激烈声讨。"7·23"事故是因管理不善而造成的典型重大责任事故，其教训是十分深刻的。但是，当时的舆论从对事故的批评变成近乎对高铁的全盘否定，出现了严重的"扩大化"现象①，致使这一卓越的技术创新成果几乎成了"过街老鼠"。细究下来，主要有以下四个方面的原因：一是刘志军等在2011年初被查出了严重贪腐，动摇了公众对高铁项目在技术和管理上都能做到严谨的信心，而贪腐往往与"豆腐渣工程"有着内在的联系；二是社交媒体引导了舆论，当时正是我国社交媒体迅速扩大影响力的时期，铁路部门的国营性质自然成为互联网舆论关注的焦点；三是铁路部门对"7·23"事故的处理存在纰漏，为媒体把高铁推到舆论的风口浪尖上提供了丰富的素材；四是改革开放以来，我国一直在学习、模仿西方，主要是在引进技术的基础上进行吸收创新，几乎没有在某个高技术领域全面领先于西方的经验，所以在高技术方面尤其表现出自信不足。总之，当时舆论对高铁存在偏见，进而引导国人对高铁产生偏见，而忽视了导致事故的真正原因，包括高铁技术上还存在不完善的问题。

尽管人的大脑是一部高度智能化的机器，具有很强的信息处理能力，但它也有出错的时候。心理学上的"偏见"术语就是反映这方面的问题。尽管人们不能升级自己大脑的硬件，但可以通过留心各种偏见来减少思维上的错误。

从字面上理解，偏见是指偏于一方面的见解（如图3—1所示），或成见。心理学将偏见②定义为：根据一定表象或虚假的信息相互作出判断，从而出现判断失误或

---

① 详见《环球时报》2014年7月23日报道：《回看7·23动车事故 当时舆论幼稚而偏激》。
② 这一定义摘自《中国大百科全书·心理学篇》。

判断本身与判断对象的真实情况不相符合的现象。换句话说，**偏见是以不充分或不正确的信息为根据所形成的对某人、某个群体或某个事物的一种片面乃至错误的看法和态度。**它的特点是以偏概全，常有过分简单化的倾向，并带有固执的、刻板的和泛化的性质。

偏见[1]是一种相当普遍的心理现象，也是一种无意识的现象，不是人们主观故意而为，而是在不经意间就形成的，也是由人的欲望和情绪导致的，以迎合某种期待。如图3—1所示，某人或某个群体甲看待事物乙时，所看到的却是乙′，乙′是事物乙在甲大脑里的影像，也是甲偏偏想看到的。所以说，偏见就是人们偏偏看见自己想要看见的东西。因为人们在观察事物时，只能观察到一些侧面，无法观察到全貌。

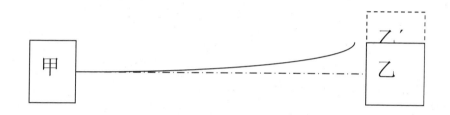

图 3-1 偏见的形成

如果你从事物的一些侧面来对它的全貌作出判断，就会出现偏差。

弗兰西斯·培根认为，人的认知是某种受控的行为，往往会受到一些假象的干扰，从而难以作出正确的判断，这些假象[2]主要包括：

一是种族假象，即人们总是根据自己的感知去判断事物（如图3—1中，按照乙′来判断事物乙），这意味着人们对外部事物的感知，不是按照事物的自然标准，也不是按照感官的客观标准，而只是按照个人主观的、自我的标准。培根所说的"种族"只是具有比喻的意义，是一种集体假象。

二是洞穴假象，即个人的假象，是指人们观察事物、理解事物总会受到自己的个性和所处环境的影响。培根认为，每个人都有他"自己的洞穴"，这种洞穴的作用和影响"使自然之光发生曲折和改变颜色"。洞穴假象的产生既是源于每个人的心理或身体上的特殊结构，也源于教育、习惯和偶然的原因。

三是市场假象，即人们彼此交往、互通信息的活动中形成的假象。人际交往主要是借助语言进行的，语词的不准确、多义性以及由此而造成的理解—解释上的混乱，是形成"市场假象"的一个重要原因。如图3—2所示，在人际交往中，由于偏见的存在，甲所看到的乙是乙′，而乙所看到的甲却是甲′，由于甲乙之间都存在偏

---

① 参阅《创新思维的障碍》，http://www.zreading.cn/archives/4074.html。
② 详见百度百科"四假象说"，http://baike.baidu.com/view/6338630.htm?fr=aladdin。

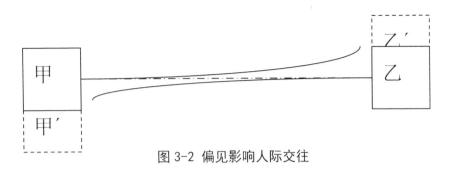

图 3-2 偏见影响人际交往

见，就会存在沟通障碍，甚至产生误会。当然，随着甲乙交往的深入，彼此消除了误会，偏见就会消失。

四是剧场假象，即从各种哲学教条以及从证明法则移植到人们心中的假象，也被称为"体系的假象"，所有意识形态都可能造成这种假象。好比看戏，虽然目的在于娱乐，却在不知不觉中受到了剧中故事情节的感染，使剧中所流露出的感情、思想、价值观念等，被接纳、汲取，在不知不觉中形成了"剧场假象"。

从培根对四种假象所作的分析中可以认识到，仅凭感官去感知事物是不够的，仅凭理性思维、运用三段论进行推理也是不够的，他提倡运用分析与综合的方法，从根本上去揭示事物的真相。

有一则驴子驮盐过河的寓言故事。[①] 驴子驮盐过河，不小心滑了一跤，摔倒在水里。当驴子站起来时，感到身上轻松了许多。驴子由此获得一种经验，即摔倒在水里，背上的东西能轻很多。后来，当它背棉花过河时，它就故意摔倒在水里，但这次它没能爬起来，被淹死了。驴子就是死在了经验偏见里。盐遇水溶解，背上的包

---

① 选自《培养创新思维系列讲座》，百度文库，http://wenku.baidu.com。

袄自然就轻了许多，而棉花吸水则变得更重，最终导致了悲剧的发生。

现实生活中类似的情况比比皆是。随着年龄的增长、阅历的增加，人们会获得许多经验和体会。经验固然重要，但如果机械地套用经验，不对以往的经验所形成的条件和具体情况进行深入的分析，就会像驴子那样被经验所拖累，轻则错失机遇，重则惨遭失败。

经验偏见[①]是指一切大胆的设想受到以往经验的束缚而偏离了其正常思维的现象。"疑人窃斧，越看越像"也是这个道理。个人的经验只能是具体的，一切具体的都是有限的。一切经验是感性、朦胧、自闭的，其最大的特点是局限性，因而是不可完全归纳的，而人们总是用有限的经验来臆断，建立在有限归纳基础上的演绎可以是科学的，但是将有限的经验放大为真理，就会产生偏见。

经验偏见产生的机理是：一是拥有的经验决定了观察的角度；二是观察的角度决定了观察的思路；三是观察的思路决定了所作的判断；四是所作的判断决定了表现出的态度；五是表现出的态度决定了对方作出的反应；六是对方的反应决定了原先的假设；七是原先的假设被认定为一个事实。经过以上七个步骤的强化，假设就变成了事实。这一过程是无懈可击的，但却是错误的。这是因为：一是过去的经验是在当时的条件下形成的，但条件是在变化的，现在的条件与过去的条件是不同的；二是人与人之间是互动的，你怎样对待他，他也会以同样的方式对待你。然而，麦肯锡在解决复杂的问题时，往往先基于事实作出初始假设，它是问题解决的路线图，其精髓在于"在工作正式启动之前就形成问题的解决方案"，是引领你通向解决方案之路的地图。然后，再对每个假设进行证实或证伪。经验偏见与麦肯锡的初始假设都是先作出假设，但两者有根本的区别，前者是基于经验作出假设，而麦肯锡是基于事实作出假设。

那么如何对待经验呢？如果跳不出经验的框框，甚至会让一切最大胆的设想都打上个人经验的偏见。由于经验偏见源于经验，所以既要超越有限的经验，又要能够摆脱经验的干扰。**在创新的过程中，没有经验是不行的，一定的经验有利于创新，但过分依赖经验，对创新却又是有害的。**

例如，有一则寓言故事。[②]从前，有个卖草帽的人，有一天因为疲惫便坐在树下打盹。等他醒来时，发现身旁的草帽都不见了，抬头一看，树上有许多猴子都戴着他的草帽。惊慌之中他突然想到猴子喜欢模仿人的动作，他就试着举起左手，果然猴子也跟着他举左手；他拍拍手，猴子也跟着拍拍手。于是他赶紧把头上的草帽拿

---

① 参见《创新的思维障碍——偏见思维》，百度空间，http：//hi.baidu.com/ddd1206/blogitem/6736a6af6d75abcd7cd92acd.html。

② 选自 http://h.795.com.cn/bf3056c6/a/6468.html。

下来，丢在地上。猴子也学着他，将草帽纷纷扔在地上。那个卖草帽的人赶紧捡起草帽，高高兴兴地回家去了。回家之后，他将这事告诉他的儿子和孙子。多年以后，他的孙子继承了家业。有一天，他在回家的途中，也因累了在大树下打盹。他的草帽也同样被猴子拿走了。孙子想起爷爷曾经告诉他的方法。于是，他举起左手，猴子也跟着举起左手；他拍拍手，猴子也跟着拍拍手，最后，他摘下草帽丢在地上。可是奇怪了，猴子竟然没有跟着他做，还直瞪着眼看着他。不久之后，猴王出现了，捡起丢在地上的草帽，说道："开什么玩笑！你以为只有你有爷爷吗？"虽然这只是一个笑话，但却告诉我们，孙子受到了经验偏见思维的影响，未能对经验进行改造和创新，失败就难免了。而猴子却从过去的失败中吸取了教训，避免了再次上当。

03 利益偏见是对公正的无意识偏离

　　大多数孩子都会说自己的父母是世界上最好的父母，大多数父母都认为自己的孩子长得最漂亮。再如，在同一个创新课题组里，课题组成员都会强调自己完成的那部分有多么重要，而且对其在创新项目中的创造性贡献的评价，往往比其他成员对其的评价高出一些。"王婆卖瓜自卖自夸"，这也正是课题组成员之间会发生分歧的原因之一。这些都是利益偏见。**利益偏见是指对公正产生一种无意识的微妙偏离，其主要特征：一是无意识性，二是微妙的偏离。**如果因存在利害关系而有意识地作出明显不公正的判断，不属于利益偏见，而是有意识地争取权益、规避风险。

　　由于利益偏见不是人主观的、有意识的偏移，因此在现实的生活中，如作出经营决策、行政行为、司法裁判中，为避免利益的有意识的干扰，在涉及自己的切身利益时，或与自己存在利害关系时，都会要求当事人或与当事人有利害关系的人予以回避，这就是要避免利益偏见的干扰。

　　利益偏见比较普遍的情况是所谓的"鸡眼思维"，是指一个人只因为一个过路人不小心踩到了他的鸡眼，他就将那个过路人看成是世界上最可恶最卑鄙的坏蛋。也就是说，这个人把自己的鸡眼当做评价他人行为的标准。

禀赋效应（Endowment Effect）[1]**是一种典型的利益偏见，是指当一个人一旦拥有某项物品时，他对该物品价值的评价要比未拥有之前大大增加。**人们在决策过程中，对利害的权衡是不均衡的，对"避害"的考虑更多些，对"趋利"的考虑要相对少些。出于对损失的畏惧，人们在卖出商品时往往索要过高的价格。

禀赋效应的存在，对传统经济学的理性人假设提出了挑战，商品的拥有者对其商品的估值非理性地提高了，希望以很高的价格卖出其商品，而商品的购买者却不能接受这个高价，这种反差会导致商品交易量的缩小，影响市场效率。按照科斯定理，在不存在交易成本的情况下，初始的资源配置并不影响最终的结果，资源仍会最有效率地进行分配。也就是说，资源配置比科斯预测的更具"黏性"。

按照禀赋效应，人们倾向于避免失去所拥有的东西，害怕改变可能带来损失。例如，在房屋拆迁的过程中，拆迁居民往往觉得获得的补偿太少，会要求比购买同样的房屋愿意支付的价格更高的赔偿，因而会就补偿价格与拆迁机构发生争执，这就是受禀赋效应的影响。

有一种奇怪的现象，股票或者房地产的价格越低，其成交量反而越低，这与传统的经济学的需求曲线是相悖的。这种情况也可从心理学的角度进行解释。在股价或房价下跌时，人们预期价格还会进一步下跌，从而不愿意购买。由于禀赋效应使人们产生"安于现状情结"，人们往往不愿意改变环境，从而表现出在谈判中不肯让步。工资刚性就是一个典型的例子，人们往往宁可失业也不愿意接受减薪。再如，老公司的规章制度的效率往往比新公司的更低，原因就在于，新公司的规章制度是在没有先例的情况下制定的，而老公司如果对已有的不合理的规章制度进行修改，员工往往会觉得难以接受，从而加以阻扰。

位置偏见缘于所处位置

苏轼的《题西林壁》："横看成岭侧成峰，远近高低各不同。不识庐山真面目，只

---

① 详见百度百科，"禀赋效应"，http://baike.baidu.com/view/2552956.htm?fr=aladdin。

缘身在此山中。"这首诗虽是游记性诗，指出庐山的风景因所处的位置不同而不同，却富有哲理性，借景说理，如果以某一个位置看到的景象就对庐山的风景作出判断，就会形成位置偏见。这就说明，观察事物应客观全面，防止片面性，避免"当局者迷"。瞎子摸象的故事，成语"井底之蛙"，都是位置偏见。"屁股决定脑袋"、"位置决定想法"是指一个人坐什么位置，决定了他思考的角度和范围，说的也是位置偏见。**位置偏见是指因所处的位置观察事物所得出的结果与真实情况产生无意识的微妙的偏离。**位置偏见与利益偏见的区别在于，位置偏见与当事人不存在利害关系，而利益偏见虽然也会因所处的位置不同而产生偏差，但与当事人存在一定的利害关系。

位置还可延伸到职场上的职位、年龄阶段等差异上。**在现实生活中，人们所处的工作岗位、年龄阶段等位置不同，看问题的角度自然不同，得出的结论也会不同，这都是由位置偏见造成的。**在企业经营管理中要通过加强沟通，达成共识，设法避免或者消除位置偏见。例如，一家创业企业的老总认为，创业企业必须有一个黄金组合，即谁当老大，谁当老二、老三的问题。他认为，任何一名创业者应当反复问自己，你愿意当老大吗？你凭什么当老大？你愿意当老二吗？老二是比较吃亏的，你能吃亏吗？你愿意当老三吗？在创业团队中，老三是没有地位的。因此要创业成功，在决定创业时，核心问题就是创业团队，而在创业团队中，老二、老三必须绝对服从老大。创业团队之间必须配合默契。只有这样，才能消除位置偏见。

每个人在不同的年龄阶段，对生活的体会、人生的追求、价值观与人生观都会相差比较大。正如老黑格尔所说："同一句格言，出自青年人之口与出自老年人是不同的，对一个老年人来说，也许是他一辈子辛酸经验的总结。"这正是："少年听雨歌楼上，红烛昏罗帐。壮年听雨客舟中，江阔云低，断雁叫西风。而今听雨僧庐下，鬓已星星也。悲欢离合总无情，一任阶前，点滴到天明。"[①]站在什么样的年龄位置，就会有什么样的感情与感悟。

人们生活在现实的社会坐标体系中，各种思想无不打上职业、所处社会阶层的鲜明烙印。例如，有的企业家总抱怨员工出工不出力、磨洋工，员工总抱怨企业家发钱太少、心太黑。这其实就是企业家与员工各自所处位置不同所产生的似乎无法弥合的思维差距。要克服位置偏见，就要跳出所处的位置看问题，这就要求企业家与员工都应换位思考。一个单位的一名优秀员工在该单位年度总结会上的发言很值得深思：一是把自己当自己，就是从自我出发，按照自己的能力、感受和对工作的理解，做好工作，善待自己；二是把自己当别人，跳出"以自我为中心"的思维框

---

① 蒋捷的《虞美人》，这首词以听雨为线索真切地描画出作者自己人生的三个阶段：少年，寻欢作乐，歌楼上闲听歌雨；壮年，漂泊天涯，客舟中愁听风雨；老年，寄人篱下，僧庐下听雨度残年。三个阶段好似三幅画，艺术地概括了作者由少到老的人生道路，折射出作者由年少时的欢乐无忧，到中年的惆怅彷徨，进而到老年的凄苦无奈的心情。

框，以一个旁观者的角度来看待自己，这样才不会患得患失；三是把别人当自己，实际上就是将心比心，多去关心别人，善待别人；四是把别人当别人，就是尊重别人，不能把自己的意志强加于人。通过多重换位，从多个角度来全面认识自己及他人。

换个角度看问题，可以在一定程度上减轻偏见程度。一家知名软件公司，原来的研发中心定位于成本中心，各部门总是看见公司投入的巨大研发费用，却看不见研发中心对公司经营业绩的直接贡献，其贡献是隐性的。研发中心主任尽管很辛苦，但还是感觉"抬不起头"，地位也不高。后来，公司改变考核办法，由成本中心改为虚拟利润中心，即考核研发中心对各个部门的贡献，包括对市场、经营、行政、人力资源等方面的贡献。研发中心的作用由过去的隐性变成显性了，价值得到充分体现。各部门都离不开研发中心的支持，并由过去被动支持变成主动支持和配合。研发中心的地位得到显著提升，研发工作受到广泛重视。当然这也对研发中心提出了更高的要求。

一般来说，改变观察位置比较容易，但从不同视角观察现象、考虑问题就不那么容易了。在用人上，委以重任的，往往是在多个岗位历练过的，有着丰富的阅历，目的是减少甚至避免位置偏见。长期在一个位置上工作的人，专业度一般比较高，但难以摆脱职业习惯，形成了比较强烈的位置偏见。

05 文化偏见缘于文化差异

《这个历史挺靠谱：袁腾飞讲历史3》讲到这样两件现在听起来滑稽的事：一是中国派驻外国的使节，新的使臣赴任，现任的使臣归国，现任使臣必须到码头去迎接，并举行接旨仪式，由新的使臣宣读圣旨，使馆全体人员都得跪在那儿，接受这个圣旨，接过圣旨以后才能回使馆。外国人对这个仪式不了解，觉得很稀奇，像看耍猴的一样进行围观。后来国人觉得那种仪式太有伤国体，所以奏请朝廷批准，接旨仪式放在使馆里进行，别在码头丢人现眼了。但在中国，那肯定都得在码头上进行，钦差大臣来了你得迎到码头上，你得出到城外很远处去迎接，在那儿就得宣读圣旨，而且必须跪着，不能回到衙门了才跪接。二是公使夫人裹小脚用的白布，洗了以后挂在屋外面晾晒。洋人见了以为中国国丧，都来吊唁，惊闻大皇帝不幸去世，特来哀悼。中国人傻眼了，没这事啊。洋人说，那你为什么在这儿挂白布啊。中国人解释说，那是裹脚布。洋人搞不懂，好好的脚干吗要裹起来呢。这就是典型的文化差异闹出来的笑话。

西方人个性张扬，倡导自由，是自由文化。无论总统还是平民，人格是自由的，对总统都可以直呼其名。而在中国，几千年的封建统治，特别是在封建王朝，皇权至上，形成了根深蒂固的奴性文化。过去女人必须裹小脚，也是男性压迫女性的体现，也是奴性文化的一种体现。即使在现在，虽然情况完全不一样了，但奴性文化仍然存在。如有媒体报道，仍存在一些官员视下属为家奴的现象。

著名华裔人类学家许烺光（曾任美国人类协会主席）在《美国人与中国人》一书中，对美国和中国两个社会的人的共同性做了深入考察，包括绘画、文学和男女之间的行为模式，接着将这些个人性格特质与社会文化环境联系起来，讨论美国人和中国人在特定境况中的行为方式。该书中举了一个例子："在一部中国电影中，一对青年夫妇发生了争吵，妻子提着衣箱怒气冲冲地跑出公寓。这时，镜头中出现了住在楼下的婆婆，她出来安慰儿子：'你不会孤独的，孩子，有我在这儿呢。'看到这儿，美国观众爆发出一阵哄笑，中国观众却很少会因此发笑。"这两种截然不同的反应所透出的文化差异是明显的。在美国人的观念中，婚姻是两个人的私事，其间的性关系是任何别的感情无法替代的。而中国观众却能恰当地理解母亲所说的含义。这正如一些美国留学生在读了《红楼梦》后，总是不解地问中国教授："为什么宝玉和黛玉不偷些金银财宝然后私奔呢？"中国教师知道那不是一个工具性问题，很难用一两句话解释得清。

一个人相信什么不相信什么，在很大程度上是他自己文化的反映。偏见是一种泛文化现象，很容易在任何角落发现它。不管承认与否，偏见总是顽强地以特有的形式到处渗透着。**文化偏见是偏见在文化上的体现，是指人们由于文化差异对一些行为、传统等在认知上存在偏差的现象。文化偏见在跨文化交流中普遍存在。消除文化偏见的主要途径就是要加强跨文化交流。**

06 华盛顿如何使盗马贼现形？（沉锚效应）

华盛顿的马被邻居盗走了，华盛顿和警察一道，在邻居的农场里找到了自己的马，可是邻居一口咬定那匹马是自己的。华盛顿想了一下，用双手捂住马的双眼问邻居："既然这匹马是你的，那么你能说出它的哪只眼睛是瞎的吗？""右眼。"邻居说。华盛顿把手从马的右眼拿开，马的右眼光彩照人。"啊，我弄错了，"邻居马上纠正说，"是左眼！"华盛顿把左手也移开，马的左眼也是亮闪闪的。华盛顿占据了信息优势，先使邻居在心理上认定那匹马有一只眼睛是瞎的，邻居受一句"它的哪只眼睛是瞎的"暗示，认定"马有一只眼睛是瞎的"，邻居猜来猜去，就是没有想到马的眼睛根本没有瞎，从而使邻居的谎言暴露无遗。华盛顿利用信息优势给邻居设置的圈套叫沉锚效应。

（1）概念及其形成机制。沉锚效应（Anchoring Effect）是一个心理学名词，是指人们在对某人某事作出判断时，容易受第一印象或第一信息的支配，就像沉入海底的锚一样把人们的思想固定在某处。作为一种心理现象，沉锚效应普遍存在于生活的方方面面。第一印象和先入为主是沉锚效应在社会生活中的主要表现形式，是两只主要的沉锚。人们在与陌生人交往的过程中，从对方的表情、姿态、身体、仪表和服装等方面所得到的最初印象并非总是正确的，却总是最鲜明、最牢固的，并且影响着以后双方交往的方向。人们先入为主地接受一种说法或思想，从而有了成见，后来就不再容易接受别的说法和思想了。

第一印象、第一信息均有如下特征：一是表面性、片面性，均是事物的外在形态或单方面的信息；二是优先性，例如，驾驶员优先考虑的是道路的畅通，往往不是距离最短；三是类别性，例如，提到农民就会想到质朴、文化程度不高，提到教授就会认为是知识渊博、文质彬彬。

第一信息一旦被人们所接受，一旦形成，就会使人们产生认知上的惰性，从而产生优先效应，还会产生晕轮效应、定型效应以及泛化效应。晕轮效应，也称光环效应、成见效应、光圈效应、日晕效应、以点概面效应等，是指人们对他人的认知判断首先是根据个人的好恶得出的，再从这个判断推论出认知对象的其他品质的现象，就像月亮形成的光环一样，向周围弥漫、扩散，从而掩盖了其他品质或特点。定型效应，也称刻板印象，是指人们用刻印在自己头脑中的关于某人、某一类人的固定印象，并以该固定印象作为判断和评价他人依据的心理现象。泛化效应是指第一印象的定型特征会被泛化到其他特征中，比如，认为某人好，就一切都是好的，是完美无缺的，等等。

沉锚效应的形成，有着深刻的心理机制：当关于某人或某事物的信息进入大脑时，第一信息或第一印象给大脑的刺激最强，也最为深刻。虽然这一信息或印象远未反映出一个人或一个事物的全部，但大脑的思维活动在多数情况下正是依据这些鲜明深刻的信息或印象进行的。

（2）**绕开的办法**。在作出判断、进行思考或决策时，过去发生的重大事件或在大脑中留有深刻记忆的事件，同样会成为沉锚，使思维偏离正轨。沉锚很容易影响你的思维，你可以采取多种方法绕开沉锚：

①从多个角度来看问题（即换轨思维）。看看有没有其他的选择，不要一味地依赖你的第一个想法；审查自己对各种信息是否给予了相同的重视，避免先入为主或受第一印象的影响；仔细审查自己的构想，确信这些构想没有受他人的影响。尽量朝与自己意见相反的方向去想，或者找一个我们信赖的但意见分歧者进行一次彻底的辩论。

②集思广益，寻求不同的意见、方法（即众向思维）。在向别人请教前，应先思考一下并有一个基本打算，不要被别人的意见所左右。当别人向你提出建设性意见时，你要分析他们看问题的角度，并与自己的想法进行比较。在听取别人的意见时，不要限制别人的思维，在向他们介绍情况时，不要掺杂个人的观点和倾向。不要找那种"唯命是从"的人征求意见。

③在谈判时，不要受对方所设"沉锚"的影响。对于一些看似不那么重要的数据，也要注意整理。这些数据往往是容易忽视的，可能对谈判有帮助。

④在决策时，尽量减少特定或重大事件给思维带来的影响；要审视自己的动

机，判断自己是在为合理的决策搜集信息。

（3）**善用沉锚**。在谈判、营销等工作和日常生活中，可善于利用沉锚效应。谈判时，在不为对方提议所限的同时，寻找恰当时机，为对方设定"沉锚"，使自己处于更有利的位置，让谈判朝有利于自己的方向发展，以达到自己的目的。为展示自己的特殊地位或影响力，有时要特别在意和"谁"在一起做事，在公众场合与"谁"在一起亮相，这个"谁"就是一个沉锚，成为他人评判你的基准，会影响到他人对你的评价。例如，旧金山有家川菜馆，味道比较纯正，很受食客欢迎。在菜馆门口，挂满了许多名人在该菜馆用餐及与工作人员合影的照片。这些照片实际上就是"沉锚"。企业在推出新产品时，产品推广计划里要对该产品进行定位，包括该产品应摆放在哪一个货架，放在哪一种品牌商品的旁边，这实际上也是在利用沉锚效应。相反，如果该产品被放在一个不起眼的位置，与价格低廉的商品摆在一起，即使其品质超群，也很难被认为是一个好的产品。

07 为什么如此明显的信息事前未被发现？
（后见偏见）

从"9·11"事件发生的那天早晨开始回溯，指向灾难的种种信号看来似乎非常明显。一份美国参议院的调查报告列出了那些被人忽视或被人误解的线索。CIA（美国中央情报局）知道基地组织的爪牙已经潜入境内。一个FBI（美国联邦调查局）情报员给总部的一份备忘录是以这样的警告开始的："联邦调查局和纽约市，本·拉登可能会将学生送到美国参加民办航空院校的联合行动。"FBI忽视了这份准确的预警，也未能把它和其他一些预见恐怖分子可能会使用飞机作为武器的报告联系在一起。"这些该死的笨蛋！他们怎么就没把所有线索串联起来呢？"但就事后聪明看起来十分清晰明了的事情而言，事前却没有那么清晰可辨。情报机关充斥着大量的"噪音"，即在点滴有用信息的周围是堆积如山的无用信息。分析家们为此不得不就继续调查什么样的问题作出抉择。在"9·11"事件之前的六年中，FBI的反恐怖机构有68000件事情毫无头绪。在事后聪明者眼中，那些极少的有用信息现在看起来是如此明显。[1]

后见偏见（Hindsight Bias），也可翻译为事后聪明式偏见，是指让人们常常觉得过去的事情的结果正如原来所期望的一样。 人们经常在某件不确定事件的结果出现以后，自我觉得似乎"早就知道很可能是这个结果"。这种过分相信自己具有"先知先觉"能力的现象被称为事后聪明，或后见偏见。一个常识的问题是，在知道事实之后才想起它的存在。

有实验表明，当得知实验结果时，人们便突然间觉得结果不是那么令人惊讶。因为，人们一旦握有新知识，人的卓有成效的记忆系统就会自动地进行知识更新。在日常生活中，人们也会常常体验到事后聪明的存在。例如，一项新的政策出台，许多人起初觉得该项新政策与旧政策没啥差别，在听完政策文本起草者的解读之后，许多人又会自认为该项新政策文本中的政策理念、政策措施、政策表述等都如同自己所料。但实际上政策有否创新，只有通过仔细分析文本的差异，并比较其实际效果是否更好才能看得出来。

后见偏见可能令人妄自尊大，高估自己的智慧和能力。由于结果看起来似乎具有预见性，所以人们会更倾向于为那些事后看起来"显而易见"的错误决策而责备决策者，却不会因为那些同样是"显而易见"的正确决策去褒奖决策者。也许你会为自己所犯的"愚蠢错误"而自责不已。当回头看时，你明白了应该如何行事。你忘记了事后看来显而易见的事情在当时并非那么明显。有时候常识是正确的，或者说正反两面都有道理。更确切地说，常识总在事后证明是正确的。所以你免不了误以为，你现在知道的和过去知道的比你现在所能做的和过去已经做的要多得多。这恰恰是需要科学的理由：科学帮助人们区分真实与幻影，区分真正的预测与简单的事后聪明。

---

① 参见戴维·迈尔斯著：《社会心理学》，人民邮电出版社出版。

08

"吾以言取人，失之宰予；
以貌取人，失之子羽"
（框定偏见）

孔子众多弟子中，有一名叫宰予的，能说会道，利口善辩，刚开始时给孔子留下的印象不错，但后来孔子发现，宰予既无仁德又十分懒惰——大白天不读书听讲，躺在床上睡大觉。为此，孔子骂他是"朽木不可雕"。另一名叫子羽的弟子，体态和相貌很丑陋，他想要侍奉孔子。刚开始时，孔子认为他资质低下，不会成才。但子羽从师学习以后，致力于修身实践，处事光明正大，不走邪路；不是为了公事，从不去会见公卿大夫。后来，子羽游历到长江，跟随他的弟子有三百人，声望很高，各诸侯国都传诵他的名字。孔子听说了子羽的事，感慨地说：我只凭言辞判断一个人的品质能力的好坏，结果对宰予的判断就错了；我只凭相貌判断一个人的品质能力的好坏，结果对子羽的判断又错了。真是"吾以言取人，失之宰予；以貌取人，失之子羽" [1] 啊！

框定是指以事物的形式描述事物的本质的现象，即以事物的形式判断其内容。在对事物的认知和判断的过程中，存在着对背景的依赖，事物的表面形式会影响人们对事物本质的看法。例如，一个初创企业只有5名员工，一间办公室。他们与客户洽谈生意，客户坚持要到企业实地考察。为给客户留下良好的印象，该企业负责人跟隔壁房间的企业打声招呼，视为其一部分，并适当作了一下布置。客户到那家企业考察时，看到两间办公室和十几名员工，就以此认为该企业具有一定的实力，于是，同意把业务交给那家企业。该初创企业巧妙借用"背景"获得了订单业务。实

---

① 语出《史记·仲尼弟子列传》。

际上,这种实地考察只能考察企业的表面情况,以企业的表面情况来推定其业务能力,包括技术能力、资金实力等,本身就带有一定的盲目性。

行为人的决定很大程度上取决于其使用的特殊框定,这被称为框定依赖。由框定依赖产生的认知或判断的偏差,叫框定偏见(Framing Bias),即指就同一问题或情况,不同的描述方式,对决策者的最终选择可能产生的偏差。换句话说,是受问题或决策方案被表述的方式影响的一种心理偏向。框定偏见使人们过于狭猛地看问题,有一种能够掌控问题的错觉。这种错觉使人们高估自我行动对结果所能产生的影响,最典型的表现就是以貌取人。

女孩之所以去美容,人们求职面试时特别注意自己的着装,呈送给领导的报告特别注意语气与表达,实际上都是在运用框定偏见。

09 由部分推知全体的刻板印象

2012年5月12日凌晨4点,一名31岁的中国四川籍年青富豪在新加坡驾驶法拉利跑车,闯红灯撞上一辆正常行驶的出租车和一辆电动车,造成该名青年、出租车司机及其车上一名日本乘客死亡。该年轻富豪驾驶的是价值140万美元以上的限量版法拉利,事发时他正在申请永久居留权,后被认定负有主要责任。事故发生后,新加坡当地民众产生了强烈的排外情绪,不少社会团体攻击新加坡政府的移民政策,称移民政策让新加坡"变得拥挤且危险",当地互联网论坛上大量涌现攻击中国侨民的帖子,甚至出现了"将中国人赶出新加坡"的声音。一个偶然的交通事故却引发了新加坡当地民众对中国侨民的攻击,这种现象正是刻板印象的体现。

再如,小李从某大学本科毕业后就赴澳大利亚攻读硕士学位,学成后回国就业。尽管他父亲是上海人,只是20世纪80年代初大学毕业后就离开了上海,但他首先排除到上海来找工作。因为他认为上海人有较强的排外倾向,所以从小就很不喜欢上海。可见，刻板印象在小李的头脑里根深蒂固，进而影响到他的就业地选择。

刻板印象是指人们对某一类人或事物产生的比较固定、概括且笼统的看法，是人们在认识他人时经常出现的一种现象。

刻板印象的形成，主要是在人际交往过程中，由于没有时间和精力去和某个群体中的每一成员都进行深入的交往，而只能与其中的一部分成员交往，只能"由部分推知全体"，由所接触到的部分，去推知这个群体的"全体"。刻板印象固然有省事省力的好处，但不少情况下却会出现耽误大事的错误判断。

10 自我抬高的乌比冈湖效应

乌比冈湖（Lake Wobegon）源自盖瑞森·凯勒（Garrison Keillor）虚构的草原小镇，这是一个假想的美国中部小镇，镇上的女人都很强，男人都长得很帅，小孩都在平均水平之上，其实该镇上的居民并没有什么特别聪明之处。社会心理学借用乌比冈湖效应（Lake Wobegon Effect）一词反映人们高估自己的一种心理倾向，即人们给自己的许多方面的评价高过实际水平，或称为自我抬高偏差（Self-enhancing Bias）。与之相近的，有以下两种效应：

（1）**过度自信效应（Overconfidence Effect）**[1]，这是指人们倾向于高估自己的能力与性格。认知心理学认为，人是过度自信的，尤其对其自身知识的准确性过度自信，系统性地低估某类信息并高估其他信息。例如，Frank（1935）发现，人们过度估计自己完成任务的能力，而且随着个人在任务中的重要性提高而增强；

---

① 本部分内容参见百度百科，"过度自信理论"，http://baike.baidu.com/view/2116079.htm。

Kunda(1987)发现，人们期望好事情发生在自己身上的概率比发生在别人身上的概率更高，甚至对于一些纯粹的随机事件抱有不切实际的乐观，往往认为自己的能力、前途等会比其他人更好；Daniel、Hirshleifer和Subrahmanyam(1998)认为，成功者会将自己的成功归因于自己知识的准确性和个人能力；Daniel Kadmeman认为，过度自信来源于投资者对概率事件的错误估计，人们对于小概率事件发生的可能性产生过高的估计，认为它总是可能发生的，这也是各种博彩行为的心理依据；Friedman和Savage(1948)发现，尽管赢得彩票的概率只有数百万分之一，但还是有很多人去买彩票，其原因很可能是过度自信。大量的证据也显示，人们经常过于相信自己判断的正确性，这种信念甚至不能通过不断的学习来进行修正，从而导致动态的过度自信。例如，有一项研究结果表明，超过80%的司机认为自己是开车最好的30%司机之一。

心理学研究还发现，外科医生和护士、心理学家、投资银行家、工程师、律师、投资者和经理等往往与过度自信相联系，在判断和决策中存在过度自信的特征。

过度自信的人在作决策时，会过度估计突出而且能引人注意的信息，尤其会过度估计与其信念一致的信息，并倾向于搜集那些支持其信念的信息，忽略那些不支持其信念的信息。

（2）杜宁—克鲁格效应[①]，是与乌比冈湖效应相类似的另一种效应，即"越差越牛气，越强越谦虚"的现象。杜宁（Dunning）与克鲁格（Kruger）都是美国康奈尔大学的教授。1999年12月，他俩合作发表了一篇论文《无能与无知：对自身无能的认知困难如何导致无端自负》（刊载于《人格与社会心理学杂志》）。杜宁与克鲁格设计了一系列的实验去考察这种现象的成因与影响，对于能力不强的人得出了以下四点结论：一是倾向于高估自己的能力水平；二是无法认知他人的真正的能力；三是无法认知且正视自身的不足，及其不足之极端程度；四是如果能够经过恰当的训练大幅度提高他们的能力水平，他们最终会认知到且能承认他们之前的无能程度。在其中的一项实验里，杜宁与克鲁格找了一群康奈尔大学的在校学生，对他们的"幽默"、"语法"、"逻辑"等几项能力进行了测试。之后，再让参试者进行自我评估。测试结果是：成绩最差的那些学生对自我水平的认知偏差最大，其成绩处于末尾12%的水平的应试者认为自己的百分比等级至少应该是67%；那些能力更强者，却低估了自己的能力。

在遇到问题时，要充分认识到这种自我抬高效应的存在，既不要盲目乐观，轻视问题的解决难度，也不要盲目悲观，过分放大问题的解决难度，产生不必要的忧虑。

---

① 参见百度百科，"杜宁—克鲁格效应"，http://baike.baidu.com/view/9193565.htm?fr=aladdin。

遇到问题的最好办法是正视问题，并大胆假设，小心求证。当然，自我抬高效应的存在，让我们更加显得自信，对解决问题也是有好处的。

孤立效应：孤立而显著

美国一家糖果公司有一个销得比较好的糖果系列，多年来一直使用橙色的包装。后来该公司又推出了一个新的系列，故意使用讨人嫌的紫色包装盒。由于两排紫色包装盒显得很扎眼，加上紫色与橙色的强烈对比，更有效地突出了橙色包装的糖果。但随后出现了一点麻烦，许多商场因为紫色包装的糖果卖得很少，要求该糖果公司把紫色糖果撤走，以免浪费宝贵的货架资源。糖果公司费了许多口舌跟商场进行了解释。许多商场的销售记录显示，增加了紫色系列以后，该公司的橙色糖果的销量的确大增，也就允许该公司的紫色系列继续留在货架上。该糖果公司突出橙色包装糖果的做法就是要造成一种孤立效应。

孤立效应（Isolation Effect）[1]是丹尼尔·卡尼曼（Daniel Kahneman）[2]和阿莫斯·特沃斯基（Amos Tversky）在他们发表的前景理论中提到的，是指一个人在对具有不同前景的选项进行选择时，会忽视各选项前景中共有的部分。孤立效应会导致这样的后果，对一个前景的描述方法会改变个人的决策。

（1）前景理论，是通过修正最大主观期望效用理论发展而来的。《赌客信条：你不可不知的行为经济学》[3]一书将前景理论归纳为以下五个方面：一是"二鸟在

---

[1]　参见智库百科，"孤立效应"，http://wiki.mbalib.com/wiki/%E5%AD%A4%E7%AB%8B%E6%95%88%E5%BA%94。

[2]　丹尼尔·卡尼曼（Daniel Kahneman）1934年出生于以色列的特拉维夫，美国普林斯顿大学心理学和公共关系学教授，因前景理论获得2002年诺贝尔经济学奖。

[3]　孙惟微著，电子工业出版社2010年版。

林，不如一鸟在手"，意思是在确定的收益和"赌一把"之间，多数人会选择确定的收益。这就是所谓"见好就收，落袋为安"，被称为"确定效应"；二是在确定的损失和"赌一把"之间，多数人会选择"赌一把"，被称为"反射效应"；三是白捡100元所带来的快乐，难以抵消丢失100元所带来的痛苦，被称为"损失规避"；四是买过彩票的人都清楚，中彩的可能性微乎其微，可还是有人心存侥幸地去搏小概率事件，被称为"迷恋小概率事件"；五是多数人对得失的判断往往是根据参照点决定的，被称为"参照依赖"。比方说，在"其他人一年挣6万元，你年收入7万元"和"其他人年收入为9万元，你一年收入8万元"的选择中，大部分人会选择前者。

消费者在接受了现有产品（服务）的情况下，不会轻易地接受一个新的产品（服务）。对于新的产品（服务）的设计者，为了被市场所接受，往往采用最低价策略，只有在该产品（服务）达到一定的接受程度时才能提高售价。也就是说，新的产品被孤立于市场之外，很难进入其中。因为就产品（服务）中的核心技术而言，也非后发企业在短时间内能够追赶上的，特别是其中涉及的知识产权，更使后发企业望尘莫及。

（2）**运用孤立效应可提高广告投放的有效性。**如果在某特定广告周围充斥着大量其他信息，尤其是其他厂商的广告，那么该特定广告信息就不能有效传递。因为该特定广告信息被其他信息淹没了，很难脱颖而出，也就难以吸引大众的注意力。相反，如果该特定广告处于一个相对孤立的空间，就能很好地吸引大众的注意力。可以想象，如果一条马路上竖起了密密麻麻的广告牌，路人往往不会去关注。但是，如果整条马路只立着一块广告牌，路人就会忍不住看上几眼。报纸、杂志、电台、电视等媒体也都有类似的特点。例如，在1991年，史玉柱将公司取名为巨人，但当时没人知道巨人，为此他在《计算机世界》报上用两个整版，一个版一个"巨"字，一个版一个"人"字，形成了一定的悬念，效果很好，"巨人"的知名度在计算机世界的知名度就高起来了。所以，要利用一些视觉和听觉上的效果，把某特定广告信息与周边的信息在一定程度上隔离开来，模拟出一种"孤立广告"的效果。在实践中，在报纸杂志上大多采用白色作为隔离色，广播电台的广告采用静默一段时间以营造孤立效应，电视广告可以采用一定时间的黑屏或黑屏加静默以营造孤立效应。时间太短则孤立效应不明显，太长的话，会引起观众或听众的反感，也会大大增加广告成本。

（3）**孤立效应在商品展示策略上也有应用价值。**在商场的货架上，摆满了多个不同品牌的同类商品，若要让消费者发现并留意某一品牌，就要用好孤立效应。例如，一家生产洗发水的公司，采用了一黑、一白两种颜色的瓶子包装洗发水。黑色的供油性头发使用，白色的供中性及干性头发使用。在设计货架摆放方案时，为模拟出"孤立效应"，一般采取以下两种方案之一：一是把白色瓶子布置在外围，把黑色瓶子包围在中间；另外一种则反之。

（4）在经济学中，孤立效应也有应用价值。假设有以下两种情况：第一种情况是，假如手中已经持有1000元钱，A项选择是有50%的概率再获得1000元，50%的概率再获得0元；B项选择是一定可以再获得500元。第二种情况是，假如手中已经持有2000元钱，C项选择是有50%的概率会损失其中的1000元，50%的概率不会损失；D项选择是一定会损失其中的500元。根据期望价值理论（Expected Value Theory），以上四种选择的期望值都是1500元。但根据一项以100个人为对象展开的调查结果显示，第一种情况时，选A的只有16人，选择B的有84人；第二种情况时，选C的有69人，选D的只有31人，即每个情况都有一种很明显的偏向趋势。显然这种情况不能用期望价值理论来解释，卡尼曼和特沃斯基利用孤立效应给出了解释，即人们不会整合他们的现有资产以及选择所带来的结果，第一种情况被称为确定效应，第二种情况被称为反射效应。

12 偏见形成的三种机制

偏见的形成主要有以下三种机制：

（1）心理图式（Schema），是指大脑中已有的知识经验的网络，也表征特定概念、事物或事件的认知结构。图式的概念最初是由康德提出的，康德把图式看做是

"潜藏在人类心灵深处的"一种技术，一种技巧，是一种先验的范畴。当代知名的瑞士心理学家皮亚杰① 通过实验研究，赋予图式新的含义，成为其认知发展理论的核心概念。皮亚杰把图式看做是包括动作结构和运算结构在内的从经验到概念的中介。在他看来，图式是主体内部的一种动态的、可变的认知结构，是一个有组织、可重复的行为模式或心理结构，是一种认知结构的单元。他反对行为主义 S → R 公式，即一定的刺激（S）必然作出反应（R），提出 S → （AT） → R 公式，即一定的刺激（S）被个体同化（A）于认知结构（T）之中，才能作出反应（R）。也就是说，个体所以能对各种刺激作出反应，是由于个体具有能够同化这些刺激的某种图式，这种图式在认识过程中发挥着不可替代的重要作用，即过滤、筛选、整理外界刺激，使之成为有条理的整体性认识，从而建立新的图式。皮亚杰认为，图式虽然最初来自先天遗传，但一经和外界接触，在适应环境的过程中，图式就不断变化、丰富和发展起来，永远不会停留在一个水平上。他用图式、同化、顺应、平衡四个基本概念阐述个体认知结构的活动过程，形成具有他自己特色的建构理论。按照皮亚杰的理论，儿童的心理结构或认知结构，正是在与环境的不断适应过程中，在这种动态的平衡过程中形成和发展的。因此，他提出主体与客体的相互作用的活动是认知结构产生的源泉，让儿童获得充分活动的机会，对他们的认知发展是极为必要的和不可缺少的。另外，泰勒及克洛克（Crocker）认为图式是指一套有组织、有结构的认知现象，包括对所认知物体的知识，有关该物体各种认知之间的关系及一些特殊的事例；曼德尔、弗里德里克和罗恩把图式定义为在记忆中表征一般知识的认知结构图式（或框架和脚本），被理解为一种数据结构，在解释感知、调节行为以及在记忆中存储知识时起中心作用；拉梅尔哈特、斯莫伦斯基、麦克莱兰和欣顿等认为，图式是在把新知识同化并入现有的知识结构时出现的，或者是在需要从许多较简单的相互协同工作的元素中解释既定环境时出现的。

图式可作以下分类：

①个人图式，是指对某一特殊个体的认知结构，比如人们对爱因斯坦有一个个人图式，即爱因斯坦是一位聪慧、自信、具有创新精神并百折不挠的科学家；

②自我图式，是指人们对自己所形成的认知结构，它与自我概念有着紧密的联系，比如一个人可能认为自己聪明，有同情心，以及乐于助人，这些都是这个人自我图式的内容；

③团体图式，是指人们对某个特殊团体的认知结构，有时也叫团体刻板印象，是将某些特质归于一个特殊团体的成员所共有，如人们常常根据刻板印象认为工人和

---

① 让·皮亚杰（Jean Piaget，1896年8月9日—1980年9月16日），近代最有名的儿童心理学家，认知发展理论的创立者，对心理学的重要贡献是把弗洛伊德的那种随意、缺乏系统性的临床观察变得科学化和系统化，使之在临床心理学上得到长足的发展。

农民勤劳、朴实、直率，认为城市白领知识面广、讲究情调、喜欢浪漫；

④角色图式，是指人们对特殊角色者所具有的有组织的认知结构，比如我们常常认为教授知识渊博、满头银发等；

⑤剧本，是指人们对事件或事件的系列顺序的图式，尤其是指一段时间内一系列有标准过程的行为，比如餐厅就餐，先点菜，再用餐，用餐结束后埋单，整个事件就符合一个剧本。这个剧本的顺序不会发生颠倒，一旦发生颠倒，就会乱套。

（2）**心理期待，是指以往的记忆和经验影响到人们对事物的理解**，或者说，人们对事物的看法掺杂着以往的记忆、未来的期望以及对它的理解，并不是它的真实情况。人们会有一种体验，老朋友见面时，经常会说，你看起来瘦了，你显得更年轻了。实际上，大家都在变老，但大家都希望年轻，都希望变瘦，所以都会往好处说，以迎合这种期待。人们在读书或者听演讲时，记住的往往是所愿意理解的东西，那些与自己的期望和理解不相符的细节就会容易被遗忘或歪曲。

例如，一位教师上课时，讲的全是学校怎么不好，当地怎么不好，教育出了哪些问题等，传递的全是负面的东西。一堂课下来，正儿八经的内容没讲多少，学生也没有学到什么东西，但感觉上他的课比较轻松，加之考试不严格，比较容易通过，因此学生们都很喜欢他。学校采取学生考评老师的办法，学生给他的评分普遍比较高。正因为这样，尽管那位老师已经70多岁了，但学校还在聘用他。那位老师之所以这样做，就是因为抓住了学生上课的心理期待——既要学得轻松又要学习成绩好。

（3）**心理归纳，是指人们总有一种根据自己所见事实（新闻）进行归纳判断的习性**，将一个点或几个点类化为一个面，这是一种与生俱来的归纳本性。类化是人们判断事物的捷径，一两次不太愉快的经历，往往给他带来痛苦的回忆，并形成条件反射，遇到类似的场景都会设法回避。一朝被蛇咬十年怕井绳，无官不贪，天下乌鸦一般黑，重庆女孩泼辣等，都是心理归纳。例如，有一对中国夫妇到美国观光旅游并看望在美国读书的女儿。在费城观光时，他们预订了位于老城区银行街的青年旅舍，女儿也曾在那里住过。但女儿叮嘱父母一定要在晚上8：00以前回到酒店。这对中国夫妇很疑惑，那里怎么会不安全呢？银行街是一条位于两条主干道之间比较狭窄的小马路，往来的人并不多，青年旅舍就位于银行街的中间位置。女儿之所以觉得不太安全，是因为她是一个人住，加上是一个女孩子，比较谨慎，担心路口不安全，所以每次外出时都会在天黑以前（即8:00左右）回来。女儿是根据她自己的实际情况和处事方式来告诫父母，显然这是心理归纳在起作用。那位女孩还有一次经历，她初到美国时，对美国地铁购票系统不熟悉，仔细阅读操作步骤，并尝试按照售票机上的操作步骤进行购票。当时，一个黑人主动热情地上前帮助她，并很快就在自助售票机上购好票。购完票后，那位黑人向她索要服务费。从此，凡是黑人主动迎上来帮忙的，包括问路、提行李等，她都会拒绝，凡是黑人多的地方都尽量不去。

13 偏见产生的根源

　　偏见产生的根源是多方面的。从宏观上看，其产生有社会的、经济的、政治的和历史的等方面的原因。社会是分阶层的，各个阶层都持有根深蒂固的阶层偏见。不同的民族或种族在社会文化、风俗习惯、生活方式、生产力发展水平等方面的差异也是偏见产生的根源。不同群体间的利害关系也可能导致偏见的产生。对个人来说，偏见并不是与生俱来的，而是后天学习的结果，一般是群体的共同标准在个体上的反映。各个群体对各种事物一般都有自己的标准，该群体的成员由于社会化接受了这个标准，就会以这个标准去观察和衡量社会事物，抱有相同或相似的看法，形成相同或相似的偏见。

　　从思维的过程来看，当人们接触某一事物时，该事物就在大脑里产生投影（记块），并形成影像——忆块，这个影像只记录了事物的部分信息，会丢失许多信息，以部分信息来推知事物的全体，会产生以偏概全的问题；同时，大脑是按照规则忆块处理信息的，这个规则忆块取决于人的学识、阅历等背景，超出其背景的信息都会被忽略。这两方面的因素都是产生偏见的根源。

　　对于偏见产生的原因，有多种理论进行解释[①]。团体冲突（Group Conflict）理论认为，偏见是团体冲突的表现。团体之间为了争取稀有资源或利益，大到石油、

---

　　① 参见百度百科，"偏见"。

水等资源，小到采光权、工作机会等，都会产生偏见。当人们认为自己有权获得某些利益或资源却没有得到时，如果他们把自己与获得这种利益的团体相比较，就会产生被剥夺感，进而产生偏见，甚至还有可能引发对立情绪。

社会学习理论认为，偏见是习得的，父母的榜样作用和新闻媒体的宣传效果最大。例如，儿童的种族偏见与政治倾向大部分来自其父母，新闻媒体不客观的报道也会导致偏见的产生。

认知理论用分类、图式与认知建构等解释偏见的产生，认为人们对陌生人的恐惧，就会贬低对陌生人的认识；对内团体与外团体采取不同的对待方式，倾向于喜欢内团体的人、排斥外团体的人；基于歧视的许多假相关，多数人与少数人不良行为的比率实际上是相同的，但少数人的不良行为被过分估计。这些都助长了人们对他人的偏见。例如，一位保险代理人向客户热心地推销一个理财产品，他希望一一拜访，以便详细地加以介绍，但都被婉言拒绝了。一来客户对理财产品持慎重的态度，因为理财产品都有风险；二来客户对他了解很有限，有提防心理，这是很正常的。那位保险代理人很有挫败感，通过微信表达他的一种负面情绪，反而加深了客户对他的不良印象。正是这种由于保险代理人与客户认知不同，所拥有的信息是不对称的，彼此之间都存在偏见。

心理动力理论（Psychodynamic Theory）认为，个人往往将好的行为或成就归功于个人内在的因素，包括能力强、工作努力等，而将失败归因于外部因素，如运气不好、环境差等。例如，前面提到的保险代理人原来在国有的大型保险公司工作，推销保险产品时得心应手，成为保险公司的金牌保险代理人，他把自己所取得的成绩归功于自己的能力强，也就使他高估了自己的推销能力。在他自己推销理财产品时，因为没有保险公司这个大的平台作支撑，就不那么容易了，他原来的客户都离他而去，他很郁闷，将问题归因于客户不理解他的一片好心。心理动力理论有以下几种形式：一是把偏见看成是一种替代性的攻击；二是将偏见视为一种人格反常，是一种人格病变。Adorno（1950）发现，20世纪30年代德国反犹太情绪是由权威性人格发展起来的。权威性人格的特征包括：对传统价值观与行为模式的绝对固执；认同并夸大权威；将对某些人的敌意扩大到一般人身上；具有神秘及迷信的心理倾向。

偏见的影响

偏见会产生以下三个方面的影响：

（1）偏见会影响认知，主要体现在以下四个方面：

①影响关注信息的选择。在认识事物时，人们容易关注到与偏见有关的信息，即偏偏见到自己想见到的信息，与偏见不相关的信息，未必能注意到。

②影响记忆。人们在认识事物时所记住的，都与其经历和背景有关，往往是有意义的或者是以前知道的东西，而忽视了大量的有意义的信息。

③影响自我知觉。人们会根据已有的自我认知，加工有关自己的信息，在以往经验的基础上形成对自己概括性的认识。

④影响个人知觉。人们在认识事物时，所看到的往往是想看到的东西，即个体倾向于用自己的认知来解释知觉对象。

正因为如此，人们做任何事情时，会忽视大量的细节信息。你应该注意到的细节没有注意到，该细节却又是至关重要的，你就会败在对那个细节的忽视上。如果你注意那个至关重要的细节，你就成功了。这就是细节决定成败。在做事时，如在市场调研时，可由两个及以上的人参加，并作好记录，再进行讨论交流。在交流中，你会发现有新的认知。

（2）偏见会影响决策。许多偏见会影响人们作决定，在解决问题时将阻碍人的创新能力的发挥，思维上的错误也将对学习产生影响，会影响到对他人的知觉。以性别偏见为例，面对同样身高的男性与女性，人们的实际判断却有很大的差异。偏见会影响个体各方面的心理活动和行为，指导个体对一定事物的认知和理解，使个体作出选择性记忆，并寻找能够支持自己偏见的证据，以使偏见本身得到巩固。女孩选择男朋友时，往往以"高富帅"为标准，例如一个女孩身高1.6米以上，她要求男朋友必须1.7米以上，不到那个身高免谈。而男孩在选择女朋友时，往往以"白富美"为标准。这就难怪当下的剩男剩女那么多了。

（3）**偏见会影响人际交往**。具有相同偏见的个体之间及群体之内的人易于交往，因而偏见可以起到某种整合作用。但它却妨碍不同群体的人们之间的相互理解和交往。对他人的偏见也会影响他人的行为表现，偏见持有者对对方的预期会使对方按照偏见持有者的预期去表现行为。Rosenthal（1978）把这种个体使得目标对象产生符合预期行为的现象叫做自证预言，也叫做自我实现的预言。

15 偏见的运用

研究表明，人们很难跳出思维偏见。一般来说，偏见是不好的，要设法克服的，但偏见又是不可超越的。既然如此，与其消除偏见，何不反其道而行之，充分利用人们的偏见，用得好，也许可起到事半功倍之效。因为任何事物均有两面性，既有积极的一面，也有消极的一面，偏见也是一样的。你要设法利用偏见积极的一面，善于运用偏见来解决问题、实现目标。

拿破仑·希尔（1883—1969，作家、成功学励志专家）在其《成功法则全书》中讲到，他在筹划出版一本新杂志，并打算将它命名为《希尔黄金准则》。在当时情况下，发行《希尔黄金准则》杂志所需资金在30000美元以上，一般是很难获得如此一笔庞大的资金的，即使给出最好的担保，也不容易获得所需的资金。那钱从哪里来呢？当时希尔可说是身无分文，口袋里只有不到1美元的零钱。但他是最好的推销员，不仅与不少推销员打过交道，还亲自训练了3000多名推销员。为了推销他的杂志，他挑了3块从未穿过的最昂贵布料制作了3套西服，共花了375美元，又花了300美元买了3套不太贵的衣服，以及最好的衬衫、衣领、领带、吊带和内衣裤。在当时，675美元是一笔不小的投入。这些衣服都是一流的，其背后体现了某些能力的存在，具有强大的心理暗示——希尔是一个成功人士。但那些衣服都是分别向裁缝店赊账做的和服饰店赊账买的。他穿着这些最好的衣服，每天早上正好与某位实力雄厚的出版商走在同一条街道上，每天都和出版商打招呼，并偶然聊上一两分钟。大概过了一个星期，有一天，希尔决定不和出版商说话，看看对方是否会与自己擦身而过。这时，出版商示意希尔走到人行道边上来，问他衣服是在哪儿做的。这说明希尔的衣着所表现出来的那种极有成就的"神气"，加上每天一套不同的新衣服，已引起这位出版商很大的好奇心。最终他获得这位出版商的资助，由出版商负责印刷并发行《希尔黄金准则》杂志，并提供资金，且不收取任何利息。

在人际交往中，要充分考虑偏见的影响。如图3—2所示，甲在与乙交往时，既然乙看到的甲是甲′，那甲就对自己适当作些改变，以改造甲′的形象，并以经过改造的甲′的形象出现在乙面前。希尔就充分利用了心理暗示，把自己塑造成了富有的成功人士，从而成功地向出版商推销了他的杂志。

人们总是以貌取人，成功的外表可使你在他人心目中留下良好的印象，当你求职、寻求风险投资商、推销自己、推销商品，以及在其他方面寻求他人帮助时，应当以对方可接受的方式或形象表现自己，言谈举止都应当吸引对方，至少是容易被对方接受。在与他人交流时，要找对方感兴趣的话题进行交谈。总之，要投其所"好"。

前面提到的沉锚效应、孤立效应，用得好，能够创新性地解决你的问题。人们为了节省时间与精力，常常运用偏见处理大量信息，进行人际交往。以心理图式为例，图式有助于人们快速且经济地处理大量信息，主要用于：①解释新信息，从而获得有效的推论；②提供某些事实，填补原来知识的空隙；③对未来的预期加以结构化，以便将来有心理准备。心理学家基洛维奇（Gilovich 1981）用实验证明了图式能够左右一个人对当前外交政策的偏好。他让两组被试者研究两个假想的事件，这两个事件均描述一个弱小民主国家遭到极权主义邻国的威胁。唯一不同的是，在一组被试者当中提到类似慕尼黑事件及二次世界大战前的象征（丘吉尔、有盖卡车）；另一组则提及与越战有关的事物（当时的国务卿鲁斯克，直升机，小艇），其他条件都一样。结果听到与二战有关事件暗示的被试者比较支持小国挺身对抗邻国的行动，而得到与越战有关暗示的人则回答否。你可以利用心理图式来引导舆论，或者避免误导舆论。

16 偏见的消除办法

偏见的存在既有客观性，也有其主观性。从客观方面来看，立体的事物投射到大脑的影像却是平面的，从一个角度看事物，你所获得的只是事物的少部分信息。从这个角度看，可以采取以下措施，增进了解，消除偏见：

①多角度地观察事物，就可以获得事物更丰富的信息。你获得的信息越多，对其存在的偏见就越少。

②增加各种群体和个人之间的交往。偏见源于信息不对称，源于彼此不了解。人们增进彼此间的了解，可在一定范围内消除某些偏见，或是缩小偏见的程度和作用。人与人之间加强直接接触，在地位平等、团体内部有支持平等的规范等条件下，对立团体之间的直接接触能够减少相互之间存在的偏见。基于这一假设，加强对话与沟通，开展交流活动，可增进人们之间的了解，减轻相互间存在的偏见。举办国际性的学术会议、奥运会等，可以克服不同国家、不同民族的人与人之间的偏见。

③在人际交往中，可通过中间媒介建立联系。甲要与乙相识，如果甲直接去找乙，并作自我介绍，乙因为不认识甲，可能存在较大的防备心理，并容易形成偏见。如果甲熟识丙，丙又熟识乙，甲通过丙的介绍认识乙，就可以消除乙的防备心理，这可一定程度上消除偏见。

从主观方面来看，进入大脑的影像如何存取、加工、处理等，取决于规则忆块，即你的心智模式，包括知识、阅历等背景。从这个角度来看，可以采取以下办法消除偏见：

①提高社会化程度。包括加强个体与社会的互动，将生物人转化为社会人，并

贯穿于人的始终。儿童青少年的偏见主要是通过社会化过程①形成的，因而可通过社会化过程的控制减少或消除偏见，在社会化过程中，父母尤其要注意与周围环境以及媒体的影响。

②提高受教育水平。接受的教育越多，持有的偏见就越少，因为人们的偏见往往源于自己的无知和狭隘，接受更多的教育可有效地减少偏见。

③增加阅历。人的阅历越丰富，见多识广，遇到问题时会更加理性，看待问题的视野会更开阔，更能够理解一些社会现象，可以减少偏见。

---

① 社会化过程是指人学习社会文化，培养社会性，成为合格社会成员的过程。广义社会化是指人终身的学习过程。狭义社会化是指人从出生到青年期这个阶段，经过社会学习，初步形成个性，具备在社会中生活的资格的过程。

04

思维的发散性与收敛性

　　大脑的思维活动就像一部机器运转那样，既有输入也有输出。输入方式不同则输出方式也不同。打个不恰当的比方，无论是发电机还是电动机，都主要是由定子和转子构成。由水轮机、汽轮机、柴油机或其他动力机械驱动转子，将各种机械能传给发电机产生电能，就成为发电机。电动机则相反，是给定子通电，带动转子旋转，将电能转化为机械能。大脑是处理信息的机器，由少量的信息产生大量的信息就是发散思维，而从大量的信息中找到你所需要的信息就是收敛思维。发散思维和收敛思维是两种基本思维方式。如果说电动机好比发散思维，则发电机就像是收敛思维。因为发电机是将各种机械能转化为电能，而电动机是将电能转换成各种机械能。

　　在思维过程中，同样的输入要素，基于不同的目的，采取不同的思路，得到的结果是不同的。从思考问题的方向来看，思维可分为发散思维与收敛思维，即依据思维在解决问题时所寻找方法、途径的不同来划分的。例如，技术开发是针对技术问题寻找尽可能多的解决方案，是发散思维；产品开发则是收敛思维。

01 一支铅笔有多少用途？
（发散思维：突破定势的局限）

美国纽约里士满区有一所穷人学校，它是贝纳特牧师在经济大萧条时期创办的。1983年，一位名叫普热罗夫的捷克籍法学博士在做毕业论文时发现，50年来，该校出来的学生在纽约警察局的犯罪记录最低。于是普热罗夫展开了漫长的调查活动，从80岁的老人到7岁的小学生，凡是在该校学习或工作过的人，他都给他们寄去一份调查表，其中问道：圣·贝纳特学院教会了你们什么？在将近6年的时间里，他共收到3756份答卷。在那些答卷中有74％的人回答，他们知道了一支铅笔有多少种用途。普热罗夫首先走访了曾就读于该校的纽约最大的一家皮货商店的老板。老板说："是的，贝纳特牧师教会了我们一支铅笔有多少种用途。我们入学的第一篇作文就是这个题目。当初，我认为铅笔只有一种用途，那就是写字。后来我知道，铅笔不仅能用来写字，必要时还能用来做尺子画线；还能作为礼品送给朋友表示友爱；能当做商品出售获得利润；铅笔芯磨成粉后可做润滑粉；演出时还可临时用于化妆；削下的木屑可以做成装饰画；一支铅笔按相等的比例锯成若干份，可以做成一副象棋，可以当做玩具的轮子；在野外有险情时，抽掉笔芯还能当做吸管喝石缝中的水；在遇到坏人时，削尖的铅笔还能作为自卫的武器……总之，一支铅笔有无数种用途。贝纳特牧师让我们这些穷人的孩子明白，有着眼睛、鼻子、耳朵、大脑和手脚的人更是有无数种用途，并且任何一种用途都足以使我们生存下来。我原来是个电车司机，后来失业了。现在，你看，我是一位皮货商。"普热罗夫后来又采访了一些圣·贝纳特学院毕业的学生，发现无论贵贱，他们都有一份职业，并且生活得非常乐观。而且，他们都能说出一支铅笔至少20种用途。[1]说出一支铅笔有若干种用途，突破了铅笔只是用于写字的限制，这就是发散思维。

---

① 本故事引自《一支铅笔的故事》，http://www.lz13.cn/lizhigushi/20100811951.html。

（1）**发散思维的基本概念**。发散是指由一点或多点向四周散开。发散思维，又称辐射思维、放射思维、扩散思维，是指一种从思维对象的一点或多点出发寻找与其有关的一切事物的思维方式。具体地讲，发散思维有四个基本要素：一是一点或多点，即发散的起点，包括一点或一条线索，已经确定的方式、方法、规则和范围等已有的信息；二是发散方式，即在对某一问题或事物的思考过程中，不拘泥于一点或一条线索，不受已经确定的方式、方法、规则和范围等的约束，从不同的思维视角、不同的思路、不同的途径去想象，从仅有的信息中尽可能地向多个方向扩散；三是发散过程，就像树枝不断向上生长一样，一节一节地生长出来，思维呈现出多维发散状，表现为思维视野广阔；四是思维结果，即从这种扩散的思考中求得解决问题的非常规的多种设想、各种各样的方法。其中，起点是指要解决的问题，必须牢牢抓住要解决的问题，脱离了所要解决的问题进行发散，就容易产生混乱，因此要设法加以避免；发散过程决定了思考问题的深度，一般人的思考深度大概只有3至4级，高手可达到8级以上，就好比树木，由主干生出若干枝丫，由每一条枝桠再生出若干枝条，一级一级地延伸出来，形成一棵参天大树。树木越大，延伸的层级越多。运用思维导图①展示发散过程，有利于思考更深入、更系统，从而延伸思维的深度，进而找到问题的解决方案。

发散思维是通过对思维对象的属性、关系、结构等重新组合获得新观念和新知识，或者寻找出新的可能属性、关系、结构的创新思维方法，其实质就是要突破常规和定势，打破条条框框的限制，提供新思路、新思想、新概念、新办法，因而是一种创造性的思维方式，是创新思维的核心。

发散思维是从给定的信息中产生信息，即从同一个来源中产生各式各样的为数众多的输出。其要求是：首先确定一个问题，再以该问题为中心，在一定的时间内，向四面八方作辐射状的积极思考，不拘一格地探寻各种各样的答案。发散思维是想象、联想、灵感等思维的前提和基础，是创造性思维的最主要特点，是测定创造力的主要标志之一。从这个角度讲，横向思维、想象思维、联想思维、逆向思维、侧向思维等都是发散思维。

发散思维是空间拓广的思维，是对问题进行多方位、多角度、多层次、多关系思考的思维，也就是突破点、线、面的限制，从立体角度来思考问题。从这个意义上说，发散思维就是立体思维。

发散思维也是时间延伸的思维，是对问题进行时间上的延伸，即从现实、过去和未来三个时态进行思索，突破眼前的限制，从历史或未来的角度思考问题。一个

---

① 思维导图又称心智图，是表达发射思维的图形思维工具，它既简单又有效。运用思维导图图文并重的技巧，将主题之间的层级关系用图像、颜色等表现出来，有助于人们在科学与艺术、逻辑与想象之间平衡发展，并开启人类大脑的无限潜能。

问题现在无答案，应考虑它过去或将来是否有答案。也就是说，要认识一个事物，不仅要认识它的现在，还要了解它的过去，更要预测它的将来。从这个角度上讲，前馈思维、后馈思维都是发散思维。

（2）**发散思维的特点**。与常规的思维相比，发散思维具有以下特点：

①流畅性，这是发散思维最基本的要求，也是观念的自由发挥，是指人们在尽可能短的时间内生成并表达出尽可能多的思想观念以及较快地适应、消化新的思想观念。它反映的是发散思维的速度和数量特征。发散思维的流畅性是可以训练的，并有着较大的发展潜力。

②变通性，也叫思维的弹性，是指人们在思维遇到困难时能随机应变，及时调整思考方式，开拓新的思路，克服大脑中某种自己设置的僵化的思维框架，按照某一新的方向来思考问题的过程。变通性需要借助横向类比、跨域转化、触类旁通，使发散思维沿着不同的方面和方向扩散，表现出极其丰富的多样性和多面性。

③独特性，是指在思维中作出不同寻常的区别于他人的新奇反应的能力，要求想得快，想得多，想得新，想得奇，是发散思维的最高目标和最高层次。

④多感官性，发散思维要求人们不仅运用视觉思维和听觉思维，也要充分利用其他感官接收信息并进行加工。发散思维还与情感有密切关系。如果能够想办法激发兴趣，产生激情，把信息情绪化，赋予信息以感情色彩，会提高发散思维的速度与效果。

（3）**发散思维的作用**。发散思维具有以下作用：

①核心性作用，发散思维与形象思维、联想思维密切相关，形象是大脑创新活动的源泉，联想使源泉汇合，而发散思维就为这个源泉的流淌提供了广阔的通道；

②基础性作用，在创新思维的技巧性方法中，在本书介绍的创新思维中，有许多都是与发散思维有密切关系的，发散思维起到基础性的作用；

③保障性作用，发散思维的主要功能是为随后的收敛思维提供尽可能多的解题方案。这些方案不是每个都十分正确，也不是都有价值，但在数量上有足够的保证。

当然，发散思维的作用能否充分发挥，其价值能否得到充分体现，更多地取决于人们的阅历、经验和对生活、对人性的认知。人们的阅历、经验和认知越丰富，发散思维的作用和价值才会越大。所以发散思维本身就是要借助人们的生活积淀和思维活力才能体现出价值的。这就要求人们保留一份天真，遇事冷静对待。在很大程度上，运用发散思维时就是要炼心，对于任何事情，在分析的时候不仅要有亲临其境之感，还要有一种过客的心态；不仅要注意细节，细心观察事物，还要积累丰富的阅历，留意生活，体味生活。

（4）**基于基点的发散思维方法**。发散思维一定要有起因，即一个引发事件，或者说发散的基点，这个基点就是发散源。按发散的基点不同，发散思维可以分为以下几种方法：

①材料发散法，即以某个材料或物品或图形等为"材料"作为发散点，设想它的多种用途或作用，或者设想有哪些材料可达到相似的功能。例如，设想一下"矿渣"有哪些用途？

②功能发散法，即从某事物的功能出发，构想出获得该功能的各种可能性，或者从该功能出发衍生出其他功能。例如，要取得"制冷"的效果，设想一下有哪些途径。

③结构发散法，即以某事物的结构为发散点，设想出利用该结构的各种可能性，或者从该结构出发设想出其他结构。例如，列出"三角形"结构的东西。

④形态发散法，即以事物的形态（如形状、颜色、声音、味道等）为发散点，设想出利用该种形态的各种可能性，或者从该形态想到其他形态。例如，列出"黄色"的各种用途。

⑤组合发散法，即以某事物为发散点，尽可能多地把它与别的事物进行组合，形成新事物的各种可能性。例如，将电话与电视组合在一起变成可视电话。

⑥方法发散法，即以解决问题的某种方法为发散点，设想出利用该方法的各种可能性，或者设想还有哪些方法可以替代该方法。例如，列出"焊接"的各种方法。

⑦因果发散法，即以某个事物发展的结果为发散点，推测出造成该结果的各种原因，或者由原因推测出可能产生的各种结果。例如，找出电梯故障的各种原因。

⑧关系发散法，即从某一事物为发散点，设想出与其他事物的各种关系。例如，列出月亮与人类生活的关系。

（5）**基于发散形式的发散思维法**。从发散形式而言，发散思维有以下多种方法：

①正向线性发散法，即思维从某一个点开始，沿着正向向前以线性方式多向发散，最终得到多个思维结果。例如，世博特许产品有纪念币、纪念邮册、汗衫、茶杯等，而纪念币又可分金币、银币等，就像树干→树枝→枝丫，枝丫又不断分出枝桠那样。如果思维不是线性发散，只是沿着直线向前，就只能得出一个最终的思维结果，从而难免出现思维结果的片面性。

②假设推测法，即假设暂时不可能的或是现实不存在的事物对象和状态。假设的问题不论是任意选取的，还是有所限定的，得出的设想可能大多是不切实际的、荒谬的、不可行的，所涉及的都应当是与事实相反的情况。但是，有些设想在经过转换以后，可以成为合理的有用的创想。

③集体发散思维，即集思广益，不仅需要用上自己的大脑，有时候还需要用上身边人的大脑，而且大脑之间经过互动，产生新的创想。这就是常说的"诸葛亮会"，通常采用的"头脑风暴"就是集体发散思维。

④魔球发散法①，其模式就像一个扩散的球体。这是一种被称为"超传"的思维方法，实际上是将事物的广泛联系性通过形式化的图像表现出来。生活中的任何事物都不是孤立的，在人们的日常经验中，常常将事物从密切联系的系统中分离出来孤立地看。其实，通过一种形象化的手段，可很容易地发现原来看似不相关的信息之间存在内在联系，不管是一种思想、一个感觉、一件物件还是一种声音抑或一片色彩，只要进入这种魔球系统，就具有类似于互联网般的链接性，就发生了某种相关互动。一旦这种互动形成相干振荡，就会以更大的指数形式出现信息重组，从而可能发现有意义的价值信号。

⑤多湖辉发散法②，这是用日本学者多湖辉的名字命名的方法。多湖辉认为，碰到任何事情，首先要考虑还有没有其他的可能性，重要的是养成一种发散性思考的习惯。他假设了一个最简单的问题，一个看似只有一个答案的问题，例如将两个点连接起来，最直接的办法就是将A、B两点用一条直线连接起来。但是，思维继续发散的结果是，一些新的连接方法出现了。经过更进一步的扩散，又会发现还有一个更大的空间在等着。再接着，当思维跳出特定的问题域时，甚至以游戏的心态重新思考问题时，发散的另一层空间又打开了。

（6）发散思维过程，主要靠"类比"进行，包括将起因、过程、结果等进行类比。要做好类比，需要平时的积累。只有这样，发散才会越来越广阔、越来越丰富。发散思维通常还要借助于逻辑思维来建立"连接关系"，即以逻辑思维为"主线"进行。在发散思维开始时，按思维对象与其他事物的"相通点"进行类比发散，产生各种具有相似性的具体对象，好比芝麻开花一节一节向上生长一样，在每一个节点处，芝麻要分散成新的枝丫，长出花蕾，长出新的叶子等。新的枝丫继续往上生长，在小范围内枝丫也是按逻辑思维建立起关系的，芝麻主体对应的对象逐步缩小精简，在每一节点处继续发散成枝丫、花蕾、叶子等。这样反复地递进，由大到小，由主到

① 王健著：《创新启示录：超越性思维》，复旦大学出版社2007年版，第243-244页。
② 王健著：《创新启示录：超越性思维》，复旦大学出版社2007年版，第244-245页。

次，最终演变成了一棵独立完整的芝麻。也就是说，针对某一思维对象，具体且完整的思维网络就这样建设完成了，这就把思维对象所能关联的各个领域、各种知识都尽可能地联系起来，以便分清楚思维对象在各种具体的情况下，其背后的因果关系、发展过程及其趋向、涉及的范围及其局限性等，并根据自己所需加以利用。发散思维应当尽可能地散得开来，既可以定向散开，也可以不定向散开，定向与不定向取决于所需解决的问题的复杂性及其时限、质量要求等。越复杂的、时间越宽裕的、质量要求越高的、限制性条件越少的问题，可以采取不定向发散思维，否则要采用定向发散思维。

例如，达尔文为了研究物种的起源，于1831年乘英国海军勘探船"贝格尔"号作历时5年的环球旅行考察。在采集样品时，达尔文不限于单一的物种，而是尽可能多地收集各种动物、植物、矿物、化石等；在地区上，他不局限于一个地方，而是环行五大洲，跨越了不同的气温带；从物种特性来看，他考察了物种的自然选择性、人工选择性、变异性、遗传性、生存竞争和适应性等各个方面。正是在这些全方位考察的基础上，达尔文创立了以自然选择为基础的进化论学说。

（7）**发散思维能力**。发散思维能力是可以通过锻炼来提高的。首先，遇事要大胆地敞开思路，充分想象，跳出已有的知识圈子；其次，要努力提高多维思维的质量，学会从不同角度、不同方向、不同层次思考问题，发散的角度越多，掌握的知识越全面，思维就越灵活，思维质量就越高，而单向发散只是低水平的发散；第三，坚持思维的独特性是提高发散思维质量的前提，只有在思维时尽可能地为自己提出一些"假如……"、"假设……"等，才能从新的角度想自己或他人从未想到过的东西；最后，要拥有一个较好的思维环境，保持较好的心情，让发散性思维变成一种自然且自动的思维方式。

02 如何发现蚊子是疟疾传播的媒介？
（收敛思维：从众多信息中找到所需）

19世纪，疟疾在世界许多地方肆虐，人们只知道疟疾是疟原虫引起的，但不知道疟原虫的传播媒介是什么。英国细菌学家罗斯经过调查不同的重疫区，发现尽管各个区域自然和社会条件有差别，但有一点是相同的，即蚊子很多。经过细致的研究，他终于在蚊子的肠道内发现疟原虫，证实蚊子是疟疾传播的媒介。这样的思维方法是收敛思维法。

收敛思维 ① 是相对于发散思维而言的，是指以思维对象为中心，运用已有的知识和经验，从众多可能的解决方案中挑选最佳解决方案的思维方式，也被称为"聚合思维"、"求同思维"、"辐集思维"、"集中思维"、"垂直思维"、"判断思维"或者"逻辑思维"等。完整的收敛思维应具备四个基本方面的内容：一是已知的命题，包括已知的众多信息或者各种可能的解题方案等；二是收敛方法或规则，包括分析、综合、归纳、演绎、科学抽象等逻辑思维和理论思维，或者给定的线索、逻辑规则等；三是收敛过程，通过比较、筛选、组合、论证等深化思考，沿着归一的或单一的方向进行推演，或者从信息的某个状况一步步地推演到另一个状况；四是收敛点（聚合点），即需要解决的问题的满意答案，可以是"唯一的或习俗上可接受的最好的结果"或者合乎逻辑规范的结论等。

收敛思维的过程是从现有的信息出发，按照所给定的信息和线索，以所需解决或研究的对象为中心，运用分析、综合、归纳、演绎、科学抽象等逻辑思维和理论思维形式，每一个收敛步骤都必须是正确的，才能挑选出最佳的解决方案。收敛思

---

① 参见"收敛思维"，百度百科，http://baike.baidu.com/view/1451998.htm。

维好比剥笋，必须一层一层地剥掉笋衣，才能得到笋。

（1）**收敛思维的特征**。收敛思维在分析一些物理现象时，显示出强大的力量，其主要特点在于讲求按部就班、循序渐进，具有收敛性、选择性和客观性等特征。

①收敛性。这是收敛思维活动的突出特点。收敛思维是以某个思考对象为中心，从不同的方向将思维指向这个中心，以找到解决问题的方案。例如，太阳能热水器的工作原理就是应用光—热转换的基本原理使太阳光聚集，用于加热水，获得较高的温度和热能。聚光是把太阳能辐射聚集到焦点，以产生较高的热量。收敛是把四面八方的信息，沿着同一个方向集中到目标上。目标明确则目的性强，目的性强则思维是有序且有效的，因而能够围绕目的进行收敛并集中。

②选择性。收敛思维认为在一定的时间、地点和条件下，对于一个问题的诸多答案、办法和方法中，只有一个是最好的，即按照一定的标准进行筛选，将最好的那个选出来。丰富多样的信息是收敛思维的基础，要达到思维目标，就必须对大脑中存储的信息进行筛选，保留有用的，去掉无用的。

③客观性。收敛思维要求从客观实际出发，搜集大量的事实材料，通过周密严谨的推理论证，不允许用联想和想象代替推理和论证，更不允许出现思维跳跃，以揭示客观事物的本质及其规律性。收敛思维特别重视因果链条，得到的办法、方案必须符合客观真理，然后对所得出的结论进行实践检验，一旦发现不符合实际，就要返回到问题的起点重新进行认识。在思维过程中，无论是思维的原料还是思维的产品，尽管都是以概念化形式表现出来，但却是客观的，是接受实践检验的。例如，英国外科医生李斯特（Joseph Lister，1827—1912）看到清洁工人在清理阴沟时，用一种药水能使臭味消失。当他得知药水的主要成分是石炭酸时，就对其进行反复实验，终于证明了那是一种理想的消毒剂，既不伤人又能杀菌。他使用那种消毒剂，使外科病人的治愈率上升到95%。

（2）**收敛思维的优缺点**。收敛思维是否有效取决于以下几个方面：一是搜集的信息是否足够多，如果掌握的信息不够多，信息的来源渠道不够广泛，所得出的结论的可信度就不一定高；二是收敛过程是否充分，即分析、综合、归纳、演绎、比较等是否充分；三是收敛方法或规则是否合理，即是否找到了归一的方向、判断准则，是否找到了各种信息的共同特点或共同属性。

由此可知，收敛思维有两个优点：一是可信度高，给出的创新解决方案具有高度的可能性，具有系统性、正确性及普遍性；二是创新性强，获得的知识和结论往往出乎意料，获得了原来并不掌握的新情况、新知识，比较适用于学术性研究工作、变化形势的判断及医生对疾病的诊断等。

当然，收敛思维的缺点也不容忽视：一是往往先大胆假设，再小心求证，即预先设定了一些限定条件，收缩了思考范围，进而限制了思维；二是因恪守已有的逻辑规则，即进行科学思维，容易形成惯性思维和惰性思维，进而可能忽略一些极为有用的新概念或新思路。

（3）收敛方法。 从收敛的方式来分，收敛思维方法有：

①辏合显同法，即把所有感知到的对象依据一定的标准"聚合"起来，以显示它们的共性和本质。例如，我国明朝时候，江苏北部曾经出现了可怕的蝗虫，蝗虫一飞到，整片整片的庄稼被吃掉，造成颗粒无收。徐光启见此情形，毅然决定研究治蝗之策，搜集了自战国到当时的二千多年来有关蝗灾情况的资料。

②层层剥笋法（分析综合法），是指在思考问题时，从问题的表层（表面）出发，经层层分析，向问题的核心一步一步地逼近，抛弃那些非本质的、繁杂的特征，进而揭示出隐蔽在事物表面现象内的深层本质。例如，毛泽东的《论持久战》针对当时的"速胜"、"持久战乱"和"亡国"等议论，从中日两国军事、经济、政治、文化等对比和战争的进程，提出了"抗日战争是持久战"的科学论断，并指出持久战要经历战略防御、战略相持和战略反攻三个阶段。

③目标确定法，是指先确定搜寻或注意的目标，进行认真的观察，作出判断，找出其中的关键因素，再围绕目标进行定向思维。目标确定越具体越有效。例如，丹麦天文学家第谷·布拉赫（Tycho Brahe，1546—1601）在生命垂危之时，吩咐他的学生开普勒（Johannes Kepler，1571—1630）细心倾听他的临终遗言："我一生之中，都以观察星辰为工作。我要得到一张准确的星表，我的目标是1000颗星，到目前为止只观察到750颗星。现在我病成这样了，不能继续观察，我把这一切底稿交给你，希望你继续进行下去，不要让我失望。"开普勒没有辜负老师的希望，勤奋工作，不屈不挠，终于实现了老师的遗愿。他在分析观察资料的基础上，发现了行星沿椭圆轨道运行，提出行星运动三定律，并为后来牛顿发现万有引力定律奠定了基础。开普勒的成功，就在于他有着极其明确的目标，在前人的基础上，运用收敛思维，归纳总结，最后取得了重大的成就。

④聚焦法，即常说的沉思、再思、三思，是指在思考问题时，围绕问题进行反复思考，有时还有意识、有目的地将思维过程停顿下来，使前后思维浓缩、聚拢，积累一定的能量，形成思维的纵向深度和强大的穿透力，聚焦到某一事件、某一问题

或某一片段信息，进而达到思维上的突破和质的飞跃，并顺利地解决问题。聚焦法带有强制性指令色彩，要求在待解决问题上集中注意力，进行集中思考，以便找到问题的解决方案。例如，隐形飞机的制造难度是比较大的，是一个多目标聚焦的结果，要使敌方雷达测不到、红外及热辐射仪追踪不到，就需要分别做到雷达隐身、红外隐身、可见光隐身、声波隐身等多个目标，每个目标中还有许多小目标，分别聚焦才能制成隐身飞机。

⑤正向线性收敛法，其特点是，思维从两个或两个以上的点开始，沿着正向向前的方向，以线性方式发展，到了一定的时候，会聚焦成为一个点。例如，小王腹痛去看医生，由于腹痛是非常复杂的，可能是胃肠炎、阑尾炎、胰腺炎、肾结石等造成的，为此医生开出各种单子，要小王抽血化验，提供尿液化验，并去做 B 超等，经查是急性阑尾炎发作，查出病因后医生再对症治疗。在医生对小王腹痛的诊治过程中，如果分别从胃肠炎、阑尾炎、胰腺炎等去查病因，就会漫无边际，最终不能查出病因。因此，这一思维的关键，在于恰当的时候应收敛一点。

03 发散思维与收敛思维结合起来更有效

发散思维与收敛思维在方向上相对，在思维活动中又是统一的，两者结合起来更有效。

（1）方向相反。两者从方向上是相反的，因而表现出相互对立性。

从思维功能上讲，收敛思维尊重前提条件的客观性，要求思维过程严谨周密，逻辑性强，思维结果经得起逻辑证明和实践检验，实事求是，符合客观真理；发散思维在于突破常规而求异，思维过程不拘一格，多方想象，思维结果能做到不断求新。

从思维方向看，两者恰好相反，发散思维的方向是由中心向四面八方扩散，而收敛思维则反之。

从解决问题的角度来看，发散思维是为了解决某一个问题，总是追求尽可能多的解决办法，想的办法越多越好；收敛思维是为了解决某一个问题，从众多的现象、线索、信息中，围绕所要解决的问题，根据已有的知识和经验，得出最好的结论或最好的解决办法。发散思维所产生的众多设想或方案，一般来说多数是不成熟的，也可能是不切实际的，具有较大的不确定性；收敛思维可按照实用的标准对发散思维的结果进行筛选，被选择出来的设想或方案应当是切实可行的，具有较强的求实性。

从思维指向上看，发散思维是产生式思维，产生观念、问题、行动、方法、规则、图画、概念、文字等结果，发散过程需要张扬知识和想象力；收敛思维是判断、选择性的，在收敛的过程中需要运用知识和逻辑，也需要想象力。发散思维是尽可能地把思维放开，把所有的可能性、相关方面都尽量设想到，具有开放性；收敛思维则通过理顺、筛选、综合、统一等方式，集中各种想法的精华，具有封闭性。

从思维过程来看，发散思维的过程，从一个设想到另一个设想时，可以没有任何联系，是一种跳跃式的，具有间断性；收敛思维的过程则相反，是一环扣一环的，具有较强的连续性，不允许跳跃。发散思维主要运用包括联想、想象、侧向思维等非逻辑思维形式，收敛性思维主要运用包括分析、综合、归纳、演绎、科学抽象等逻辑思维和理性思维形式。

两者相比较，各有特点：发散思维具有创造性，收敛思维具有选择性；发散思维具有触发性，收敛思维具有分析性；发散思维具有跃动式，收敛思维具有序列式；发散思维信马由缰，收敛思维是逐步修正；发散思维迎接突如其来的干扰，收敛思维则排除无关的项目；在进行发散思维时，思维任由心灵差遣，在进行收敛思维时，心灵会受逻辑所控制。总之，**发散思维在不断地寻找方案，收敛思维则是对所提出的各种方案进行比选，选出最优方案。**

（2）**统一性。两者都是人们思维活动中对立统一的两种具体形式。**从创新思维的全过程来看，发散思维与收敛思维都是必不可少的，它们相互联系，相互依赖，相互补充。发散思维用于产生新的点子和方法，提供更多的选择，形成尽可能多的想法或方案，再经过收敛思维的综合、比较、集中、求同、选择等加工整理，形成最佳的解决方案。以发散思维来提升收敛思维的效率，而用收敛思维来发展发散思维所衍生出来的点子，以倍增发散思维的能力。只有将两者有机结合起来，交替运用，才能圆满地完成一个完整的创新过程。因此，两者是相辅相成的，应结合起来使用，以创造出新的点子、新的思路以及新的解决方案，并发挥出最大的效率。

思维活动总是经历着发散—收敛—再发散—再收敛这样循环往复的上升运动。离开了收敛思维，发散思维得到的答案无意义也无价值可言。反之，收敛思维必须以发散思维所取得的成果为前提，只有经过发散思维提出众多的答案、方案、办法等，收敛思维才能对其进行综合、集中、求同、选择。发散思维提出的答案、方案、办法等愈多愈广泛，收敛思维的认识就愈全面、选择的机会愈多，愈容易得出最为满意的答案，也就愈接近客观真理。在创新实践活动中，发散思维和收敛思维是反复交织，相辅相成，缺一不可的。所以，有人说发散思维和收敛思维是创新思维的两翼。

（3）**有机结合**。那么，发散思维与收敛思维应如何结合起来呢？这就要把握好两者的结合度。在进行发散思维时，如果思维过于发散，虽然提出的方案非常多，但各种方案过于分散，难以收拢起来，也难以找到最佳方案；如果思维没有打开，提出的方案不够多，尽管收敛容易，但找不到最佳方案。在创新实践中，两者的结合应做到四个"互补"：一是思维方向上要互补；二是思维功能上要互补；三是思维过程要互补；四是在思维操作的性质上要互补。只有发散，没有收敛，必然导致混乱。只有收敛，没有发散，必然导致思维的呆板僵化，抑制思维的创新。

为达到发散思维与收敛思维的最佳结合，两者必须在时间上分开：一是在创新设想开始的阶段，首先要让思维充分地发散，才能激发想象力，打破条条框框的束缚，产生创造性的想法，然后运用已有的知识、经验去审视，并作出判断或选择；二是在发现问题阶段，思维的发散和收敛方向要发生多次转化，在搜索目标时，思维处于发散状态，一旦抓住目标，思维应当集中于一点，处于收敛状态；三是在确定问题阶段，要围绕具体问题广泛地搜集资料，是发散状态，从资料中分析并确定问题时，是收敛状态；四是在解决问题阶段，提出尽可能多的设想和解答方案，是发散思维；综合设想、提出最优方案，是收敛思维；五是在评价阶段，列出各种评价标准，是发散思维；识别不同标准，选择最重要的标准，是收敛思维。在创新思维过程中，思维的发散和收敛就是这样有机地结合在一起，并且可以从整体上加以把握。

04 "私家园林禁止入内"和"如果在林中被毒蛇咬伤……"有何不同？（顺向思维与逆向思维）

著名女高音歌唱家玛·迪梅普莱有一个很美的私家园林。每到周末，总有人到她的园林摘花，采蘑菇，有的甚至搭起帐篷，在草地上野营，弄得园林一片狼藉，肮脏不堪。于是管家在园林四周围上篱笆，并竖起"私家园林禁止入内"的木牌，但无济于事，园林依然不断遭到践踏、破坏。管家只得向迪梅普莱请示。迪梅普莱听了管家的汇报后，让管家做一些大牌子立在各个路口，上面醒目地写明：如果在林中被毒蛇咬伤，最近的医院距此15公里，驾车约半小时即可到达。从此，再也没有人闯入她的园林。"私家园林禁止入内"和"如果在林中被毒蛇咬伤……"有什么不同？前者只是从利己的角度（即顺向思维）发布的一项声明，既无法律约束力，又无制裁作用，当然是起不了多大作用了；后者是从利他的角度（即逆向思维）考虑问题，并设置了一个"园林中有毒蛇"的沉锚，达到利己的目的。人们因害怕毒蛇，而不再擅入园林，达到了不让人们进入园林的效果。从这一案例可知，顺向思维达不到目的时，就要采用逆向思维。

从思维的方向性模式来看，有思维的顺向性和逆向性两种。

一个人在一个时刻只能做一件事，朝一个方向，因此在一个时刻思维时，也只能朝一个方向思考，即思维的方向性。思维方向可以是各种各样的，比较简单的思维方向是线性方向，是由线性思维演绎而来的，主要有顺向思维和逆向思维，分别属于收敛思维和发散思维。

（1）顺向思维。顺向，也可称为正向、顺势，是指顺着事物常规的、常识的、公认的或习惯的想法、做法或方向。生命是随时间一分一秒顺序进行的，关键是看怎么度过的。常言道，顺大势所趋，顺潮流而动，顺时间而进，顺道理成章。这些都是顺从自然规律。

顺向思维，也称为正向思维、顺势思维，是指按照常规的、常识的、公认的或者习惯的想法与做法进行思维的一种方式，即按照逻辑或者规律或者常规去推导，按照事物的发展脉络或进程进行思考、推测或认识事物的方式，其思维公式是因—行—果。 例如，俗话说，龙生龙，凤生凤，老鼠的儿子会打洞。再如，袁隆平使用栽培稻品种做试验材料进行杂交，培育出来的杂交稻，按照顺向思维，其不育株率和不育度应当达到100%，但实际上都没达到100%，说明在哪里出了问题，沿着这个思路去找原因。这种思维方式有助于厘清事物在时间上或空间上的联系，比较事物前后阶段的变化，是一种从已知进入到未知，通过已知来揭示事物本质的思维方法，一般只限于对一种事物的思考。在运用顺向思维时，应该了解事物发展的内在逻辑、环境条件、性能等，充分估计自己现有的工作、生活条件及自身所具备的能力。

（2）逆向思维。逆向与顺向相对，客观世界里许多事物之间，甲能产生乙，乙也能产生甲。如：化学能能产生电能，据此意大利科学家伏打（Alessandro Vlota，1745—1827，又译为伏特）于1799年发明了伏打电池（即将不同的金属片插入电解质水溶液形成的电池）。反过来电能也能产生化学能，通过电解，英国化学家戴维于1807年发现了钾、钠、钙、镁、锶、钡、硼等七种元素。如果说顺向是指顺着司空见惯的已成定论的事物或观点，或者传统、惯例、常识等，那么逆向是沿相反方向，是对常规的挑战。

逆向思维，也称反向思维，是指从事物的反面（或对立面）提出问题、思考问题、解决问题的思维方式。 换句话说，是反其道而思之，以逆常规的思维方法思考问题，往往能得出一些创新性的设想。如果他人都朝着一个常规的、固定的思维方向思考问题，你却独自朝相反的方向思考，你就可能通过"出奇"达到"制胜"的效果，将别有所得。不仅你的思维能力比别人更强，创新成果更多，而且有可能开创出一片新天地来。

①逆向思维的特点。逆向思维具有普遍性、批判性、新颖性的特点：

一是在各行各业、各种领域、各项活动中都是普遍适用的。由于对立统一规律是普遍适用的，因此，逆向思维也有无限多种方式：性质上对立两极的转换，如软与硬、高与低等；结构或位置上的互换、颠倒，如上与下、左与右等；过程中的逆转，如气态变液态或液态变气态、电转为磁或磁转为电等。无论采用哪种方式，从一个方面想到与之对立的另一方面，都是逆向思维。

二是逆向是与顺向相对而言的，逆向思维是对于按保守、惯例、常识进行思维的反叛，是对常规的挑衅，能够克服思维定势，破除由经验和习惯造成的僵化的认识模式。例如，脑白金的广告语"今年过节不收礼，收礼还收脑白金"虽是病句，却很好记；尽管多年被评为最差广告，却是最成功的广告。

三是具有新颖性。按照传统的办法分析问题解决问题简便、易行、风险小，但获得的结果也是司空见惯的，只看见了比较熟悉的一面，而对事物的另一面却视而不见。逆向思维常能出人意料，给人以耳目一新、别出心裁的感觉，具有比较突出的创新性、新奇性。

例如，在洗衣机里，脱水缸的转轴是软的，用手轻轻一推，脱水缸就会东倒西歪。但是脱水缸在高速旋转时，却特别平稳，脱水的效果也很不错。据说当初工程技术人员为了解决脱水缸的颤抖和由此产生的噪声问题，想了许多办法，如先给转轴加粗，没有效果；再加硬转轴，仍然无效。最后，采用逆向思维，弃硬就软，用软轴代替了硬轴，较好地解决了脱水缸的颤抖和噪声两大问题。

②逆向思维的价值。在日常的工作和生活中，逆向思维具有以下四个方面的突出价值：一是在采用常规思维很难解决问题时，运用逆向思维却有可能轻松破解；二是在其他人没有作为的地方，运用逆向思维却可使你独辟蹊径，有所发现，有所建树，产生意料之外的效果；三是在多种解决问题的办法中，逆向思维有助于找到最佳的办法和途径；四是运用逆向思维可将复杂的问题简单化，成倍地提高办事效率。**逆向思维最宝贵的价值在于，跳出常识或常规思维，不断深化对事物的认识，开创出更多的奇迹。**

③逆向思维的方式。从逆向的方式来看，逆向思维法有以下三大类型：

一是反转型逆向思维法，是指从已知事物的相反方向进行思考。"事物的相反方向"是指从事物的功能、结构、因果关系等方面进行反向思维。

例如，过去的破冰船是依靠船自身的重量来压碎冰块的，为此船的头部要采用高硬度原材料制成，而且十分笨重，转动方向很不方便，因为这个原因，这种破冰船很害怕侧向漂来的浮冰。前苏联科学家运用逆向思维，变向下压冰为向上推冰，即让破冰船潜入水下，依靠船的浮力从冰下向上破冰。这种破冰船设计比较灵巧，不仅节约了原材料，也不需要很大的电力，自身的安全性也大大提高。一旦遇到较坚厚的冰层，破冰船就像海豚那样上下起伏前进，破冰的效果特别好。

二是转换型逆向思维法，是指运用常规的办法不能解决某一问题时，转换成另一种办法，或转换思考的角度，以使问题得到解决的思维方式。

例如，孙膑是我国战国时期的著名军事家，他到魏国去求职，魏惠王心胸狭窄，嫉妒孙膑的才华，处处刁难孙膑。有一次，魏惠王对孙膑说："听说你挺有才能，如果你能使我从座位上走下来，我就任你为将军。"魏惠王心想：我就是不起来，你又奈何不了我！而孙膑思忖着：魏惠王不可能主动地从座位走下来，我又不能将他强行拉下来。怎么办呢？孙膑运用逆向思维让魏惠王自行走下来，于是对魏惠王说："陛下，我确实没有办法使您从宝座上走下来，但是我却有办法使您坐回到宝座上。"魏惠王心想，你让我坐下我偏不坐下，于是便从座位上走下来。孙膑马上说："陛下，虽然我现在不能使您坐回去，但我已经使您从座位上走下来了。"魏惠王方知上当，只好任孙膑为将军。[①] 孙膑使魏惠王从座位上走下来，转换为使魏惠王坐回到座位上。

三是缺点逆用思维法，是指利用事物的缺点，化被动为主动，化不利为有利的思维方法。这种方法并不是设法克服事物的缺点，而是利用缺点，化弊为利，找到问题的解决办法。

例如，一些酒鬼嗜酒如命，一名医生担心嗜酒危害健康，就想出了一个办法来制止酒鬼嗜酒。有一天，他把酒鬼们召集起来，给他们演示了一个实验：先把一条虫子放进一只盛满凉开水的杯子里，虫子翻转了几下，浮出水面，并从杯壁上爬出来了。医生说："这说明虫子会游泳，水淹不死它。"然后，医生就把这条"会游泳的虫子"，放进盛有白酒的杯子里，那条虫子挣扎了几下，不一会儿就死了，直挺挺地漂在酒面上。医生就说："不是酒淹死虫子，而是酒把虫子杀死了。"然后对酒鬼们说："如果你们再喝酒，就会和这条虫子一样，迟早会被酒杀死！"一个酒鬼若有所思地叫道："我还是要喝酒！因为酒可以杀死肚子里的蛔虫呀！"尽管这是酒鬼为自己继续喝酒找到的借口，却启发了那名医生。既然酒能杀死蛔虫，应该也能杀死细菌，卫生酒精就这样发明出来了。[②] 本案例将酒精伤害身体的缺点，用于杀死细菌，变害为利。

④逆向思维的过程。从逆向过程来看，逆向思维有以下运用方法：一是就事物依存的条件进行逆向思考，如司马光救小伙伴时，用石头砸破水缸，使水脱离人；二是就事物发展的过程进行逆向思考，如人上楼梯是人走路，而电梯是路走，人不动；三是就事物的位置进行逆向思考，如开展"假如我是某某"活动；四是就事物的运动状态或性质进行逆向思考。例如，1994年我国发明家苏卫星发明了"两向旋转发电机"，突破了定子不动的常规思路，让定子也旋转起来，其发电效率比普通发

---

① 选自《培养创新思维系列讲座》，百度文库（http://wenku.baidu.com）。
② 同上。

电机提高了四倍，1996年丹麦某大公司开出300万元人民币的价钱买断其专利；五是就事物的因果关系进行逆向思考。例如，无跟袜的诞生是因为袜跟容易破损，一旦破损就毁了一双袜子。于是，商家试制了无跟袜，取得了成功；六是就事物的结果进行逆向思考。例如，复印机的发展历程，先是能复印单面的，再是能够正反面复印。但日本理光公司的科学家不以此为满足，还发明了一种"反复印机"，已经复印过的纸张通过它之后，重新还原成一张白纸。这么一来，一张复印纸可以重复使用许多次，大大节约了资源。再如，做钟表生意的都喜欢说自己的表准，而一个钟表厂却说它的表不够准，每天会有1秒的误差，这不但没有失去顾客，反而得到顾客的认可，销售量一路飙升。

颠倒思维从实质上来讲，也是一种逆向思维，是把对象的整体、部分或性能颠倒过来，包括上下颠倒、里外颠倒、性质颠倒、因果颠倒等。例如，巨石载船，将常规的将巨石装在船上改为将巨石吊在船的下面，充分利用了巨石的浮力，减少船的装载负荷。

（3）**双向思维模式**。顺向思维与逆向思维之间的转换在我们的心理活动过程中造成一种可逆性，即由 A → B 型（即一个方向起作用）的单向思维模式转换为 A↔B 型的双向（即可逆的）的思维模式。思维的可逆性是一种积极的心理活动，对思维活动的发展有着积极的影响。实践证明：逆向思维可以与顺向思维同时形成。在创新活动中，不仅要善于运用顺向思维，也要善于运用逆向思维，更要善于将顺向思维与逆向思维相互转换，即思维活动先按照一定的方向进行，再按照需要自由地离开一种思路而转移到另一种思路上去，就能形成思维方向的多角化，可达到举一反三、触类旁通的效果。因此，要自觉不自觉地在顺向思维与逆向思维之间进行转换。例如，在产品开发中，降低产品设计与制造的成本，缩短开发周期，从企业的生产技术条件出发等，都是利己的思维，属于顺向思维的范畴；要使产品经久耐用并方便用户使用、满足用户的使用要求等，都是利他的思维，属于逆向思维。既从自身条件出发，又要考虑用户的要求，则是既利己又利他，兼顾顺向与逆向两种思维，同时灵活运用顺向与逆向之间的相互转换。

尽管如此，在实践中还是存在由"逆"向"顺"的思维障碍。人们习惯于从自己出发，从有利于自己的角度出发，还不太习惯于从有利于对方的角度出发，因此从顺向转至逆向时就会遇到意想不到的障碍，既有习惯性的，也有思维逆向特有的客观因素。因为在逆向思维中，思维并不是一定恰好重复原来的途径，即从 A 到 B 的途径可能不同于从 B 到 A 的途径，而只是反方向运动。例如："自然数和零都是整数"，但反过来"整数都是自然数和零"就不成立了，因为自然数都是正的整数，负的整数就不是自然数了。一般来说，顺向思维的途径是唯一的，但逆向思维的途径却是多向的。这一特征的存在，造成了逆向思维的障碍。在创新实践中，要认识到这其中的差别所在。

龙缸怎么按斤卖？（纵向思维与横向思维）

　　清朝著名画家郑板桥因看不惯一个势利的盐商欺负他的穷朋友张文涓，想出了一个办法教训了这个盐商。[①] 张文涓欠了盐商二两银子，并请求再拖欠数日，但盐商没有答应，就叫人搬走了张文涓家祖传的大龙缸。那一天，郑板桥来到了盐商店里，佯装看中了摆放在店里的大龙缸，故意愣头愣脑地问店老板："这个缸正合我意，你要卖多少钱一斤？"盐商一听，心想："八成是个书呆子，缸哪有论斤卖的？何不趁这个机会，在这个书呆子身上好好捞上一笔。"于是回答："一斤就算五钱银子，便宜卖给你了。""好，我买了。"郑板桥毫不犹豫地说。盐商喜出望外，大龙缸少说也有百来斤，至少可卖50两银子。郑板桥故意带着盐商绕路，抬缸的人走得气喘吁吁。走到张文涓家附近的一个小店，郑板桥进去借了一杆小秤对盐商说："这缸太重了，你把缸敲下一块来，秤3斤卖给我，我自己带回去。"盐商一听勃然大怒，指着郑板桥大骂："什么！你在耍我！缸怎么能敲碎了论斤卖呢？"郑板桥不紧不慢地回答："我先前跟你谈的是论斤卖，你也是答应了的。至于要买多少斤，当然要随我啦！"盐商气得说不出话来，看着抬缸的几个人累得坐在地上爬不起来，无奈地说："这缸就便宜卖给你吧！原本是别人以二两银子抵债的，我就收你二两银子吧！"于是郑板桥付了二两银子，叫盐商将大龙缸送回了张文涓家。

　　盐商的思维与郑板桥的思维有何不同？郑板桥运用的是横向思维，而盐商运用

---

　　① 本案例选自崔华芳，《这口缸多少钱一斤？——横向思维法》，《家教世界》2007年第10期。

的是纵向思维。横向思维的关键是善于运用其他领域的知识，这就需要平常多积累知识，在思考问题的时候才能做到旁征博引，融会贯通。当然，郑板桥知道盐商贪财，故意给盐商一个暗示，或者说设置了一个沉锚，即按每斤五钱的价格买下整个龙缸。由于没有那样明说，但盐商贪财，自以为按每斤五钱的价格买下那个缸，这也是模糊思维的妙用。如果盐商事先与郑板桥确认是否按每斤五钱银子买下整个龙缸，则郑板桥的计谋就会被识破。

郑板桥与盐商的思维进程方向是不同的。按照思维的进程方向，可将思维划分为纵向思维和横向思维。

（1）纵向思维，它是指依据事物发展的进化方向或阶段进行分析、判断、推理等的思维方式，是在同一问题领域里深耕细作，促进事物发展得越来越先进、越来越方便的思维方式，也称为垂直思维。 例如，门的发展就经历了单开门→双开门→旋转门→感应门→……

纵向思维就是遇事深入一步，在解决问题的过程中深入研究和思考，它具有以下特点：一是时间上的顺序性，即沿着过去、现在和未来的时间顺序来考察事物的发展，是单向的，同时也对未来作出一定的预测，具有预见性；二是客体同一性，即考察同一对象的发展进程，专业性越来越强；三是发展的动态性，客体对象是发展变化的，只有以发展的眼光，才能把握客体对象的发展变化。

纵向思维体现了左脑的部分特征，还具有分析性、分离性、陈述性、推理性等特性，不承认直觉的作用，始终受制于一个主导思想，排除其他因素的干扰。

从以上特点来看，纵向思维是按照逻辑推理的方法直上直下的收敛性思维。从某种程度上讲，纵向思维是客体对象专业化的顺向思维，但两者有根本性的差别：纵向思维属于思维进程的范畴，顺向思维属于思考方向的范畴；纵向思维着眼于问题的解决，可能既运用顺向思维，也运用了逆向思维。

纵向思维普遍存在于人们的大脑中，而且是根深蒂固的。例如，从小学、中学、高中、大学、研究生等顺序发展学业，学历层次越来越高，所学的知识越来越专，体现的就是纵向思维。再如，企业沿着某一行业某一技术领域进行深层次开发，聚焦到某一细分领域，也是纵向思维的方式。

纵向思维就是遇到问题多问几个为什么。例如，丰田汽车工业有限公司总经理大野耐一总结他发现问题的秘诀是，凡事要问5个为什么，即问题发生在哪里？问题是怎么发生的？其根本原因是什么？依次类推，直到找到问题及其发生的原因，才能真正解决问题。

纵向思维具有以下优点：一是能够坚持，有望在某一点上实现新的突破；二是专业性强，深入到事物的内部；三是逻辑性强，思维过程严密。但它也存在不容忽视的缺点：一是容易形成思维定势，易钻牛角尖；二是保守，不易接受新生事物；三是易陷入在本问题领域里进行循环性思考，找不到好的解决方案。

（2）**横向思维，也叫平行思维，是指思维主体通过借鉴、联想、类比，充分利用其他领域中的知识、信息、方法、材料等和思维对象联系起来，创造性地想出解决问题方法的思维方式。**换句话说，横向思维是将其他领域的知识、技术、技能、方法等，运用到解决正在思考的问题，或者将多种多样的或者不相关的要素建立联系，以期获得对问题的不同创见。横向思维是相对纵向思维而言的，是一种综合性强的思维方式，是一个由一到多的思维状态，极具开拓性，有助于改进思维方式，对于解决技术难题非常有益。当纵向思维受挫时，可从横向去寻找问题的答案。

横向思维具有以下特点：一是共时性，即考察事物在同一时间过程中的相互关系；二是开放性，即将所考察的事物与其他事物进行比较，比较得越多，认识就越全面，解决问题的视野也就越开阔；三是偶发性，一旦能找到解决方案，将可能带来一次革新，甚至是重大突破。横向思维体现了右脑的工作情况，因此还具有直觉性、综合性、视野开阔性和自发性等特征。

横向思维要求人们：首先要跳出原来的问题领域，从各种不同的角度思考问题，从其他的领域寻找一些线索来启发自己；其次，要善于借鉴其他领域的知识、信息、方法和材料等，找出并确定最佳的解决方案。如果眼光只盯着一个问题领域，就跳不出思维定势，很容易使自己陷入到一个特定的问题领域里进行循环性思考，这会阻碍自己从其他领域借鉴并寻求更新鲜、更有价值的素材或线索。许多富有创造性的设想都源于涉猎多个领域，并将那些领域的知识、方法等应用于现有的问题领域。

横向思维有横向移入、横向移出和横向转换三种方式：横向移入是指将其他领域的好方法移植到本领域；横向移出是指将本领域的成功方法用于解决其他领域的问题；横向转换是指转换成其他问题，通过解决其他问题来解决本问题。因此横向思维也是移植思维、侧向思维。

在运用横向思维时要有创造性的洞见，常常需要了解不同领域事物之间的间接关系。那些关系初看起来似乎毫无关联，但如果有意识地进行横向思维，将从外部事物观察到的刺激，强制性地与正在考虑中的问题建立起联系，也许就能获得意想不到的创见。

例如，在一次演讲中，美国著名物理学家恩利克·费米（Enrica Fermi, 1901—

1954年）提到这样一个问题："芝加哥需要多少位钢琴调音师？"与会者对费米的提问都感到很奇怪，觉得这个问题根本无从下手。但是费米解释道："假设芝加哥的人口有300万人，每个家庭4口人，全市1／3的家庭有钢琴，那么芝加哥共有25万架钢琴。一般来说，每年需要调音的钢琴只有1／5，那么，一年需要调音5万次。每个调音师每天能调好4架钢琴，一天工作250天，共能调好1000架钢琴，是所需调音量的1／50。由此可以推断，芝加哥共需要50位调音师。"① 经费米这么一解释，与会者都觉得这种推论方法是正确的。事实上，费米对这个问题的推论就是横向移入法。这种推论需要知道很多相关知识。比如，需要知道芝加哥的人口数、有钢琴的家庭所占的比例、每架钢琴一年要调音的次数、调音师的工作效率、工作时间等。如果不知道这些知识，这个问题显然是无法回答的。这个案例的背后也是换轨思维，以及由繁入简的简单性思维。

（3）**纵向思维与横向思维的比较**。在思考一个问题时，纵向思维在一个固定的方向上，放弃了其他可能性，因而局限了创造力；横向思维则使用不同的思考方向，探索其他的可能性，开拓了新的思路。正像时间是一维的，空间是多维的一样，纵向思维与横向思维分别代表了一维与多维。例如，罗贯中在《三国演义》讲到的空城计故事里，诸葛亮在思考退敌大计时，运用了纵向思维，首先想到了紧闭城门、调回大军击退等多种办法，但这些办法都无法抵挡司马懿的十五万大军。为把司马懿的大军击退，诸葛亮运用横向思维，不是把敌军攻打出去，反而是打开城门把敌军迎进来。这是因为，诸葛亮与司马懿是老对手，彼此非常了解，司马懿很清楚诸葛亮平时一向十分谨慎，从不冒险，而诸葛亮也非常清楚司马懿很多疑，于是就将计就计，上演了一出空城计。在这一案例中，诸葛亮感到采用纵向思维不能解决问题，就综合运用了军事知识、心理学知识等，即运用横向思维找到退敌之策。从中还可发现，前者比的是实力，后者比的是胆识与谋略。

如果将横向思维与纵向思维结合起来运用，既可提高思维的效率，又可提高思维的精度，但还存在以下局限性：

第一，纵向思维与横向思维分别对应于思维的深度和广度，但没有涉及思维的高度，缺乏对所处环境和背景的宏观思考，忽视了环境因素和背景条件。思维高度是指站在高处向下俯瞰，把具体问题或事件放在与其相关联的环境和背景下进行考察，使之合乎全局的走向。

第二，横向思维提供了多种选择方案，但不能从多个备选方案中确定最佳方案。这两种思维有助于证明自己是对的，却不能证明对方是错的。

① 王健著：《创新启示录：超越性思维》，复旦大学出版社2007年版，第171页。

纵向思维与横向思维来自大脑左右脑分化出的思维方式，横向思维符合"急中生智"模式，即创造性模式，而纵向思维则符合选择与判断模式，具有单向性特征。形象地说，横向思维好比找地方挖洞，纵向思维如同选准一个地方挖洞，并将洞持续地深挖下去，越挖越深。

共振式多用调音器是如何发明的？
（单向思维与多向思维）

要对钢琴在全部音域内的所有键音进行调律，利用电子仪器是很难做到的。[1] 这是因为：在低音音域，钢琴弦在振动时会产生强烈的谐波，电子仪器无法准确地测出其基音频率；在高音音域，钢琴弦振动衰减很快，还会夹杂着较强的噪声，电子仪器会反应不及时，也会受到干扰。也就是说，电子校音器不能校正低音音域和高音音域的键音，只能检测中音音域的键音。如何解决这一难题呢？某电子科技馆的刘春华联想到电吉他的工作原理：在电吉他钢丝弦的下面，放置一个带有铁芯的拾振线圈，在铁芯下面再放置磁铁。当钢丝弦振动时，线圈内的磁通量发生变化，由于电磁感应，在线圈两端会产生电信号，再经过扩音器的放大，由扬声器放出五线谱的吉他音来。刘春华将电吉他发音原理的因果关系颠倒过来，即用一个音频信号发生器，产生出某一频率的电信号，经过扩音器放大，输出的音频电流通入电磁铁线圈，再把电磁铁放到所要校音的钢琴弦下面。这样，音频电流使电磁铁的磁性强弱发生变化，引起钢琴弦发生相应的振动。当音频电流的频率恰好调节到与钢琴琴弦固有振荡频率一致时，就会发生共振现象，使钢琴弦发出响亮的声音来。这时的音频信号发生器频率数值就是这根弦的发音频率。将电吉他发音的因果关系进行颠倒，就发明了"共振式多用调音器"。以上可知，共振式多用调音器的发明综合运用了多向思维与单向思维。后来，刘春华还利用逆向思维，发明了利用视觉观看跑动的波形等多种方法对钢琴进行校音。

---

① 选自《培养创新思维系列讲座》，百度文库（http://wenku.baidu.com）。

再来看看共振式多用调音器的发明，它运用了以下五种思维方式：一是从音域来分，钢琴的键音分为高音音域、中音音域和低音音域，运用了层次型多向思维模式分析各音域的键音的特点；二是由于各个音域的谐波特性不同，分析了电子仪器的局限性，运用单向思维分析，否定了电子仪器调音的方案；三是运用开放型思维模式，突破了点、线、面的限制，从钢琴联想到电吉他，移植电吉他的发音原理，即横向思维或移植思维；四是将电吉他发音的原理颠倒过来，运用共振原理进行调音，即颠倒思维或逆向思维；五是运用单向思维进行调音，因钢琴的每根琴弦都有固定的振荡频率，调音时，只要看被调试的钢琴琴弦是否与其固有频率产生共振，调至产生共振为止。在这些思维方式中，单向思维与多向思维是刚好相反的，是从思维主体的思维指向来分的。

（1）单向思维，是指思维主体按照一个思维方向，遵循同一个思路，追求一个固定的思维结果，是一种单一指向的线性（即直线式、一元的）思维方式，是仅取预定所需的思维方法。其基本特征是单一性和直线性。单一性是指按照一个思维方向、遵循同一个思路。直线性是指从已知的知识、经验、信息可以推导出结果，非此即彼，黑白分明，没有中间地带，思维成果具有唯一性。

从思维模式来看，单向思维可分为经验思维模式和逻辑思维模式两种。前者是指以实践活动中获得的典型经验知识推导出结果；后者是指借助概念、判断、推理等思维形式，按照某种人为制定的思维规则和思维形式推导出结果。

单向思维具有确定性、逻辑性强的优点，反映了思维主体的思维深度。从正面来看，体现出思维主体执著的思想品格，具有积极的作用，表现在个人身上则是个性十足，这样有时能结出创新的成果来。例如，居里夫人从沥青中提炼出放射性元素铀以后，发现剩下的沥青矿中仍有放射线放出，说明仍有放射性元素。所以，她继续提炼，果然发现了新的放射性元素 —— 镭。

然而，单向思维具有片面性、偏见性和教条化的缺点，表现在个人身上就是固执己见、自以为是、听不进别人的意见，即通常所说的"一根筋"，容易"钻牛角尖"、"认死理"等，甚至可能存在不择手段、断章取义等问题。

从字面上看，顺向、逆向、纵向、横向等都是单向，但顺向与逆向是相对的，纵向与横向是相对的，各有其内涵。顺向与逆向是指思考问题的方向，纵向与横向是指思维进程，单向思维是指思维主体的思维指向，所以不能简单地认为顺向思维、逆向思维、纵向思维和横向思维等都是单向思维，其间的差异是比较大的。例如，纵向可以是自上而下，也可以是自下而上，还可以是先自上而下再自下而上，或者反之，甚至是两者同时进行。显然，纵向与单向有很大的不同。

（2）**多向思维，是指思维主体从多方面、多角度、多层次认识事物和看待问题、探讨所需的一种思维方式，表现为思维不受点、线、面的限制，不局限于一种思维模式。**一物多用是多向思维。再如，从上海到北京可乘飞机、搭乘火车、驾驶汽车、乘船等，其中乘火车还有高铁、快车、普通列车等多种选择。

①多项思维的特征。多向思维具有以下特点：一是发散性，是指从思维的广度而言的，思维是开放的、全方位的、多角度的，其发散机制是指对一个问题尽可能多地提出设想，以尽可能多地提供选择余地；二是多层次性，是指从思维的深度而言的，是从思维的各个层次来加深对客体的认识；三是综合性，对于复杂的思维活动，不仅要放得出去，还要能收得回来，要求思维主体具有思维统摄能力和辩证分析能力。

②多项思维的形式。多向思维有以下具体表现形式：

一是层次型模式，复杂事物具有内外层次、上下层次和发展变化层次，只有对思维对象的内在结构和发展变化进行深入剖析，才能加深对其的纵深认识；

二是立体型模式，将思维对象作横断面、纵切面的分析思考，将其所具有的各种规定、关系、联系和方面，完整无遗地揭示出来，可以丰富人们的认识，防止思想的僵化和认识的片面化；

三是交织型模式，思维对象的各个层面的各种规定、关系或方面都是相互交织的，对思维对象进行交织型思考，有助于人们把思维客体的内在或外在联系清楚地揭示出来；

四是网络型模式，即思维对象形成了一个复杂而有序的网络，通过对思维对象的网络型思考，可以深刻揭示其网络的全局及其运行；

五是分合型模式，是将思维对象的有关部分分离或合并，包括分解思维和组合思维，试图剖析其结构，找到解决问题的办法；

六是动态型模式，客观事物总是处于变化发展的过程中，试图考察思维对象的运动及运动的相互关系，进一步认识思维客体的本质特征；

七是开放型模式，思维对象不是封闭的，必然要与周围系统进行多种信息和能量的交换，以开放的态度认识思维客体，可以更客观、全面、系统地认识思维客体。

多向思维要求思维主体大胆创新，在解决问题时不能一条路走到黑，而是从多角度、多方面进行思考，以一种横向探讨式的思维方式，可以得出一些可能是未曾预料到的不同思维成果，因而可有效避免思路闭塞、单一和枯竭。运用多向思维，就要克服那种先入为主、单向的"非此即彼"的思维偏见和思维定势,以辩证法的多极思维方式,取代形而上学的两极思维方式。同一个思维主体,同时并存的多个思考方向,必然会形成一定的思想张力,有效激发我们的创造性。

(3) **单向思维与多向思维的关系。**单向思维与多向思维是相对立的,两者都有其积极的一面,也都有其局限性,都有其适用范围,都不能将其绝对化。两者结合起来运用才能发挥综合优势,克服各自的局限性。一方面,单向思维是多向思维的一个方面,可以把事物本身的方面性当做新思维的基础,从单向发展到多向;另一方面,要用单向思维来限制多向思维的盲目性,在思维发散的过程中需要运用单向思维集中一下,站在新的高度来统一认识,以实现思维层次的飞跃。

思维的发展也是由简单向复杂、由单一向多样、由低层次向高层次发展的过程。由单向思维向多向思维的转变,应当设身处地地换位思考,即设身处地为他人着想,想人所想、理解至上;应当多角度、多方面、多因素、多变量地全方位思考,扩大思维跨度;必须从全局的高度思考,即立意要高、站的层次要高、思想境界要高、思维水平要高、创意或解决办法的质量要高,提高思维的质量;应当以历史的观点看待思维对象,预见思维对象的发展趋势,扩大思维的时间跨度。

07 双方出价相差 15 倍的一项技术转让是如何谈拢的?(求同思维与求异思维)

有一位老教授花了20多年时间研制了一项高分子材料技术,并成功地通过了中试,该技术能够直接投入生产,而且具有广阔的市场前景。经过几轮接洽和内部评估,一家高分子材料公司看中了该项技术。之后一名技术经纪人陪同老教授到那家企业去洽谈技术转让事宜。刚开始,老教授出价1500万元。他说,曾经有人出过这个价钱，而且当时也一直在与投资人联系。轮到公司老总出价时，那位老总只愿出价100万元。两者相差15倍，可以说非常悬殊。如何谈拢呢？如果按照常规思路去谈，那肯定要谈崩掉。于是，该技术经纪人改变了策略，建议技术出价应根据该项技术一旦实施将能给该公司创造的价值来决定，并按照该项技术作价出资占公司的股权比例来确定其价格。双方均认可这一思路，于是拉近了双方的距离。老教授描述了一下该项技术的前景，认为可为该企业开辟新的市场，其市场潜力比较大，能够创造多大的价值主要取决于该公司的投资策略和营销能力。该公司老总也承认，引进该项技术就是为了开辟新的市场领域，以期在同业竞争中实行差异化发展战略。公司老总先开出占公司股权的1%，双方讨价还价，再逐步增加到一签订协议就支付3%的股权；随着销售规模的扩大，逐步增大股权比例，最高可达到10%，其中达到6%以上的部分，要拿出一部分奖励技术团队。公司老总比较关注技术的成熟度和实施风险，按照技术的实施进展并达到阶段性目标来确定技术的支付价格及其支付方式，同时也确定了技术团队的激励机制，这是比较合理的，得到了老教授的认可。老教授还提出，需要一笔现金奖励一下曾经为该项技术作出过贡献的其他老师和技术团队，公司老总认为这一要求也比较合理，同意一签订合同就支付100万元现金。双方的谈判从上午9：00开始，到中午1：00左右就谈拢了。在这一案例中，异中求同并不是一步到位的，而是在逐步形成共识中逐步缩小差距，经历求同→存异→再求同→再存异的过程，其中多次用到了求同思维与求异思维。那是依据思维的任务是找出事物的共同点还是相异点。

（1）求同思维，是指发现事物的共性或共同点的思维方式。也就是说，对处于杂乱的、无秩序的或朦胧状态的各种信息和素材，依据一定的标准"聚集"起来，探求其共性和本质特征。求同思维一般是以已有的知识和经验为基础，采用某种规则或方法，寻求事物的共同性和相似性，运用的工具主要是归纳法。例如，总结归纳事物的共同特征。求同思维往往用于从不同的事物中找出共同点，即异中求同，因而具有肯定性、收敛性和程序性的特点。求同思维属于收敛思维，但是求同只是收敛的一个结果，是事物的共性，而收敛还包括聚焦、集中、判断等。

求同思维的积极作用在于深化、强化已有的认识成果，但也存在可能拘泥于传统习惯，在思维过程中谨小慎微，不敢突破旧框框等的消极作用。在技术预见、德尔菲法等创新方法中，都是运用求同思维收敛专家的观点。

（2）求异思维，是指从多个角度观察事物，在同类的事物中发现其特点，找出

其个性的思维方式，即同中求异。 求异思维是以思维的中心点（即同类事物）向外辐射发散，有助于多方向、多角度地捕捉创造性灵感，摆脱思维定势，克服思维偏见，深化对事物的认识，增强思维主体的主观能动性。求异思维属于发散思维，但求异只是发散的一种情况，从一到多、从平面到立体等都是发散。例如，埃菲尔铁塔是法国巴黎的标志性建筑之一，它第一次展示了钢结构的巨大能力，打破了西方建筑几千年来以砖石结构为主的观念。

求异思维具有以下基本特点：一是独特性，以与众不同的思维为切入点；二是超越性，即超越现有技术、能力、条件、环境的限制；三是跳跃性，即跨越时间、空间的组合。在一个群体中，有时怪异的想法能够起到"鲶鱼效应"，瞬时间激发出更多更好的创意。

（3）**求同思维和求异思维的结合。** 求同思维与求异思维分别从不同的视角来思考问题，如果单独使用，往往很难达成共识，结合起来使用则能既坚持原则又具有开拓性。对事物进行分类，把具有相同属性的事物归为一类，是求同思维；将事物分成不同类别，以体现各自的差异性，则是求异思维。因此，将事物进行分类，就综合运用了求同思维与求异思维。

同中求异在创新思维过程中，以求异思维去广泛搜集素材，自由联想，寻找灵感和契机，然后运用求同思维对所取得的素材进行筛选、归纳、概括、判断等，从而产生正确的创意和结论。这个过程往往要经过多次反复，求异－求同－再求异一再求同，相互渗透，相互转化，从而产生新的认识和思路，并最终达到既集思广益又求大同存小异的效果。

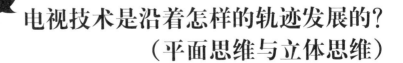

08 电视技术是沿着怎样的轨迹发展的？（平面思维与立体思维）

尽管电视技术发展的历史不长，但在创新思维和市场竞争的推动下，人们对电视技术不断求新、求精，不断创造出新的纪录，先进的电视技术日新月异：一是随着电子技术的发展，电视技术也得到相应发展，从电子管电视机发展到晶体管电视机，再到集成电路电视机；二是随着显示技术的不断发展，电视技术也得到了相应的发展，从黑白电视机发展到彩色电视，再到微型电视、超薄电视、数码电视、等离子电视等；三是随着播放技术的发展，电视技术从模拟电视发展到数字电视；四是随着应用领域的不断扩大，电视技术从家用电视发展到红外电视、手表电视、遥感电视等。以上表明，电视技术是由若干技术面构成的，任何一个方面的技术得到发展或突破，都会带动电视技术的发展。各个技术面的发展是相互独立的，从总体来看，电视技术呈现立体化发展格局。

从思维主体认识客观事物的层次性来分，可将思维分为平面思维和立体思维。

（1）**平面思维，是指思维主体在一个层次上认识事物的思维方式。**也就是说，对事物进行横向比较，有助于简化事物之间的关系，容易抓住事物的主要矛盾，对于认识一个层次内事物的异同有着特殊的作用。例如，平面几何就是平面思维的产物，有助于人们认识线条、平面、图形等及其相互关系。地图、组织结构图，报纸、杂志、电影、电视等平面媒体都是平面思维。电视技术在某一个技术面上的发展，也是平面思维。

（2）**立体思维，是平面思维的有机组合，也称整体思维、空间思维，是指思维主体多层次、多侧面、多角度地认识事物的思维方式。**例如，立体几何、3D 打印、3D 电影等都是立体思维的产物。运用立体思维方式，能够从不同的方面认识事物，有助于抓住事物的本质。例如，考虑科技创业，不只是成立一家科技企业，还要考虑资金、技术、人才、产品、市场、管理等与企业运行、发展有关的方方面面，甚至要考虑宏观经济环境、政策法规环境等。

运用立体思维进行创新，关键是要善于突破点、线、面的框框限制，从垂直、侧向等多方向拓展思维空间，从点到线、从直线到平面、从平面到立体，不仅关注思维的广度、深度，还要关注思维的高度，让思维的视角更加开放。运用立体思维，还需要人们不断突破自我、不断突破思维局限和思维障碍。

立体思维有多种实现方式，主要有：

①变平面思维为立体思维。例如，在5平方毫米的硅片上怎样排列27000个元件呢？一张邮票大小的集成电路板上怎样集成几亿个电子元件呢？答案就是变平面思

维为立体思维，让元件在超薄的基础上层层重叠。也就是突破了平面思维定势，不断拓展立体思维空间，充满了创造活力。

②变单向为多向、变直线思维为曲线思维。例如，英国工程师查尔斯·德莱帕设计的泰晤士河扇形防洪水闸，其妙用在于，平时那座半圆形闸门平躺水底，河上的船舶能够自由通航，不受影响；海水涨潮时，用操作装置转动半圆形闸门，旋转90度，让闸门立起来，闸门的高度比原来的高出许多，巧妙地抵抗住下游海水的倒灌①。德莱帕这一新颖别致的扇形设计，巧妙地解决通航、防洪两不误的难题，收到了一箭双雕的功效。

③突破平面向空中发展。例如，日本有一家观光饭店，别出心裁地设计出一套特色鲜明、与众不同的空中温泉浴池，形如一个个装满温泉水的空中缆车，安装在该饭店旁边山峰上200米高的缆线上，上下不停地在空中来回穿梭着。旅客进到空中温泉浴池后，悠悠然地泡在其中，仿佛置身于飘然欲仙的梦境①。

④突破物理上的空间，实现立体化发展。例如，据史玉柱介绍①，为提高广告效果，脑白金广告做到了"陆海空"全面覆盖。中央电视台、地方电视台的电视广告构成"空军"；商场的促销人员是"地面部队"；海报就是"海军"，在销售比较好的地区的大街上，在农村猪圈的墙上，工厂的围墙上，铁路两面的墙上都贴有海报，以提高知名度。多种措施并举，提高广告的投入效果。

⑤不断突破创新空间，向空中发展。例如，意大利物理学家伽利尔摩·马可尼（Guglielmo Marchese Marconi，1874—1937），充分利用包裹整个地球的大气层中的电离层，运用对电磁波的反射作用，实现电磁波的远距离传输①。

⑥地上转入到地下。例如，科学家成功制造出地下透视雷达，其关键部件是由传感器、控制器、图像记录仪和磁带器组成，能在微电脑指挥下自动地进行"观察"，工作原理与探测天上飞机的雷达十分相似。它的天线形如长柄环状仪器，能向地下深处发射一种持续时间为1毫微秒的脉冲电波，当电波碰到地下的物体时，会被反射回来，然后反射信号被天线所接收，再经放大处理，最后在雷达屏幕上直观地显示出地下物体的图像①。

---

① 引自《史玉柱口述：我的营销心得》（剑桥增补版）。

09 是继续还是改变？
（平行思维与垂直思维）

在挖井时，当挖到一定深度仍未见到水时，有两种选择：一种是继续在原址挖下去，直到挖到水为止，这是垂直思维；另一种是放弃在原址挖井，另寻新址再挖，这一改变行为是平行思维。再继续深挖，直到挖到水为止，又是垂直思维。也就是说，持续进行某一行为，是垂直思维，改变某一行为是平行思维。其中的奥妙在于，何时该继续挖下去，何时该选择新址再挖，这取决于你的判断力。该放弃时没有放弃，在一棵树上吊死，可能影响效率。不该放弃时放弃了，不够坚持，缺乏足够的积累，浪费了资源。所以，从思维路径来看，可将思维划分为平行思维和垂直思维。

（1）**平行思维，也称水平思维，是一种创新思维模式**，是由爱德华·德·波诺博士首先提出来的。他将这个概念用于创新思维理论研究、创新思维教学、技术创新咨询活动和管理创新咨询活动。人的创新活动依赖于设计式思维，波诺博士在教学中将设计式思维与平行思维两个概念经常混合使用。

波诺认为，"平行"意指进入旁边的路径，从而在不同的模式中进行转换，**平行思维是指人们从不同的角度认知同一个问题的思考模式**。当进行平行思维时，必须跳出原有的认知模式和心理框架，才能通过转换思维的角度和方向重新构建新概念和新认知。平行思维涵盖了以下思考方法：水平思考法、侧向思考法、横向思考法、逆向思考法。平行思维有助于拓展视野，进行创造性思考和建设性思考，进而找到解决问题的更多的可能性。

（2）**垂直思维，也称纵向思维，是指判断式思维，即一种非此即彼的思维模式。**垂直思维具有以下两个特点：

①分析，即将一个复杂的情形分解为各个单独的部分，并且将它们与现有的知识、经验和价值观联系起来。这有助于识别现有知识的部分。由于垂直思维常常是"带着框框看问题"，运用垂直思维分析信息和数据时，难以跳出已有的思维定势，因而创造力有较大的局限性。

②逻辑思考，即按照一定的方向和路线，运用逻辑思维的方式，对问题在一定范围内进行纵深挖掘。其好处是，可以应用逻辑推理的方式，较快地发现问题之间的因果关系，并按照既有的经验和知识快速地解决问题。但其缺点是，思维被局限在已有的逻辑框架之中，无法发现解决该问题的替代方案。

垂直思维的优点在于，有一个较为明确的思考方向。其好处是：第一，化整为零，将复杂的情形进行简化分析；第二，利用已有的思维定势、知识、观念、结构和感知，从而可以迅速地认识问题和分析问题；第三，运用逻辑链进行"非此即彼"的评价和判断，有助于明辨是非。不过，垂直思维一般是对常规问题进行常规分析，不会导致创意的产生。

（3）**平行思维与垂直思维的关系。**波诺比较了平行思维与垂直思维的区别，认为：垂直思维关注"是什么"，平行思维关注"可能成为什么"；垂直思维是批判式思考，平行思维是建设性思考；垂直思维产生非此即彼的观点，平行思维对相互冲突的观点兼容；垂直思维导致判断、质疑、争论，平行思维是聆听、理解、设计和创造。平行思维倾向于从多个不同的角度来考察同一个事物，不是仅按某个固定的思维路线思考问题。

平行思维与垂直思维也是密切相关、可结合起来运用的。**沿着某一思考路径深入下去的，属于垂直思维；改变思考路径的，属于平行思维。**在前述的挖井的故事中，要辩证地看待平行思维与垂直思维两者之间的关系。六顶思考帽[①]也是平行思维的典型案例，它让人们同时朝一个方向思考，依次考察事物的各个侧面。而每个侧面深入下去又会像树枝分叉那样，涉及如何处理平行思维与垂直思维的关系。这也是《麦肯锡方法》MECE原则的精髓所在，即"相互独立，完全穷尽"，是麦肯锡解决问题流程的必要原则。

平行思维与垂直思维是相对的，横向思维与纵向思维是相对的，平行思维与横向思维、水平思维是可以通用的，垂直思维与纵向思维是可以通用的。

---

① 六顶思考帽是指用六种不同颜色的帽子代表六种不同的思维模式。白色关注客观的事实和数据；绿色寓意创造力和想象力，具有创造性思考、头脑风暴、求异思维等功能；黄色从正面考虑问题，表达乐观的、满怀希望的、建设性的观点；黑色运用否定、怀疑、质疑的看法，尽情发表负面的意见；红色表现自己的情绪，表达直觉、感受、预感等方面的看法；蓝色负责控制和调节思维过程以及各种思考帽的使用顺序，规划和管理整个思考过程，并作出结论。

05

思维的形象性与抽象性

给大脑输入什么信息，大脑则输出相应性质的信息。输入的是动作，输出的也是动作；输入大脑的是表象（即图像），则大脑围绕表象进行思维活动，即进行形象思维活动，输出的也是表象（即形象），即新的表象。如果输入大脑的是概念，则大脑围绕概念进行思维活动，即进行抽象思维活动，输出的也是概念，即新的概念。所以形象思维和抽象思维是大脑两种基本的思维方式。围绕表象所进行的思维活动，主要是想象，想象是形象思维的主要形式。围绕概念进行的思维活动，主要有判断、推理等思维形式。

根据思维主体认知事物的方式，有的通过动作，有的通过形象，有的通过概念，思维主体认知事物的方式决定了其解决问题的方式，进而决定了其思维方式。思维过程是一种认知活动，也有相应的输入和输出，有什么样的输入也会有相应的输出。基于认知方式，思维方式可分为动作思维、形象思维和抽象思维。

01 大脑基于什么来认识事物？

　　人们在吃饭、走路、开车等日常活动中，大脑在工作吗？当然在，大脑是基于动作进行思维的。人们看电视、看电影、欣赏音乐、观看画展等活动时，只使用了眼睛、耳朵等感觉器官，大脑在工作吗？当然在，不过此时大脑是基于图像进行思维的。人们在进行交谈、写作、计算等活动时，大脑在工作吗？当然在，此时大脑是基于语言、文字、数字等进行思维的。这三种状态下，输入大脑的信息是不同的，分别是动作、形象和概念，大脑的思维方式也是不同的，分别对应于动作思维、形象思维和抽象思维。

　　形象是有形之物的形状与外貌。不同的形象，其表达方式不同。例如，文学用语言描述，舞蹈用形体动作表现，戏剧用布景、道具、对白、唱腔等表现，音乐用声音表现，分别是语言形象、视觉形象、听觉形象等。与形象相对的概念是抽象，抽象是指从许多事物中，舍弃个别的、非本质的属性，抽出共同的、本质的属性，是形成概念的必要手段。[1]抽象的基础是感性材料，并以概念或概念体系反映事物的本质特征。例如，比喻修辞是以具体的事物表达抽象的事物。

　　当事物不在面前呈现时，它在人们大脑中出现的关于事物的形象是表象。**表象是在感觉和知觉的基础上形成的具有一定概括性的感性形象，是感性认识的高级形式。**从信息加工的角度来看，表象是指当前不存在的物体或事件的一种知识表征，不是信息的物理状态。在心理学中，表象是指过去感知过的事物形象在大脑中的再现。

　　表象与知觉不同，**知觉是事物通过感觉器官的作用在大脑中的反映。**只有当这种作用存在时知觉才存在；这种作用一旦消失，知觉就会消失。与知觉不同的是，表象不会随事物对感觉器官作用的消失而消失，是多次知觉概括的结果。作为事物的

---

　　① 参见《现代汉语词典》（2002年增补版），商务印书馆2003年版，第177页。

反映形式，表象既接近知觉，又高于知觉。与知觉相比，表象具有下列特点：一是表象不如知觉完整，只能反映客体的大体轮廓和一些主要特征；二是表象不如知觉稳定，是变换的，流动的；三是表象不如知觉鲜明，是模糊的、暗淡的。

表象不能与事物、物自体之间画等号，表象是事物的呈现方式，是物自体所呈现出来的东西。例如，对于一台电脑，不用它的时候，它是自在物；用它的时候，它是事物；从镜子里看它的时候，所看到的镜像是表象。从中可知，影响表象的因素包括：一是物自身，事物自身发生变化，表象也会随之变化；二是信息的传播媒介，传播媒介发生变化，表象也会变化，例如戴着墨镜看事物，所看到的颜色也发生了变化；三是感官，例如色盲患者看不到五颜六色；四是所处的位置，对于同一事物，站在不同的角度看，所看到的是不一样的；五是经验与环境。

表象是意识的对象。从物理状态上讲，表象是转化来的信息。从意识上看，表象是信息对自我的呈现方式。从生理上讲，表象是一种对来自外部的信息。表象是直观的感性反映，是感知与思维之间一种过渡反映的形式。从个体心理发展来看，表象处于知觉和思维之间。表象可以是各种感觉的映象，有视觉的、听觉的、嗅觉的、味觉的、触觉的、动觉的等。科学家和艺术家通过视觉的形象思维能够完成富有创造性的工作。

正如表象与形象的关系一样，**概念与抽象有关，是指大脑对事物的一般特征和本质特征的反映，是反映事物的本质属性的思维形式，是人类思维的主要形式。**换句话说，人们在认识活动中，把所感觉到的事物的共同特点，从感性认识上升到理性认识，抽出本质属性加以概括就成为概念。表达概念的语言形式是词或词组。任何一个概念都有内涵和外延，内涵是指概念所反映的事物对象所特有的属性，外延是指概念所反映的事物对象的范围。概念的内涵和外延具有反比关系，即一个概念的内涵越丰富，也就是限定越多，其外延就越小；反之亦然。例如，商品是用来交换的劳动产品，"用来交换的"就是商品的本质特征，包括工业品、服务产品、农产品，自用品因为不是用于交换的，所以不是商品。

02 基于认知的思维方式

鸟会飞吗？鸟是怎么飞的？鸟为什么会飞？这三个问题分别代表不同的思维方式。"鸟会飞吗？"反映的是动作思维，从鸟飞行的动作就知道鸟会飞行。"鸟是怎么飞的？"反映的是形象思维，即观察并描述鸟飞行的形态。"鸟为什么会飞？"反映的是抽象思维，即思考鸟的飞行机理。

（1）动作思维，亦称直观动作思维，是指依据当前的感知觉与实际操作解决问题的思维方式。其基本特点是思维与动作不可分，离开了动作就不能思维。动作思维一般是在人类或个体发展的早期所具有的一种思维方式，儿童用手摆弄物体，用手指进行计算活动，都是在进行动作思维。

动作思维主要发生在婴幼儿阶段。婴幼儿往往借助触摸、摆弄物体等实际动作进行思维活动，动作一旦停止，其思维活动便立即停下来了。例如，幼儿在借助数手指来学习加减法时，一停止数手指，加减法的学习活动便立即停下来。

成人也有动作思维。例如，技术人员在检修机器设备时，听机器设备运行时的声音是否异常，察看颜色、形状是否异常，闻味道是否异常等，判断是否发生故障，直至发现问题排除故障为止，在这一过程中主要是动作思维。为什么技术人员通过听、看、闻等动作能够判断故障呢？当然是因为技术人员拥有丰富的实践经验和关于机器设备的构造、原理等基础知识，能够判断声音、形状、味道等是否异常，并从异常中可判断故障。医生在给病人看病时，把脉、听诊、检查等，都是动作思维。但这一过程是在第二信号系统[1]的调节下实现的，与尚未完全掌握语言的婴幼儿的动

---

[1] 巴甫洛夫认为，大脑皮质最基本的活动是信号活动，可分为两大类：第一类是现实的具体的刺激，如声、光、电、味等刺激，称为第一信号，对其发生反应的皮质机能系统，叫第一信号系统，是动物和人共有的；另一类是现实的抽象刺激，即语言文字，称为第二信号，同理，对其发生反应的皮质机能系统叫第二信号系统。

作思维有着本质的区别。

（2）**形象思维，是指人们利用表象进行想象、联想，通过抽象概括反映事物形象的思维方式**。输入的是形象，输出的也是形象。换句话说，当利用已有的表象解决问题时，或者借助于表象进行联想、想象，通过抽象概括构成一幅新形象时，这种思维过程就是形象思维，在小说、诗歌、散文、电影、绘画、雕塑、设计等文学艺术创作中普遍使用。形象思维是人的一种本能思维，人一出生就会无师自通地以形象思维方式思考问题。

①形象思维的概念。从形象思维的概念来看，它有以下五个构成要素：一是思维的基本单位是表象，包括具体的形象或图像；二是内在的逻辑机制是形象间的类属关系，即形象间的联结，并通过独具个性的特殊形象来表现事物的形象；三是思维的基本方法是想象、联想；四是思维的结果是由抽象概括构成的新形象，主要是以图像、音调和动作等形象符号创造出的新形象，因而具有创造性的特征；五是其目的是认识思维客体，有时并不带有较强的功利性。

利用表象进行思维活动、解决问题的方法，就是形象思维法。例如，人们去上班时，都要考虑环境、天气、交通工具等情况，事先关注一下天气预报和交通出行情况，以决定穿什么衣物合适，采取哪一种出行方式。如果开车上班，要设法避开拥堵路段，如果乘公共交通出行，选择比较合适的线路。这种利用表象进行的思维就是形象思维。简而言之，形象思维主要是用直观形象和表象解决问题的思维，是用表象来进行分析、综合、抽象、概括的过程。

②形象思维的特点。形象思维具有以下特点：

一是形象性，这是它其最基本的特征。形象思维用感官所感知的图形、图像、图式、图案、色彩和形象性符号等工具和手段进行表达，直观性强。这一特征使形象思维具有生动性、完整性和整体性的优点，有助于再现生活，进而有助于人们更好地认识和理解客观事物及其属性。例如，罗丹的《思想者》雕塑将深刻的精神内涵与完整的人物塑造融于一体，用富有生命活力的人体来表现深刻的思维，不仅展示了人体的刚健之美，还蕴含着深刻与永恒的精神。

二是创造性，形象化的过程本身就是创造，利用表象再造新形象也是创造，没有创造就不是形象思维，创造性是形象思维的最主要特征，有助于科学发展。例如，利用原子结构模型来解释原子结构，在军事上常用沙盘来模拟一些战争区域的地形等，都具有创造性。

三是跳跃性，形象思维不像逻辑思维那样，它对信息的加工不是一步一步、首尾相接地进行，而是平行加工，由一个形象跳跃到另一个形象，有助于排除逻辑思维的干扰，也就是非逻辑性。

③形象思维的类型。形象思维不仅以具体的表象为思维材料，而且也离不开鲜明生动的语言的参与。从思维层次上看，形象思维分为初级形式和高级形式两种。

初级形式又称具体形象思维，主要凭借事物的具体形象或表象的联想来思维，是三至六岁幼儿思维的主要形式，因而是任何一个人智力发展的必经阶段。另外，具体形象思维也是以形象作为创作要素的画家、设计师等的主要思维形式。

高级形式的形象思维就是言语形象思维，即借助鲜明生动的语言表征，对大脑中的形象进行高度的分析、综合、抽象、概括（即依赖表象的运动而进行概括），以形成具体的形象或表象来解决问题或者形成新形象的思维过程。其主要的心理成分是联想、表象、想象和情感，具有思维抽象性和概括性的特点，往往带有强烈的情绪色彩。

④形象思维的过程。形象思维过程主要由以下五个相互关联的环节构成：一是感受，即通过感觉器官感受事物；二是记忆，即将感受到的形象储存在大脑；三是回忆，即从大脑中储存的形象中提取所需要的形象；四是创造，即通过想象、联想等利用已有的形象创造出新形象；五是形象描述，即将大脑创造出的形象以别人可感知、可欣赏的方式输出来。

形象思维是人类思维的一种高级和复杂的形式，在工作、学习或生活中经常用得到。高级复杂的形象思维遵循认识的一般规律，即通过实践由感性阶段发展到理性阶段，达到对事物本质的认识。形象思维的认识风格与人们的创造力水平的高低成正比。如果把大脑比喻为一棵大树，那么人的思维、感受、想象等活动促使"树枝"衍生，"树枝"越多，与其他"树枝"接触的机会也越多，产生的交叉点（突触）也就越多，并继续衍生新的"树枝"，结成新的突触，如此循环往复。**人们每接触一件事、看到一个物体，都会产生印象和记忆，接触的事物越多，想象力越丰富，分析和解决问题的能力也就越强，因而能够突破常规思维定势。**

（3）**抽象思维**，是与形象思维相对的一种思维方式，是思维的高级形式，是人类特有的思维方式，又称为抽象逻辑思维或逻辑思维。

抽象思维是指人们在认识活动中运用概念、判断、推理等形式解决问题的思维方式。简言之，就是利用概念，借助言语符号进行思维的方法，是人类思维的主要方式之一。输入的是概念，输出的也是概念。例如，思考"什么是创新？"等问题就是抽象思维。抽象思维的概念包括以下四个方面：一是思维的基本单位是概念，概念是抽象思维的基础，是抽象思维的"细胞"；二是思维的基本形式是概念、判断、推理，用概念组成判断，用判断组成推理的规律，其中判断是对思维对象是否存在、是否具有某种属性以及事物之间是否具有某种关系的肯定或否定，是对思维对象有所肯定或有所否定的一种思维形式，也是反映事物之间联系和关系的思维形式。任何一个判断都是由概念组成的，都是概念的展开。单个概念无法进行思维，也无法表达思想，必须把多个概念联系起来，并对事物有所肯定或否定，才构成判断；三是思维的基本方法是分析、综合、抽象、概括等；四是思维有较强的目的性，其目的是解决问题，包括揭示事物的本质和规律性联系。从具体到抽象，从感性认识到理性认识必须运用抽象思维方法。

抽象思维过程是一个清晰的逻辑思维过程，也是一个不断地从一个环节过渡到另一个环节、由浅入深、由少到多的认识过程。**在思维过程中，需要借助思维来把握事物的整体和全貌及其发展的全过程。**

抽象思维具有抽象性、概括性和间接性的特点。抽象性是其本质特征。只有抽象和概括，才能形成概念，才能把握事物的内在联系。抽象思维是通过加工感性材料，形成理性认识，因而具有间接性。

从思维的对象不同来看，抽象思维可分为经验思维和理论思维。经验思维是指人们凭借日常生活经验或日常概念所进行的思维。例如，"鸟是会飞的动物"，"果实是可食的植物"等属于经验思维。由于生活经验的局限性，经验也容易出现片面性并得出错误的结论，即陷入经验偏见。理论思维是根据科学概念和科学理论进行的思维，往往能抓住事物的本质及其关键特征。

由于抽象思维是在科学概念和科学理论基础之上进行的，学习掌握科学概念、科学理论、科学符号及语言系统是用好抽象思维的前提。同时，用好抽象思维，还必须掌握思维的基本方法，与抽象记忆法、理解记忆法及其派生的方法结合起来，以起到互相促进的较佳效果。

抽象思维在科学研究中占有较大的优势。因为科学研究活动主要是以逻辑、数字和符号为媒介，以抽象思维为主导，通过阅读、计算、分析、逻辑推理、言语沟通和科学论文的撰写等形式进行的，这些活动都有助于左脑功能的发展。所以说，**发展左脑的功能，重视语言思维能力，学会并善于运用抽象思维方法，是科研成功的基础。**

（4）**动作思维、形象思维与抽象思维结合运用效果更好。**动作思维是与当前直接感知到的对象相联系的，不是依据表象与概念来解决问题的，是在抽象思维产生之前的一种思维形式。从思维的发展进程来看，由动作思维发展到形象思维，再发展到抽象逻辑思维。因此，在形象思维和抽象思维中，也要充分利用动作思维。

抽象思维与形象思维各有优势，又各有局限性。抽象思维有助于从宏观、整体上把握事物的本质，却舍弃了事物具体的、精细的特征和属性；形象思维有助于把握事物具体的、精细的特征和属性，却无法达到抽象思维所能达到的深度和高度。正是由于形象思维与抽象思维的对立统一性，人们在认识客观世界时，必须克服形象思维和抽象思维各自的局限性，将两者的优势充分发挥出来，成为一种统一的思维模式，使认识进入到更高的阶段。例如，在新产品研制中，运用工艺美学、心理学等知识设计产品，使产品的结构紧凑，外观富有美感；运用工程学、物理学知识和新的技术原理，提高产品的技术含量，使产品经久耐用，性价比更高。这就将形象思维和抽象思维的优越性充分发挥出来，使产品更具持久的市场竞争力。

动作思维、形象思维与抽象思维可在以下三个层次上进行结合：

第一个层次是在一个人的成长及其心智发展过程中的结合。一个人随着年龄的增长，参加的社会实践越来越广泛，接受的教育越来越深入，他的思维从婴幼儿时期以动作思维占优势，发展到以形象思维占优势，再发展到以抽象思维占优势。林崇德教授通过实践研究指出：小学四年级是思维发展的转变期，即从具体形象思维向抽象逻辑思维过渡；初中二年级是中学阶段思维发展的质变期，学生的观察能力、记忆能力和想象能力也随之迅速发展，从经验型向理论型思维过渡；高二是思维活动的初步成熟期，高二学生的智力基本趋向定型，达到初步成熟和稳定状态。[1] 所以在人的成长过程中，动作思维强调实践操作，形象思维强调感性认识，抽象思维强调理性认识，三者结合可以得到对事物有更全面的认识，使人的智力得到全面的发展。

第二个层次是在解决具体问题上的结合。对于一个具体的问题，如果原始素材是充分的，解题方向是明确的，可以从现有的素材中找到解题的思路和办法，此时主要运用抽象思维来解决问题；如果问题具有很大的不确定性，原始素材不充分，从现有的素材中找不到解题办法，此时主要运用形象思维来解决问题，其中包括动作思维。因为形象思维是跳跃式的，可以不受逻辑规律的限制，可以利用想象构成事物的形象，进行某些猜测，不断地试错，进而找到解决问题的途径。例如，莱特兄弟想象着能像鸟一样地飞翔在天空，进行了无数次试飞，并根据存在的问题进行不断改进，进而发明了飞机。

第三个层次是在左右脑功能平衡发展上的结合。左右脑的功能是不对称性的，右脑的主要功能是形象记忆和形象思维，左脑的主要功能是抽象记忆和抽象思维。只

---

[1] 参见林崇德主编：《发展心理学》，人民教育出版社2009年版。

有同时促进两种思维的发展，才有利于左右脑功能的发挥，使左右脑平衡发展。英国心理学家汤尼·布仁认为："每一个人在科学和艺术两方面都有卓越的潜在能力。如果现在发展不平衡，那不是天生的无能，而只是因为我们大脑中的一个半球没有像另一个半球那样得到充分运用的机会。"[1] 因此，左脑发达的人，即抽象思维发达的人，如科学家、工程师等，要加强形象思维训练，即训练右脑；右脑发达的人，即形象思维发达的人，如画家、雕塑家等，要加强抽象思维训练，即训练左脑。左右脑都发达的人，形象思维和抽象思维都发达，科学和艺术都有成就。例如，达芬奇（1452－1519年）是意大利文艺复兴时期的一个杰出天才：他是一名画家、雕刻家、建筑师、音乐家、数学家、工程师、发明家、解剖学家、地质学家、制图师、植物学家和作家，天赋极高，堪称史上屈指可数的全能全才。达芬奇的左右脑都很发达，即形象思维和抽象思维都非常发达。所以，人们要加强左右脑的锻炼，使左右脑平衡、协调发展，也就是要使形象思维和抽象思维平衡协调发展。

03
孙正义投资阿里是感性思维
还是理性思维？

1981年孙正义就看到了计算机时代的发展趋势，1987年日本的局域网产业还没有兴起，但当时孙正义就认为局域网会在日本扩展开来，并于1991年开创日本市场。2000年，孙正义的软银给阿里巴巴投下了2000万美元，2014年，阿里巴巴在纽交所上市时，该笔股份的估值约580亿美元。当然，孙正义对互联网发展趋势的研判及其投资行为都有一套自己的逻辑，从这个角度上看都是理性的，但那时的互联网发展还只是处于萌芽阶段，对其的研判只能基于感性认识。孙正义的感觉是正确的，所以他成功了。

在认识中有感性与理性之分，同理，在思维上也有感性思维和理性思维之分。

---

[1] 汤尼·布仁著：《怎样使你的大脑更灵敏》，知识出版社1985年版。

（1）**感性与理性**。从词性来看，作为形容词，感性是指感觉或感情性质的，属于感觉、知觉、表象等心理活动的；作为名词，感性是指作用于感觉器官而产生的感觉、知觉、表象等直观认识。相对应的是，理性是指属于判断、推理等活动的。

感性与理性有较大的差别，主要体现在：

①在做事的方式上，感性是凭感觉而行的，一般不尊重客观规律，不遵守游戏规则，随兴而行，而理性则一般尊重客观规律，遵守游戏规则。但感觉不一定是正确的，如果感觉是正确的，则会成功，如果感觉错了，就可能引致失败。不过，有些重大的机遇，过于理性是抓不住的。因为在重大的机遇面前，比如新的市场，新的商业模式，新的创意等，往往处于混沌状态，大家是看不清楚的。一旦大家都看清楚了，也就没有机会了。就是在大家都看不清楚时，有人基于丰富的经验，并凭直觉作出判断，进行研发投入和创新，也许能够闯出一条新路来。

②在做事情的效果上，感性的人做事一般是不计较成本的，只强调结果，而理性的人一般追求效率，且充分考虑成本或代价。由于事物发展是要遵循客观规律的，做任何事情都要付出代价，包括时间成本、经济成本、机会成本，甚至是情感投入等。做事情时，如果一个人考虑了这些成本，说明他是理性的，所以理性一般追求效率；如果不考虑成本或代价，说明他是感性的。例如，艺术家、诗人都是感性的，都是凭兴趣行事的，创业者主要凭激情、梦想而行，以感性为主，而企业家是理性的，都要考虑投入与产出，考虑在经济上是否合算。再如，莱特兄弟在发明飞机的过程中，反复试飞，不断改进，是不计成本的，因而是感性占主导的。如果考虑成本和效率，莱特兄弟是不可能发明飞机的。

③是从做事的动力上看，任何人都是有欲望的，都是有诉求的，感性的人一般释放欲望，欲望越足，则做事的动力越强；欲望越持久，则更能坚持下去。但感性的人自制力不强，有时会不计后果，一旦陷入到某种不良情境时，往往不能自拔。而理性的人会压抑欲望，控制力比较强，做事时会三思而行。但是，理性的人有时瞻前顾后，迟疑不决，会错失一些机遇。

显然，感性与理性是对立统一的，各有优势与不足，各有偏颇，只有有机地结合起来，才能完美。

（2）**感性认识与理性认识**。两者是不同的，感性认识是指通过感觉器官对事物的片面的、现象的和外部联系的认识，即从感觉、经验中获得知识，其主要形式是感觉、知觉、表象；理性认识是认识的高级阶段，是在感性认识的基础上，把所获得的感性材料，经过思考、分析，并加以改造，形成概念、判断、推理。

①感性认识与理性认识的差别。两者之间具有显著的差别，主要体现在：

一是认识的层次不同。感性认识是认识的初级阶段，理性认识是在感性认识的基础上由表及里、由具体到一般的认识过程，是认识的高级阶段。

二是产生的方式不同。感性认识是客观事物直接作用于人的感觉器官而产生的，具有直接性的特点，理性认识是对感性认识所获得的素材，经过大脑的思考和分析，有一个去粗取精、去伪存真的过程，具有间接性的特点。

三是反映的内容不同。感性认识反映的是事物的具体特性和外部联系，是对事物现象的认识，具有形象性的特点。理性认识是对感性认识材料的抽象和概括，反映的是事物的本质，具有抽象性的特点。

四是认识的形式不同。感性认识所获得的是对事物的感觉、知觉、表象，而理性认识所获得的是对事物的概念、判断和推理。

②感性认识与理性认识的联系。理性认识和感性认识又是密切联系的，主要体现在：

一是相互依存关系。感性认识是理性认识的基础，理性认识依赖于感性认识。由于一切真知都来源于社会实践，又服务于社会实践，感性认识直接发源于实践，离开了感性认识，理性认识就成了无源之水、无本之木了。同时，理性认识又要回到实践，通过更进一步的感性认识更好地指导实践。

二是相互促进关系。认识的目的不在于认识事物的表面、外部的特征，而是要达到对事物的本质、规律性的认识，而感性认识有待于深化并发展为理性认识，才能完成认识的任务，达到认识的目标，才能够正确地指导实践。

三是相互渗透关系。感性认识和理性认识是相互渗透的，感性认识包含着理性认识的因素，因为感性认识要用概念等理性认识的形式来表达，并在理性认识的参与下进行；同时，理性认识也包含着感性认识的成分，不仅以感性材料为基础，而且以语言文字等感性形式来表达。所以，纯粹的感性认识和理性认识是不存在的，它们的区分也是相对的，不应当把它们截然分开。

③感性认识与理性认识统一于实践。感性认识和理性认识统一于实践，都是在实践中产生的，从感性认识到理性认识的飞跃，也是在实践的基础上实现的。感性认识和理性认识都很重要，不能有所偏废。既不能否认感性认识的重要性，片面夸大理性认识的作用，认为理性认识是可靠的，也不能否认理性认识的重要性，片面夸大感性认识的作用，认为只有感觉经验才是唯一可靠的认识。所以唯理论和经验论都是要不得的，都背离了感性认识和理性认识辩证统一的原理，都是有害的。

理性认识和感性认识辩证统一的原理，对指导科技创新活动具有非常重要的意义。在科技创新活动中应当树立实践第一的观点，在认识中重视调查研究，注重深入细致的观察，注重材料的积累，但又不能只停留在感性认识上，不能只相信"眼见为实"，要用正确的理论指导科技创新活动的实践。例如，在市场调研中，如何获得第一手资料呢？不能主观地估计市场，必须深入细致地观察。一个大学生想创业，从一位教授那里得到了一项有关茶多酚的研究成果。他设想，中国有13亿人口，如果有千分之一的人使用，那市场是不得了的。实际上，那是盲目乐观，数据是凭空想象的，是没有任何价值的。再如，宝洁公司从2001年起推出一系列贴近消费者的计划，包括生活在其中计划（Living In Plan）和工作在其中计划（Working In Plan）。生活在其中计划要求宝洁员工到消费者家中。2006年宝洁录制了好几个小时的男生沐浴的镜头，结果发现他们常用沐浴露洗头，于是在2007年推出了结合洗发精和沐浴露的Old Spices。①

（3）**感性思维与理性思维。**从大脑的思维活动是否经过语言中枢符号化（即将潜意识的内容符号化）解释，可将思维分成理性思维和感性思维两类。

感性思维是指思维主体凭借对思维客体以往的经验和直觉进行思考并作出判断的思维方式。感性思维活动是利用一个简单的判断标准对感性材料进行修剪，剔除明显不正确的，再不断地进行修正，达到预期目的以后，再提交语言中枢进行判定。感性思维与形象思维都是基于事物的感觉、知觉、表象进行认识的，但感性思维侧重于思维主体的思想感情和以往的经验，带有比较强的主观性。形象思维侧重于对思维客体的思考，相对客观一些。

从思维方向是否明确或者感性材料是否完整来看，感性思维可分为混沌感性思维和清晰感性思维两个层次。混沌感性思维是指在感性材料不充分的情况下进行思考与判断的思维方式，是以意识的片段为形式对客观事物进行描述，因此认识还是模糊的、片面的，处在无法定义和理解的认识搜集阶段。通俗地讲，客体处于朦胧状态，还看不清楚，思维方向还不明确。**在朦胧状态下就作出判断和决策，可先行一步，进而领先一步，才会抓住重大的机遇。**清晰感性思维是基于对客观事物比较清晰认识的基础上进行思考和判断的思维方式。此时的认识是清晰的、完整的，思维方向是明确的，但也就没有什么机遇了。这实际上与人的风险偏好有关：风险喜好型的人，往往在朦胧不清时作出判断和决策，虽然承担的风险较大，但能抓住机遇；风险厌恶型的人，虽然承担的风险小，但也没有多少机会了。**因此，风险与机会是彼此消长的。**

理性思维是与感性思维相对的，是一种有明确的思维方向，有充分的思维依

---

① 张保隆、伍忠贤著：《科技管理》，五南图书出版公司2010年版，第17页。

据，能对事物进行观察、比较、分析、综合、抽象与概括的一种思维方式。简而言之，理性思维是思维主体建立在证据和逻辑推理基础上进行思维的方式，是通过归纳、演绎等方法一步一步地推演下去的。理性思维过程是语言中枢符号化解释过程，也是语言中枢符号化强力发挥作用的，非常消耗脑力。与抽象思维相比，理性思维侧重于思维主体考察事物的方式，抽象思维侧重于从思维客体的角度出发。

理性思维是人类思维的高级形式，是人们把握客观事物本质和规律的认识活动。理性思维属于代理思维，即以微观物质思维代理宏观物质思维，即以小见大。

例如，小王的冰箱突然不制冷了。小王首先想到的是，电源插座是否出问题，当确认电源是接通的，就确认冰箱出了问题，于是向维修部门报修，维修工上门检查，发现是启动器坏了，便更换了一只启动器，冰箱又可以工作了。在这里，小王确认电源是否接通就属于感性思维。在确认电源没有问题的前提下，直观判断冰箱出故障了。但是冰箱出了什么故障，哪里出故障，由于没有专业的检查工具，加上对冰箱的结构和工作原理不太了解，小王不能贸然拆开冰箱进行检查，只好请专业维修工上门修理。维修工经过一番检查，确认是启动器故障，属于理性思维。

理性思维一般都表现为：要做某事，就要选择一个可行的方法，所谓"可行"，就是符合事物发展的规律。感性思维一般表现为：要做某件事，就要选择一个我希望的方法。

思维其实总是包含感性思维和理性思维，通常把思考中感性思维占比多的人，称为感性的人，而把理性思维占比多的人，称为理性的人。对事物的认识必须从感性思维上升到理性思维。

04 1+1=2 吗？（逻辑思维与辩证思维）

问任何一个人"1+1=2吗？"毫无疑问，他肯定回答"是"。但是，1只袜子+1只袜子等于什么？一般都会说是一双袜子，而不会说是两只袜子，即"1+1=1"。原

125

来"1+1=2"是有前提的，有时"1+1"会等于"1"，也可以等于3（一只袜子＋一双袜子＝3只袜子），或4（1个月＋1个季度＝4个月），或5（1个季度＋1年＝5个季度），就看问题是在什么条件之下。按照逻辑思维，1+1=2；按照辩证思维，1+1可以不等于2。所以，从认识事物的视角是否变化发展来分，可将思维分为逻辑思维与辩证思维，逻辑思维与辩证思维是相互对立的思维方式。

（1）**逻辑思维**。逻辑就像竹竿，一节一节地延伸，环环相扣。逻辑思维是指思维主体按照人为制定的思维规则和思维形式进行思考的思维方式，主要指遵循传统形式的逻辑规则的思维方式，常被称为"抽象思维"或"闭上眼睛的思维"或理性思维，是大脑的一种理性活动。逻辑思维主要应用于建立事物的相互关系上，包括科学推导、数学计算等，其好处在于论证的严密性和连续性。

逻辑思维是人们把感性认识阶段获得的对于事物认识的信息材料抽象成概念，运用概念进行判断，并按一定的逻辑关系进行推理，从而产生新的认识。这就决定了逻辑思维具有规范性、严密性、确定性和可重复性等特点。在逻辑思维中，事物一般是"非此即彼"、"非真即假"。

逻辑思维方法包括：

①逻辑思维的定义。**定义是揭示概念内涵的逻辑方法，用简洁的语词揭示概念反映对象的特有属性和本质属性**，有助于巩固认识成果和掌握知识。定义的基本方法是"种差"加最邻近的"属"概念。例如，矩形是指有一个角是直角（种差）的平行四边形（属）。种差可以是事物的属性，如一个角是直角；可以是概念形成、发生的方法，例如，圆是由一条线段的一端点在平面上绕一端不动点而形成的曲线；也可以是与另一对象的关系，如偶数就是能被2整除的数。定义应当遵循以下四项规则：一是定义概念与被定义概念的外延相同；二是定义不能用否定形式；三是定义不能用比喻；四是不能循环定义。

②逻辑思维的划分。**划分是明确概念全部外延的逻辑方法，是将"属"概念按一定标准分为若干"种"概念，有划分母项、划分子项和划分标准三个基本要素**。例如，脊椎动物可划分为哺乳纲、鱼纲、鸟纲、爬行纲、两栖纲动物等。划分母项是脊椎动物，哺乳纲、鱼纲、鸟纲、爬行纲、两栖纲动物是划分子项，划分标准是脊椎动物的生殖方式体温、心脏结构、身体表面状况等。划分应当遵循以下四项逻辑规则：一是子项外延之和等于母项的外延；二是一个划分过程只能按照一个标准进行；三是划分出的子项必须全部一一列出；四是必须按属种关系分层逐级进行划分，不可以越级。

（2）**辩证思维，是指思维主体以变化发展的视角认识事物的思维方式，通常认为是与逻辑思维相对立的一种思维方式。**在辩证思维中，事物可以在同一时间里"亦此亦彼"、"亦真亦假"。

事物是运动变化的，辨证思维要求人们以动态发展的眼光来观察问题和分析问题。同时，也只有用动态发展的眼光，才能捕捉到运动变化中的事物。人们观察事物不仅受观察视角的影响，也会受到对事物的主观判断的影响。为了全面客观地认识事物，既要做到一分为二，权衡利弊，合理取舍，又要做到凡事留有余地，用好到手的东西，因为事物的优劣利弊会相互转化。

辩证思维是唯物辩证法在思维中的运用，唯物辩证法的范畴、观点、规律完全适用于辩证思维，唯物辩证法的对立统一、质量互变和否定之否定等基本规律，也是辩证思维的基本规律，与之相对应的分别是对立统一思维法、质量互变思维法和否定之否定思维法。

辩证思维也是客观辩证法在思维中的反映，联系、发展、全面的观点也是辩证思维的基本观点，与之相对应的分别是联系思维法、发展思维法和全面思维法。

①联系思维法，是指思维主体运用普遍联系的观点，从空间上来考察思维对象的横向联系的一种思维方法，是一种静态思维法。

②发展思维法，是指思维主体运用辩证思维的发展观，从时间维度考察思维对象的过去、现在和将来的纵向发展过程的一种思维方法，变短为长、变害为利，是一种动态思维方法。

③全面思维法，是指思维主体运用全面的观点，从时空整体上全面地考察思维对象的横向联系和纵向发展过程的一种思维方法。换言之，就是对思维对象进行多方面、多角度、多侧面、多方位的考察，既要考察事物的正面、优点、有利的条件、好的结果，也要考察事物的负面、缺点、有害的条件、坏的结果等，作好顺与不顺的两手准备，是一种系统思维法。

在创新过程中，要善于运用辨证思维，在区别中找到联系，在分割中找到贯通，从局部看到全局，从喜中想到忧，从危机中看到机遇，从对立中把握统一等，把住创新的大方向，掌握创新的大格局。

创新思维力.

05

出现矛盾该怎么办？
（形式逻辑思维与辩证逻辑思维）

　　早期的火箭在其箭体的下面都安装有方向舵，以稳定火箭在大气中飞行的姿态。然而，在火箭起飞时，初速度等于零，没有气流吹在方向舵上，因此方向舵不能起控制作用。为解决这个问题，科学家们自然想到要控制火箭喷射出燃气流的方向，以稳定火箭，使之在起飞时不至于倾翻。一般解决的思路是：在高温高压的燃气流中安装一个控制舵，常规的思维方法是采用耐高温高压的材料来制成这种舵。但是，新的问题又出现了，当火箭起飞后有了速度，空气舵就开始起作用，此时的控制舵却没有任何价值，因而科学家们又要想办法除掉控制舵，防止它添乱。从形式逻辑来看，两者产生了矛盾。对于这一矛盾的问题，科学家们只好请教发明家。发明家运用辩证思维方法，采用易燃烧的木舵来代替耐高温高压的控制舵。在火箭起飞的过程中，木舵尚未燃烧或者还没有烧完的瞬间，它可以起到控制作用；当火箭有了速度，不需要木舵时，它也就烧蚀殆尽了。[①] 早期的火箭就是采用这种方案。从中可以看出，从思维内容与思维形式是否统一来看，逻辑思维可分为形式逻辑思维和辩证逻辑思维。

　　（1）形式逻辑思维，是指凭借概念和理论知识，并按照形式逻辑的规律进行思维的方式，其思维的形式是概念、判断和推理。在科学研究中，形式思维的作用是十分重要的。任何一门学科中的公式、定理、法则、规律，都必须通过形式思维才能把握。所以，在一定意义上说，掌握知识的过程，就是运用形式思维掌握概念、判断和推理的过程。当然，任何事情是不能绝对化的，如果受形而上学思维方法的

---

　　① 引自《培养创新思维系列讲座》，百度文库（http://wenku.baidu.com）。

束缚比较严重的话，思考问题就总是喜欢单向的、一元的、绝对化，思维就会陷入机械化、教条化。

形式逻辑应遵循矛盾律、排中律和同一律三大基本规律。矛盾律又称不矛盾律，是指在同一思维过程中，对同一对象不能同时作出两个矛盾的判断，即不能既肯定它，又否定它。例如，有位青年向爱迪生提出要发明一种"万能溶液"，爱迪生反问他："你用什么来装这种溶液呢？"① 排中律是指在同一思维过程中，两个相互否定的命题必有一个为真。例如，"所有金属都是固体"与"有些金属不是固体"两个命题是相互否定的，必有一个是真。由于汞是液态的金属，所以"有些金属不是固体"是真。同一律是指在同一思维过程中，必须在同一意义上使用概念和判断，不能混淆不相同的概念和判断，即不能偷换概念或混淆概念。例如，河马不是马，因为河马与马是两种不同的动物。

形式逻辑可以指导人们正确地进行思维，准确、有条理地表达思想；可以帮助人们运用语言，提高听、说、读、写的能力；可以用来检查和发现逻辑错误，辨别是非，辨认思想陷阱，避免踏入思维混乱的误区。

（2）**辩证逻辑思维，是指凭借概念和理论知识，按照辩证逻辑的规律进行思维的方式**。思维是客观现实的反映，而客观现实有其相对稳定、不大变化的一面，也有其不断运动和不断发展变化的一面。前者主要运用形式逻辑思维，后者主要运用辩证逻辑思维。辩证逻辑被尊为高等逻辑，其优势在于，可以随心所欲地得到任何所需要的结论，并且不违反它自身。

（3）**形式逻辑与辩证逻辑的关系**。形式逻辑是理性思维的固有方式，在形式逻辑的约束下人们才能得到可靠的知识。形式思维是对相对稳定、不大发展变化的客观事物的反映；辩证思维是对不断发展变化的事物的反映。例如，牛顿的物体运动三大定律属于形式思维；爱因斯坦的相对论属于辩证思维的范畴。

在科技创新中，要遵守逻辑思维的规则，但不能局限于形式思维，还要发展辩证思维，因为事物是处于相互联系和不断发展变化之中的，只有用辩证思维才有可能获得新的理论、发现新的学科、进行发明创造。许多交叉学科、边缘学科都是通过辩证思维总结出来的。所以，一些较高深的科研活动，缺乏辩证思维是做不好的，一些比较普通的科研活动，没有辩证思维也是做不好的。一个人的辩证思维比较发达，那么他的智力水平也是比较高的，创造能力也比较强，科研成果也就必然会更多。如果不断发展和坚持运用辩证思维，就有可能取得更大的成就。例如，自

---

① 引自邵强进编著：《逻辑与思维方式》，复旦大学出版社2009年版。

行车在骑乘时，希望它的车轮足够宽，车身足够厚重结实，体积足够大，以便载人载物，这是运用形式逻辑的必然结果。但是，这样厚重的自行车在停放时却要占用更大的空间，很不方便。如何解决这样的问题呢？发明家发明了折叠式自行车，一定程度上解决了自行车停放时占用空间的问题。

06 如何找到放置炸弹的人？（想象与推理）

1940年11月16日，在美国纽约爱迪生公司大楼的一个窗沿上发现一颗土炸弹，并附有署名F•P的纸条，上面写着："爱迪生公司的骗子们，这是给你们的炸弹！"后来，那种威胁活动越来越频繁，越来越猖狂。1955年竟然放上了52颗炸弹，并炸响了32颗。报界对此连篇报道，并惊呼该行为的恶劣，要求警方予以侦破。纽约市警方在16年中煞费苦心，但所获甚微。所幸还保留几张字迹清秀的威胁信，字母都是大写。其中，F•P写道：我正为自己的病怨恨爱迪生公司，要让它后悔自己的卑鄙罪行。为此，不惜将炸弹放进剧院和公司的大楼，等等。警方请来犯罪心理学家布鲁塞尔博士。布鲁塞尔依据心理学常识，应用发散思维的方法层层递进，寻找因果联系，在警方掌握材料的基础上作了如下因果推理：（1）制造和放置炸弹的大都是男人；（2）他怀疑爱迪生公司害他生病，属于"偏执狂"病人。那种病人一过35岁病情就加速加重。所以1940年他刚过35岁，现在（1955年）他应是50岁出头；（3）偏执狂总是归罪于他人。因此，爱迪生公司可能曾对他处理失当，使他难以接受；（4）字迹清秀表明他受过中等教育；（5）约85%的偏执狂有运动型体型，所以，F•P可能胖瘦适度，体格匀称；（6）字迹清秀、纸条干净表明他工作认真，是一个兢兢业业的模范职工；（7）他用"卑鄙罪行"一词过于认真，爱迪生公司也用全称，不像美国人所为。故他可能在外国人居住区；（8）他在爱迪生公司之外也乱放炸弹，显然有连F•P自己也不知道的理由存在，这表明他有心理创伤，形成了反权威情绪，乱放炸弹就是在反抗社会权威；（9）他常年持续不断地乱放炸弹，证明他一直独身，没有人用友谊和爱情来愈合其心理创伤；（10）他虽无友谊，却重体面，一定是一个衣冠楚楚的人；（11）为了制造炸弹，他宁愿独居而不住公寓，以便隐藏和不妨碍邻居；（12）地中海各国用绳索勒杀别人，北欧诸国爱国者用匕首，斯拉夫国家恐怖分子爱用炸弹，所以，他可能是斯拉夫后裔；（13）斯拉夫人多信天主教，他必然定时上教堂；（14）他的恐吓信多发自纽约和韦斯特切斯特。在这两个地区中，斯拉夫人最集中的居住区是布里奇波特，他很可能住在那里；（15）持续多年强调自己有病，必是慢性病。但癌症不能活16年，恐怕是肺病或心脏病，肺病现在已容易治愈，所以他是心脏病患者。根据这种因果扩散的分析，布鲁塞尔最后得出结论：警方抓他时，他一定会穿着当时最流行的双排扣上衣，并将纽扣扣得整整齐齐。而且，他建议警方将上述15个可能性公诸报端。F•P重视读报，又不肯承认自己的弱点。他一定会作出反应以表现他的高明，从而自己提供线索。果然，1956年圣诞节前夕，各报刊载了那15个可能性后，F•P从韦斯特切斯特又寄信给警方：“报纸拜读，我非笨蛋，决不会上当自首，你们不如将爱迪生公司送上法庭为好。”依循有关线索，警方立即查询了爱迪生公司人事档案，发现在20世纪30年代的档案中，有一个电机保养工乔治•梅斯特基因公烧伤，他曾上书公司诉说染上肺结核，要求领取终身残废津贴，但被公司拒绝，数月后离职。那人为波兰裔，当时（1956年）为56岁，家住布里奇波特，父母双亡，与其姐同住一独院。他身高1.75米，体重74公斤，平时对人彬彬有礼。1957年1月22日，警方去他家调查，发现了制造炸弹的工作间，于是逮捕了他。当时他果然身着双排扣西服，而且整整齐齐地扣着扣子。[①] 在本案例中，布鲁塞尔既使用想象，又使用了推理，按照现实中的人物形象去套F•P，给F•P画了一张活生生的素描，使用了“胖瘦适度，体格匀称”、“衣冠楚楚”等词汇描述其形象，同时运用推理得出结论。从思维方式上讲，使用的是完全归纳法；从推理方法上讲，使用的是综合归纳法。从认识方式上看，都运用了形象思维和抽象思维。从整个推理过程来看，先利用已掌握的信息进行发散，再经过层层剥笋，得出了结论，对发散思维获得的大量信息进行收敛，将发散思维与收敛思维有机结合起来。

想象与推理分别是形象思维与抽象思维的基本形式，其区别与联系就像形象思维与抽象思维的区别与联系那样。

（1）想象（Imagination），是形象思维的高级形式，认识的高级阶段，是人们对大脑里已有的表象进行加工、改造、重新组合，形成新形象的思维形式。直白一

---

① 本案例引自龙柒著：《世界上最伟大的50种思维方法》，金城出版社2011年版。

点讲，就是把旧的想法和已有的事实重新整合，用作新用途。这一概念有三个组成部分：一是前提，即已有的表象，包括已有的想法和事实；二是结果，即新的表象，或新的用途，不是表象的简单再现；三是想象的过程或方法，包括加工、改造、重新组合等，实际上是将原本没有联系的事物试图建立联系，以形成新的事物，是一次创造过程。例如，设计师动手设计新产品时，心中就构思了一幅完整的图像，包括产品的结构和部件等，并构思好了设计的步骤，以及每一步的结果，设计只是把心中的这幅图像按照预设的步骤，通过某种载体展示出来而已。**但凡做好任何一件事物，在动手之前，心中应先有一幅图画，并作好了预演。**所以，无论科研人员、设计人员，还是推销员、教师、医生等，都要有想象力。构思产品的结构、部件等，就是想象，是一次创造过程，而将该新产品的结构和部件在电脑或图纸上绘制出来，是二次创造过程；将新产品制造出来，就是三次创造过程。

想象是一种心理活动，具有形象性、新颖性、创造性和高度概括性等特点。想象力是创意和方法的沃土，创新的翅膀，创意的源泉。知识越渊博，阅历越丰富，大脑里已有的表象就越丰富；对已有知识进行加工、改造、重新组合的能力越强，想象力就越丰富，观察能力越强，创造力就越强。想象的过程与形象思维的过程是一致的。

想象是在社会实践活动中产生和发展的，以实践经验和知识为基础。想象的内容和水平受社会历史条件和生活条件的制约和影响。例如，《西游记》中孙悟空的七十二般变化，没有哪一种变化超越了当时的认识水平。

①想象的正负作用。想象在认识活动和社会实践中起着很重要的作用。每一项伟大的发明无不首先诞生在想象之中。例如，爱迪生先想象出电话、电影、电灯等，再将它们变成现实。再如，英国伟大的科学家牛顿从熟透的苹果从树上掉下来这一司空见惯的事实，充分发挥想象力，悟出了地球引力。[①] 他积极主动地去思考"为什么苹果会从树上落下"这个问题。他想象苹果树的高度高到与地球至月球之间的距离相同；"苹果"的体积也大到与月球的体积相同。此时，这个无比巨大的"苹果"却无法落到地球。于是，牛顿就利用他所掌握的丰富学识，包括物体运动三大定律，分析出月球绕地球作匀速圆周运动时的条件，创造性地把日常所见的重力和天体运行的引力统一起来，并在开普勒行星运动定律的基础上，发现了万有引力定律。

有时想象也会起负作用。假如人们一想到创造发明，就觉得太难、太艰苦、代价太高，因此就害怕、退缩。这种胆怯的心理就会使人们本来能够完成的事情，变得高不可攀、可望不可即，继而望洋兴叹，甚至放弃。这便是想象的负作用。假如将一条30厘米宽、数米长的木板放在地上，让任何一个人从木板上的一端走到另一

---

① 引自《培养创新思维系列讲座》，百度文库（http://wenku.baidu.com）。

端，这可以说是轻而易举的。然而，如果把这条木板放在两个悬崖峭壁之间，尽管足够结实，但只要一看到木板下面的深渊，看到如狼牙般尖利交错的岩石，再看看天空飘浮的云朵，就不禁让人毛骨悚然，想象着一旦摔落崖下，轻者腿断胳膊折，重者摔成肉饼。此时，有多少人敢于冒险一试呢？再如，对于恐高症患者，主要还是他们的想象力过于丰富，以至于产生恐惧，即想象力产生负作用。要治疗恐高症，就是站在高处时，要集中注意力，不要去想象可怕的事情。

②想象的分类。根据想象有无目的性和自觉性，可以把想象分为无意想象和有意想象，而有意想象又分为再造想象、创造想象和幻想三种。

无意想象，也称不随意想象，是指事先没有明确的目的，不由自主地想起某事物形象的过程，常发生在注意力不集中或者半睡眠状态，是最简单、最初级的想象。例如，小李在小的时候，周末要分别步行近4个小时从学校回家或从家里去上学，其中一半是山路。小李说，在路上边走边看天上白云，白云变化多端，看着白云想象着它一会儿变成奔驰的骏马，一会儿变成跳跃的山羊，一会儿又变成了翩翩起舞的孔雀，心情特别愉悦，时间也过得特别快，忘却了恐惧与孤独。

梦是最典型的无意想象。梦有离奇性和逼真性两个特点。梦境似乎与真实的生活一模一样。有些在现实生活中没有发生过的或从来没有见过的，在梦境里却有似曾相识之感。有时醒来时，梦境还会延续，梦中发生的一切历历在目。

有意想象是高级想象，是依据一定的目的自觉进行的想象，其特点是有明确的目的任务，是自觉的，有时还要作出一定的努力。想象不是已有表象的简单再现，而是经过加工改造呈现的新形象。有意想象和无意想象常常互相交叉，相互促进和转化，在创造活动中都起着重要作用。有调查报告说，在数学家和科学家中，有70%左右的人承认，自己有些问题的解决，是在梦中得到启示和帮助的。

再造想象是根据语言文字的描述或根据图样、图形、符号记录等的示意，而在大脑里构造出相应的新形象的过程。"再造"是指大脑中原本没有的，是新造出来的。例如，"天苍苍野茫茫，风吹草低见牛羊"的词句。虽然再造想象的事物形象不是本人独立创造出来的，但仍然带有本人的创造性成分。有效地、正确地进行再造想象应注意以下三点：一是要善于正确地理解语言文字所表达的内容，避免出现语境假象；二是要善于准确地观察有关图片、标本、模型等，其水平的高低和内涵是否丰富都体现在细节上，人们只有关注细节，才能读懂它；三是要积累广泛丰富的表象材料或感性知识，掌握的素材越多，想象的原料就越丰富，才有可能产生高水平的新形象。

创造想象是指根据一定的目的，在大脑里独立地创造新形象的过程，是人类创

造性活动必不可少的重要内容之一，其特点是新颖、独创、奇特。如文学艺术创作、科学发现、技术发明、技术革新等都是创造想象。创造想象在学习、科研活动中具有很重要的作用。没有创造想象就没有科学发现、技术发明，也没有新型的建筑和艺术创作。有效的创造想象必须具备三个条件：一是要有强烈的创造意识，特别是强烈的问题意识；二是储备丰富的表象；三是积极的思维活动，包括善于分析和综合。

创造想象与再造想象都是在感知的基础上，根据已有的表象进行加工改造并创造出新的形象，都含有创造性，也是相互交错，相互促进的。不过，创造想象是以再造想象为基础的，比再造想象更富有创造性，更为复杂，更为新颖，也更为困难，所起的作用更大。例如，在《阿Q正传》中，阿Q是鲁迅经过千锤百炼，综合了许许多多的人物形象，创造性地构思出的新形象，要比读者根据作品的描述，再造出阿Q形象复杂得多和困难得多。

幻想是一种与人的愿望相结合，并指向于未来的想象，是创造想象的一种特殊形式。其特点在于：一是幻想中的形象体现着个人的愿望；二是指向未来，不能立即实现。幻想又有积极和消极之分。凡是违背客观发展规律，不能实现的幻想，叫做空想。空想是一种有害的幻想。凡在科学理论的指导下，符合客观发展规律，能够实现的幻想，就是积极的幻想，叫做理想。一切理想都是有益的，是激励和鼓舞人们学习、工作和创造发明的巨大动力。

③想象的品质，由以下6个方面构成[1]：

一是目的性，即想象应有目的、有方向、有主题。凡是目的性强的人，其有意想象比较占优势，善于进行再造性想象和创造性想象，能够有目的、有计划地唤起自己的想象，并做到当行则行，当止则止，在创造性活动中会有所成就。

二是丰富性，是指想象内容的充实程度。这取决于大脑里已有表象的丰富多样性。由于想象是在已有表象的基础上形成的，旧的表象越多样，越具体，就越容易产生联想，想象就越丰富。同时，这也取决于人们对当前事物的理解程度。例如，拥有的绘画知识越多，对美术作品的理解越深刻，想象的形象就越丰富。一般来说，科学家、发明家、作家、艺术家等都有很丰富的想象。

三是生动性，是想象表现出的鲜明程度。一般来说，表象越富有直观性，则由之所形成的想象就越富有生动性。如果视觉表象、听觉表象、味觉表象、嗅觉表象、触觉表象等，就像直接看到、听到、尝到、嗅到、触到时那样鲜明、完整和稳定，则由这些表象所构成的想象自然也就生动、鲜明。也就是说，大脑里的形象就如同所见所闻，有身临其境之感。

四是现实性，是指想象与客观现实相关的程度。想象不能脱离现实，但又要超

---

[1] 选自王雁编：《普通心理学》，人民教育出版社2002年版。

越现实，既要超前又要科学、可靠。再造想象、创造想象和理想都是如此。一个富于积极幻想的人，他的想象既要走在现实的前面，又必须符合事物发展规律，经过一定努力是可以实现的。这样的幻想对人类的发展具有积极的作用，常常是人们事业的巨大推动力。一个空想的人虽然远远跑在现实的前面，但不符合现实发展规律，是根本无法实现的，会把自己引向歧途。

五是新颖性，是指想象的新奇程度。想象所构成的形象越是出乎意外，就越富于新颖性。如果我们的想象新颖、独特，就能够把大脑中已有的表象有机地结合起来，进而打破常规、别出心裁地进行创造。一般来说，从事创造性活动的人，其想象都应具有高度的新颖性。

六是深刻性，是指想象揭示事物的主要特征的程度。想象是否深刻，既取决于对已有表象改造的程度，又取决于相关技能的程度，如创造性活动中掌握创新方法、写作技巧等。想象的深刻性主要表现在创造想象中。具有想象深刻性品质的人，能通过生动的形象把事物的主要特征表现出来，使形象具有典型性。

（2）推理（Reasoning），是指从一个或几个已知的判断（即前提）推导出新的判断（一个未知的结论）的思维形式。从这一概念来看，推理应有三个构成要素：一是前提，即已知的判断；二是结论，即新的判断；三是推理方法。常用"因为……所以……"、"由于……因而……"、"因此"、"由此可见"、"之所以……是因为……"等作为推理的系词。

在逻辑学上，推理是思维的基本形式之一。推理思维是指思维主体根据事物之间的联系由一个事物推出另一个事物的思维方式。简言之，推理思维是运用推理来解决问题的思维方式。世界上的万物都是有关联的，根据事物之间固有的关系，可以从一个事物推导出另一个事物，即由此及彼，串点成线，由线成面，由面成体。从学术意义上讲，推理的逻辑性要求极为严密，也就是说，任何一个事件的发生必有其原因，事件的背后必有其真相。只有把握住这些关系，就可掌控全局，这就是推理思维的价值所在。例如，日本动漫《名侦探柯南》的主人公柯南就是运用推理破解疑案的。

①推理的作用。推理的作用在于，从已知的知识得到未知的知识，特别是可以得到不能通过感觉、经验掌握的未知知识。例如，袁隆平从水稻的雄性不育性推理出雄性不育系、保持系和恢复系三系配套的技术路线，再进一步推理出杂交水稻育种分为三系法、两系法和一系法三个战略发展阶段。当然，如果不能考察某类事物的全部对象，只根据部分对象作出推理，其结论就不一定可靠。

②推理的分类。可从多个角度对推理进行分类。从结论是否可信，推理可以分为以下两类：一是如果前提真，那么结论一定真，是必然性推理；二是虽然前提是真的，但不能保证结论是真的，是或然性推理。

从结论是否增加知识来分，可分为单调推理和非单调推理。单调推理是指能增加人们的知识。其好处是新命题必定是真的，人们不需要记忆推导过程。非单调推理是指在信息缺乏时，对已有的信息和经验作有益的猜测，而且没有发现反面的证据。

从前提与结论之间的关系来分，推理可分为因果推理、溯因推理、可废止推理等。

按推理过程的思维方向划分，主要有演绎推理、归纳推理和类比推理。演绎推理是从一般规律出发，运用逻辑证明或数学运算，得出特殊事实应遵循的规律，即从一般到特殊，包括三段论、假言推理、选言推理、关系推理等形式。归纳推理就是从许多个别的事物中概括出一般性概念、原则或结论，即从特殊到一般。归纳推理又包括完全归纳法、不完全归纳法、简单枚举法、科学归纳法、挈合法（求同法）、差异法（求异法）、共变法和剩余法。**类比推理是指从特殊性前提推出特殊性结论，即从一个对象的属性推出另一对象也可能具有这一属性。**

从推理方法来分，推理可分为以下五种：一是三段演绎法，是指由一个共同概念联系着的两个性质判断的前提推出另一个性质判断的结论；二是联言分解法，是指由联言判断的真值推出一个支判断的真值；三是连锁推导法，是指在一个证明过程中，或一个比较复杂的推理过程中，将前一个推理的结论作为后一个推理的前提，一步接一步地推导，直到把需要的结论推出来；四是综合归纳法，即以大量个别知识为前提概括出一个一般性结论；五是归谬反驳法，即从一个命题的荒谬结论，论证其不能成立的思维方法，又可分为硬汉派、社会派、悬疑派、本格派、变格派。

例如，美国首都华盛顿广场的杰斐逊纪念馆大厦落成使用已久，建筑物表面斑驳，后来竟然出现裂纹。政府非常担忧，派专员调查原因并解决问题。最初以为蚀损建筑物的是酸雨。研究表明，冲洗墙壁所含的清洁剂对建筑物有酸性作用，该大厦每日被冲洗的次数，大大多于其他建筑，受酸蚀损害严重。经过以下6次因果推理，找到了问题所在：①为什么要每天冲洗呢？因为大厦每天被大量鸟粪弄脏，那是燕子的粪便；②为什么有那么多燕子聚在那里？因为建筑物上有燕子最喜欢吃的蜘蛛；③为什么有那么多的蜘蛛？因为墙上有蜘蛛最喜欢吃的飞虫；④为什么有那么多的飞虫？因为飞虫在那里繁殖特别快；⑤为什么那里的飞虫繁殖得快？因为那里的尘埃最适宜飞虫繁殖；⑥为什么那里的尘埃适宜繁殖？原来尘埃并无特别，只是配合了从窗子照射进来的充足阳光。正好形成了刺激飞虫繁殖兴奋的温床，大量飞虫聚集在那，于是吸引特别多的蜘蛛，进而吸引了许多燕子，燕子吃饱了，就近在大厦上方便。问题的本原既然已经找到，解决问题的方法自然是那么简单：拉上窗帘。这正是推理思维的真正魅力所在。本案例使用的是连锁推导法。

（3）**想象与推理的关系**。想象与推理的关系类似于形象思维与抽象思维之间的关系，也是对立统一的。推理可用于验证想象是否可信，想象使推理具有创新性。

例如，1984年初的一天，美国《华盛顿邮报》驻莫斯科首席记者杜德尔发回报社一条令世界震惊的重大消息：苏联领导人尤里·安德罗波夫去世了。苏联一切情况正常，没有发生什么异常变化，因此美国中央情报局、美国驻苏大使馆和国务院核实《华盛顿邮报》这条拟发新闻时，都对其真实性表示怀疑。为慎重起见，这篇头条新闻被移到28版的不起眼位置。然而，第二天上午，苏联的讣告却证实了杜德尔的新闻稿。事后，苏联及世界许多大国情报组织都怀疑杜德尔用重金收买了苏联高级官员。然而，当杜德尔诉说了分析过程后，人们不得不佩服他独特的新闻嗅觉和近乎完美的系统思维方法。他的分析过程是这样的：（1）安德罗波夫有173天没有公开露面，近几天不时有关于他身体不佳的消息；（2）这天晚间的电视节目把原来安排的瑞典流行音乐换成严肃的、类似哀乐的古典音乐；（3）苏联高级官员利加乔夫在一次向全国发布的电视讲话中，破天荒省略了按照惯例必须向安德罗波夫问候的习惯；（4）他驱车经过苏军参谋部及国防部时发现大楼里以往那时仅是少数窗户有灯光，而当时几百间房间里灯火通明。杜德尔把这些现象联系起来，由此得出结论：安德罗波夫已去世[①]。这一案例说明推理思维的厉害之处，使用的是不完全归纳法，也是收敛思维。

---

① 引自王健著：《创新启示录：超越性思维》，复旦大学出版社2007年版，第206—207页。

07 让自相矛盾自己凸显出来（归谬思维）

民间流传着一个张飞审瓜的故事，讲的是一个少妇抱着小孩回娘家，路过一块瓜田，遇上一个名叫姚得富的恶绅。姚得富见她貌美，便上前调戏她。少妇不从，结果被诬陷偷了他家的西瓜。双方于是争执起来，告到了县衙。同时，姚得富暗中用钱收买了为他看西瓜的地保，嘱咐他摘三个大西瓜到县衙作证。张飞升堂审讯。张飞问姚得富，姚得富说少妇偷了他家的西瓜，而且有人证物证。张飞再问少妇，少妇说姚得富调戏她。双方争论的焦点和中介都是"西瓜"。尽管张飞是个粗人，但他还是一眼就看出了其中的蹊跷之处。张飞"想了一想"，假装断定少妇偷了西瓜，命令少妇跟随姚得富回家，又命令姚得富把三个大西瓜抱回去。姚得富怎么抱也抱不起三个大西瓜来。张飞拍案而起，痛斥恶绅姚得富："你堂堂男子汉，三个西瓜都抱不动，她是弱女子，又抱着小孩，怎能偷你三个大西瓜？分明是你调戏她。"经过审问，果然是姚得富调戏少妇。于是，张飞命令杖打姚得富40大板，并游街示众；命地保交出贿赂钱，交给少妇；并为少妇打伞开道，送她回娘家。

张飞在审案中就运用了归谬思维：作为有活动能力的一般人来说，均可以把西瓜抱走。既然姚得富状告民女偷了他家的西瓜，那她肯定能抱得走西瓜。张飞在公堂上命姚得富抱走三个大西瓜，姚得富却无论如何也抱不走。既然姚得富本人抱不走那三个大西瓜，那怀抱小孩的民女怎么可能抱走呢？二者"不协调一致"的地方立刻就显示出来了。

归谬是指利用冲突双方相互矛盾的观点来推断其错误的结论。归谬思维是指人们在处理矛盾冲突的情景中注意思维取向的思维方式。在运用归谬思维时，要思考冲突双方协调一致的地方有哪些，再看看不协调一致的地方有哪些，看某种推论是否导出荒谬的结论、论题是否成立、是否矛盾等，根据对各种问题的综合分析来作出判断。

运用归谬思维，即理论上证伪，有以下几种形式：一是证明对方的理论或者观点与人们公认的正确理论或观点相违背；二是证明对方的理论或观点有其自身不可克服的矛盾，即不能自圆其说；三是证明对方的理论或观点一旦成立那就必然出现某种差错，造成损失或产生荒谬的后果。所以归谬思维也是批判性思维，或者说，可以运用批判性思维对某一命题或判断作出真或假的结论。

例如，王安石为铲除积弊，大力推行革新变法，其中有一项是兴修水利，造田增赋。有人向他建议：如果把太湖的水抽干了造田，可得良田数万顷。王安石在和客人谈话时提到了这一建议，当时有位刘学士在场，他回答说："这是很容易做到的"。王安石就问他："为什么？"刘学士说："只要在旁边另外挖一个大坑，用来容纳太湖之水就成了"。王安石听了也大笑起来，认识到这个提案是行不通的。

你相信温水煮青蛙的故事吗？
（归纳思维与演绎思维）

管理学有一个温水煮青蛙的故事。将青蛙放到温水里，因为对水温升高渐渐失去敏感性，结果青蛙不知不觉地死去。但有人做过一个实验，将青蛙放到温水里，当水温达到60℃至65℃时，青蛙就会从水中跳出去逃走。这就说明，演绎思维要与归纳思维结合起来使用，才能克服各自的不足，进而能够深入地认识和把握客观事物。

归纳和演绎是两种重要的思维形式，既互相区别，又互相联系；既互相对立，又互相补充；既互为条件，又互相渗透，归纳是演绎的基础，演绎是归纳的前导，并在一定条件下互相转化。

（1）**归纳思维，是指从个别的或特殊的事物中概括出一般性原则的思维方法。**其思维公式是从个别或特殊到一般。人们通过搜集有关思维对象的材料并进行细致的观察，再进行分析研究，从具体的事实中概括出思维对象一般性的原理，就是归纳的思维过程。例如，人们在长期的实践中发现铜、铁和铝等都能导电，而铜、铁和铝都是金属，于是得出结论：一切金属都能导电。这种推理就运用了归纳的思维方法。可见归纳有如下特点：①前提是个别性的知识；②结论是一般性的知识；③思维运动的方向是从个别到一般，从具体到抽象。

归纳思维是从特殊归纳到普遍，它的缺陷是不能保证结论的有效性，即"休谟难题"，表明从有限的特殊事件中无法推导出普遍有效的真理。一个著名的例子是"天下乌鸦一般黑"，如果出现了一只白乌鸦，那么结论"所有乌鸦都是黑的"就是错的，需要修改为"乌鸦有黑的也有白的"，或修改为"大部分乌鸦是黑的"。

（2）**演绎思维，是指从一般性的原则出发，推导出关于个别或特殊事物的思维方法。**其思维公式是从一般到个体或特殊。以一般性原理为指导去分析个别事实，就是演绎的思维过程。例如：（大前提）凡人皆会死；（小前提）张三是人；（结论）故张三会死。这里"凡人皆会死"是一个人尽皆知的常识问题，由此得出"张三会死"的结论，就运用了演绎的思维方法。演绎推理的功能主要是验证结论，而不是发现结论。

演绎思维能保证推理的可靠性，但是其结论是否为真是由前提决定的，即演绎推理从给定的前提推出结论。演绎思维的缺陷则在于，从已知的前提推出已知的结论，因为结论已经隐含在前提中了，所以演绎思维不能创造新的知识，无法发现全新的事物和理念。

（3）**归纳思维与演绎思维的结合运用。**演绎来源于理论，归纳来源于实践。只有演绎与归纳结合起来使用，才能深入地认识并把握客观事物。据说，有一个老师就同一个问题分别问中国学生和美国学生，一张A4纸能折几次？据说，中国的学生脱口而出：无数次。而美国的学生则要拿出一张A4纸，亲自进行折叠，直到叠不动为止。美国学生经过动手折叠后得出的结论是——最多能折叠8次。折叠次数与纸张的厚度有关，纸张越厚，折叠的次数更少。中国学生没有考虑到现实中的纸是有厚度的，如果不考虑纸的厚度，中国学生的回答是对的，他们运用的是演绎思维。但从一般到特殊、从抽象对具体的过程中，可能会忽视一些现实的情况，如前述的纸是有厚度的，理论上是对的结论，到了现实中就可能不对了。而美国学生运用归纳思维，得到的是一个实践探索的过程。

演绎和归纳都是传统逻辑的内容，后来又发展出数理逻辑、直觉逻辑、亚结构逻辑等。

⑨ 形象思维与抽象思维的训练

我国著名的化学家侯德榜，十多岁时，在课余时间经常侧身躺在福建家乡的草坡上，望着滚滚的闽江水，让自己的想象纵情驰骋，旋转不息的水车、姑母家的药碾子，都是他想象过的东西。正是因为丰富的想象力，他的学习成绩一直非常优异，1907年以优异成绩毕业于福州英华书院，1913年以特别优秀的成绩完成预科学业，1921年获博士学位，同年接受永利碱业公司的聘请，打破洋人的封锁，于1926年生产出合格的纯碱。他还改进了著名的索尔维制碱法，于1939年率先提出并自行设计了新的联合制碱法的连续过程，使纯碱工业和氮肥工业得到较快的发展，这就是著名的侯氏制碱法。侯德榜在化学工业取得的巨大成就，与他从小就培养丰富的想象力是分不开的。

(1) **培养想象力**。想象力是智力活动的翅膀，是智力活动富于创造性的重要条件，比知识本身更重要。例如，作家的人物构思、艺术创作，工程师的蓝图设计，科学家的科学发现，工程师的发明创造与技术革新，教师对学生的培养目标，学生对未来的理想等都离不开想象的心理过程，也是想象力激励着他们获得成功。每个设想成功的人都应该重视培养并发展想象力。培养想象力，要做好以下四个方面的工作：

①积累深刻、丰富的各种表象。无论是科学研究、发明创造、产品开发还是艺术创作，它们都是来源于现实生活，显然丰富的表象来源于丰富的现实生活，所以应当深入生活，积累丰富的生活经验，大幅度增加生活阅历。同时，要加强学习，要

在日常生活，包括参加娱乐活动、听音乐、看电视、阅读学习、做家务、参观旅游以及其他各种社会实践活动中，都要尽量多地掌握自然界和人类活动中各种事物的形象，有意识地观察事物形象，广泛积累表象材料，丰富表象储备。经历越丰富，大脑里的表象越丰富，想象力就越强。从生活中积累素材，从学习中搜集素材，素材多了，可供选择使用的表象就多了，想象力就会丰富起来。头脑中的表象越多，不仅促进大脑右半球的活动，也为形象思维提供了丰富的形象原料。

②掌握丰富的语言文字。想象是需要通过语言文字表达出来的，丰富的想象需要用丰富的语言文字进行准确的表达。语言文字是丰富的，用词用语不同，所表达的意境就会相差很大。如果有丰富的想象，却不知道如何将它们表达出来，那也是枉然的。

③积极开展想象活动。要任由想象在广阔的宇宙中遨游。想象也是表象的加工、整理和重新组合，对表象进行不同的加工、整理和组合方式不同，形成的新形象也会不同。积极开展想象活动，不要束缚自己的想象，学会使用各种不同的方式方法对表象进行加工、整理和组合，创造出丰富多彩的新表象，让想象展翅高飞，就会大大提高想象力。

④树立远大的理想。人生要有目标，有目标则目的性强，进而想象的针对性强。树立远大理想的同时，还要培养正确的幻想，引领目标向更高的层次迈进。同时，又要避免不切实际的空想，空想会将丰富的想象力引入歧途而不能自拔。

（2）加强形象思维训练。 形象思维训练就是要开发右脑的功能。右脑侧重于整体的、综合的、空间的和形象的思维，其思维材料侧重于事物形象、音乐形象和空间位置等。要开发右脑的潜能，就要利用形象记忆，开展形象思维活动。在加强右脑功能训练时，应注意以下要点：

①发展空间智力。通过美术训练、增强空间认识、提高模式识别能力等，尽可能多地感受、辨别、记忆、改变物体的空间关系，增强对线条、形状、结构、色彩和空间关系的敏感。例如，立体几何有助于训练空间智力。美术训练有助于发展空间智力，提高形象思维能力。多去美术馆欣赏美术作品，聆听画家或美术评论家对作品的解析，甚至还要动手绘画。外出旅游时，或者到一个陌生的地方，首先要明确所处的方位，分清东西南北，了解地形地貌或建筑特色，以增加空间认识。在认识人和事物时，要注意观察其特征，将其特征与整体轮廓相结合，形成独特的识别和记忆模式。这些都有助于右脑功能的开发。

②经常开展形象记忆和形象思维活动。在学习的过程中，要求先理解和掌握知识

的整体结构，在大脑里浮现一张知识的整个地图，再以此为根基去理解各个部分知识内容，搞清部分与部分之间的关系，进一步区分知识的层次、方面和知识点，形成知识系统和整体结构，进而分清重点和细节部分，集中精力理解并掌握知识重点。这有助于发挥右脑的功能，大大提高学习记忆的效果。例如，小林在学生时代，每学完一个章节、学完一本书，都要花些时间画出一个章节或一本书的知识树，用主干、次干、树枝等树状结构把知识点及其相互关系的整体结构表达出来，晚上睡觉前，还要花些时间回忆一下。因为在脑子里印有一张知识图，所以相关知识记得比较牢固、持久。

③发展音乐智力。要加强音乐训练，经常欣赏音乐或弹唱，增强音乐的鉴赏能力，提高感受、辨别、记忆、改变和表达音乐的能力，增强对节奏、音调、音色、旋律的敏感，进而促进右脑功能的发展。

④进行冥想训练。"冥想"一词来源于梵文，从字面上解释，"冥"是泯灭，"想"是思维，是中国古代道家养身气功的一种功法，也是瑜伽的一项技法。人到35岁以后，每天都有10万个脑细胞死去，要想使自己的大脑保持年轻，就必须采用科学的运动方式，使大脑经常处于愉快的冥想状态。所以冥想是一种身体放松和敏锐的警觉性相结合的状态。冥想训练有助于提高注意力。在冥想时，静坐，将注意力集中于自己的呼吸。随着空气从鼻孔中出入，沉浸在自我感觉中，任凭思绪涌入脑海，又轻轻将其拂去。

例如，拿破仑·希尔在他的《成功学全书》里介绍了盖茨博士的冥想状况。盖茨博士是美国的教育家、哲学家、科学家和发明家，每当他的思想受到困扰时，他都会在一个隔音的房间里，关上门，熄了灯，坐下来，集中注意力，让自己进入深思的状态。盖茨说，有时候灵感姗姗来迟，有时似乎一下子涌进他的脑海里，有时要花一两个小时去等待。等到思想开始清晰起来，他立即开灯把它记下。隔音房间里只有一张简朴的桌子和一把椅子，桌子上放着几本白纸簿，几支铅笔和一个可以开关电灯的按钮。盖茨博士尽力研究别人研究过却没有解决的发明，作进一步的完善，因此获得了200多项专利权。进行冥想时，拿破仑·希尔告诉我们：一要培养注意重点的习惯；二要学会看清事实；三要坚持真理；四要正确评价自己和他人；五要有积极的心态。

研究发现，冥想训练坚持三个月，大脑分配注意的能力将大大提高。这是因为，注意的分配能力有限，事情发生得太快，大脑来不及对第二个刺激进行反应，意识在某种程度上受到了压抑。平时经常用美好愉快的形象进行想象，如回忆愉快的往事，遐想美好的未来，想象时形象鲜明、生动，产生良好的心理状态。这些都有助于右脑潜能的发挥。

⑤进行左侧体操。根据大脑的分工，右脑负责指挥人体左侧的意识，练习左侧

体操和运动，多使用左手和左脚等，有助于右脑保健。

（3）**加强抽象思维训练**。提高抽象思维能力，也要进行抽象思维训练，并努力做好以下5个方面：

①加强科学概念的学习与运用。抽象思维就是科学概念的运用。从字面理解，科学概念就是科学思维中运用的概念，它具有较高的抽象性和概括性。对同一事物从不同的认识角度，或者不同的学科以及同一学科的不同理论，往往会形成不同内容的科学概念。同时，科学概念的内容是多方面的、有条件的，并处于运动、变化和发展的过程中。一组相关的概念就构成概念体系，并形成整体与部分关系、序列关系和联想关系等。每个概念在体系中都占据一个位置。理想的概念体系应该是层次分明、结构合理、正确地反映客观事物。熟练掌握科学概念及概念体系，有助于提高抽象思维能力。

②加强语言训练。语言是人类最重要的交际工具，是一套人们共同采用的沟通符号、表达方式与处理规则，是传递信息内容和情感信息的工具。语言也是思维工具，同思维有密切的联系，是思维的载体和物质外壳以及表现形式。语言还是一套符号系统，是沟通交流的各种表达符号，是以语音为物质外壳，以语义为意义内容的，音义结合的词汇建筑材料和语法组织规律的体系。平时读书、看报、发表演讲、会议交流都是语言训练。加强语言的学习和训练，有利于提高抽象思维能力。

③加强科学符号的学习和运用。抽象思维需要大量使用符号。一套适合于表达和推理的科学符号，不仅可以起到速记的作用，还能够准确、深刻地表达概念、方法和逻辑关系。例如，许多专家很容易记住专业符号及其逻辑意义，那是因为他们经过长期的专门教育和训练，牢固地掌握了有关符号系统，懂得它们所代表的含义，并能熟练地运用它们。

④加强抽象记忆和理解记忆训练。抽象记忆又称语词逻辑记忆，是以语词符号的形式，以思想、概念、规律、公式为内容的记忆，具有概括性、理解性和逻辑性等特点。抽象记忆方式被称为抽象记忆法。抽象记忆与抽象思维密切相关，如果掌握的语词符号、数字符号、各种公式、定律、概念等比较丰富，则抽象记忆能力和抽象思维能力比较强。例如，许多科学家对所从事专业的理论及大量的概念、定律、公式及有关符号理解透彻，记忆准确，是因为他们充分认识所从事专业的重要性，对其有浓厚的兴趣，并善于运用记忆方法。

⑤加强抽象思维与形象思维的综合运用。综合运用形象思维和抽象思维，有助于促进左右脑功能的平衡协调发展，进而能大大提高抽象思维能力和思维效率。

联想思维

世界万物是普遍联系的。如何让不同的事物之间联系起来呢？这就需要联想。联想是从一个事物想到另一个事物的思维形式。这也是事物之间普遍联系的规律在思维领域的一个体现。联想思维又有四种基本形式：一是想象；二是直觉；三是灵感；四是类比。想象、直觉、灵感和类比是将不同事物联系起来的基本形式。

联想思维既是形象思维的根本形式和方法，又是发散思维的重要组成部分，是跨越形象思维和发散思维的一种重要的思维方式。正因为这样，为免失偏颇，既不将联想思维归入发散思维，也不归于形象思维，而是将联想思维单列，进行比较系统的阐述，以揭示其独特的内涵和特征。

01 联想——由此及彼

人造牛黄是从人造珍珠得到启示的。人造珍珠是由碎粒嵌入河蚌的体内，使河蚌分泌出黏液包住碎粒而成的。这和天然牛黄的形成过程十分相似：牛的胆囊里进了异物以后，以该异物为中心，在周围凝聚了许多胆素的分泌物，逐渐就形成了牛胆结石——牛黄。于是，对牛施行外科手术，在胆囊里植入异物，过一段时间后，从牛胆里就能取出结石——人造牛黄。从人造珍珠到人造牛黄，就是联想。

（1）基本概念。联想，即联系起来想，是指根据事物发展的联系性和动态性特征，由某人或某事物想起其他相关的人或事物，或者由某概念引起其他相关概念的心理过程，是一种把握、研究事物联系的思维技巧，具有很强的心理作用。联想有三个基本要素：一是触发物，是指引起联想的人或事物或者概念；二是联想物，是指联想到的人或事物或者概念等；三是联想物与触发物之间的相关联系，包括相近、相似、相反、因果等关系。

联想的产生大致同时符合以下三种情形：一是触发物与联想物之间在时间或空间上不在一起，即产生了时空的分离，或者分处不同的领域，但存在某种相关性，包括在原理、性质、结构、功能、因果等方面是相似的或者相反的关系；二是触发物与联想物目前很少发生联系，甚至没有产生过联系，对于平时经常发生联系的人或事物，一般是不需要通过联想来建立联系的；三是联想者都与触发物、联想物发生过某种联系，可能接触过，或者见过，或者听说过。否则，是不可能产生联系的。如果触发物与联想物之间以前没有发生过联系，一旦联系起来就有可能引发创新。例如，室内人多的话，空气会比较污浊，如何净化室内环境呢？某公司的科研人员联想到大自然有自净化功能。其原理是大气中的氧气和水分在太阳光线的照射下可以产生光氢离子，包括超级氧离子、氢氧离子、过氧化氢、纯态负氧离子等，这些光氢离子可以杀死空气中的病菌、分解异味气体、沉降微尘颗粒，保持空气清新。模拟大自然的自净化原理开发出了光氢离子空气净化器，可净化室内空气，从而引发创新。如果科研人员不了解大自然具有自净化功能及其原理，也就不可能想到用来净化室内空气。所以说，联想是不能超越联想者的知识、认识水平，一个人的学识、阅历越丰富，认识越深刻，经济社会发展水平越高，联想才会越丰富，想象力才会越高。

联想之所以能够产生，是因为客观世界既是运动发展的，又是普遍联系的。世界上没有绝对孤立存在的事物，各种联系着的事物，从茫茫的宇宙天体到微观粒子，从大自然里的飞禽走兽、树木花草到人类社会的机械设备和土木建筑等，甚至人际关系，都可以从中发现互通的关系。这种互通关系又必然反映到人们的大脑中，由此形成各种各样的联想形式。

联想的过程大致经历以下三个步骤：一是当大脑受到所感知或所思考的事物、概念或现象的刺激时，在大脑里产生记块，大脑对它们产生知觉；二是大脑将该记块存放起来，形成忆块，再与已经存在于大脑里的忆块进行比对，在思维中这一过程被称为"回忆"；三是将忆块重新组合，发现新存入的忆块与以前存放的忆块存在某种联系，便形成新的认知，即想到其他的与之有关的事物、概念或现象。

（2）**联想的类型**。从事物或概念之间的关系来分，联想可分为以下6种类型：

①相近联想，即由此及彼，是指由一个事物或现象的刺激想到与它在时间或空间上相接近的事物或现象的联想。换句话说，联想物和触发物之间存在很大的关联或者关系极为密切的联想。时间和空间是事物存在的形式，当你联想到某一事物时，必然是与该事物的时间和空间联系在一起的。例如，当你遇到你的同学时，就会联想到自己的学生时代。再如，一提起火烧赤壁，自然会联想到《三国演义》及周瑜、曹操等。门捷列夫应用相近联想，发现了化学元素周期律并制成元素周期表。

②相似联想，即夸张比喻，是指由一个事物或现象的刺激想到与它在构造、外形、形式、状态、性质、颜色、声音、功能、原理或意义上等方面类同、近似的其他事物或现象的联想。也就是说，联想物和触发物之间存在一种或多种相同而又具有极为明显的属性。例如，由照片联想到本人等。事物的相似性是普遍存在的，人们常使用相似联想进行创造性活动，包括用于科学理论研究和新技术的应用过程。例如，瓦特从蒸汽推动壶盖运动这一现象，产生相似联想，发明了蒸汽机。莱特兄

弟从鸟的飞行联想到飞机。

③相反联想，也称对比联想，是指由一个事物、现象的刺激而想到与它在时间、空间或各种属性相反的事物与现象的联想。或者说，联想物和触发物之间具有相反的特征、性质或者完全对立。例如，由黑暗想到光明，由白天想到黑夜，由水想到火，由高想到矮，由大想到小，由真善美想到假恶丑等。这种联想的突出特征是背逆性、批判性。

④自由联想，或称因果联想，是指由于两个事物之间存在因果关系而引起的联想，这种联想源于人们对事物发展变化结果的经验性判断和想象，触发物和联想物之间存在因果关系。因果联想往往是双向的，既可以由起因想到结果，也可以由结果想到起因。例如，看到蚕蛹就想到飞蛾，看到鸡蛋就想到小鸡。

⑤类比联想，是指将一种事物与另一种（类）事物进行对比而引起的联想，其特点是以大量联想为基础，以不同事物间的相同、类比为纽带。类比联想又可分形式类比联想、结构类比联想和幻想类比联想三种。例如，电视发射塔既要抵抗各种风力，又要发射电视信号，人们通过山顶、树冠的形式类比设计出树状结构的电视发射塔。再如，飞机机翼减振装置就是将飞机的机翼与蜻蜓的翅膀进行结构类比的结果。

⑥串想，是指以某一种思路为"轴心"，将若干个联想活动串联组合起来，形成一个有层次的，有过程的，动态发展的思维活动。例如，爱因斯坦在创立相对论时就采用以下串想的过程：一是想象在所有相互做匀速直线运动的坐标系中，光在真空中的传播速度都是相同的（即光速的不变性）；二是想象在所有相互做匀速直线运动的坐标系中，自然定律都是相同的；三是想象到光线在引力场中会发生弯曲。从而揭示出宇宙发展的最深刻逻辑关系，并由此创立了相对论。

古希腊哲人亚里士多德早在两千多年前就指出：只有不断地使自己的思维从己存在的一点出发，或从已知事物的相似点、相近点或相反点出发，才能获得对事物的新的看法，世界才会由此得以前进。

⓿02 突破固定的思维方向（联想思维）

天空和茶是两个截然不同的概念，但经过天空—土地、土地—水、水—喝、喝—茶四个流程就建立起联系，或者天空—云彩、云彩—雨水、雨水—茶树、茶树—茶，或者天空—土地、土地—茶树、茶树—茶叶、茶叶—茶建立联系。这一思维过程就是联想思维。

联想思维是指人们将一种事物的形象与另一种事物的形象联系起来，探索它们之间共同的或类似的规律，并以此解决问题的思维方式，是一种由此及彼的思维。联想思维是由某种诱因导致不同表象之间发生联系的，因而是一种没有固定思维方向的自由思维活动，也是一种发散思维。

（1）**联系思维的特征**。联想思维具有以下特征：

①目的性，是指联想都有明确的指向性，其主要目的表现在：一是从触发物（即诱因）出发去想，即从因到果，包括幻想、空想、玄想；二是从联想物倒推去想触发物，即从要解决的目标问题，寻找解决问题的办法；三是从触发物与联想物之间找到联系。

②连续性，这是联想思维的主要特征，是指联想可以由此及彼、连绵不断地进行，可以是直接的，也可以是迂回曲折，形成联想链，而链的首尾两端往往是风马牛不相及的。

③形象性，是指因为联想思维是形象思维的具体化，其基本的思维操作单元是表象，是一幅幅由表象构成的画面。所以，联想思维和形象思维一样显得十分生动，具有鲜明的形象。

④概括性，是指联想思维可以很快把联想到的思维结果呈现在眼前，不必关注细节，只需整体性地把握思维操作活动。

（2）**联想思维的作用。**联想思维具有以下四个方面的作用：

①有助于提高创造力。通过联想，可以在较短时间内将所要解决的问题与某些思维对象建立起联系，进而创造性地找到问题的解决答案。正如贝佛里奇在《科学研究的艺术》一书所说，独创性常常在于，在原本没有联系的两个事物之间发现其联系或相似点。[①]

②为形象思维、发散思维等提供线索。联想思维一般不直接产生有创新价值的新形象，但往往为产生新形象的形象思维提供一定的基础。所以，联想思维是一种形象思维。同样，联想思维也为发散思维提供线索，也属于发散思维。

③有助于提高思维水平。由于联想思维具有由此及彼、触类旁通的特性，常把思维引向深处，或者扩大创新思维的活动空间，导致形象思维的形成，甚至引发灵感、直觉、顿悟的产生。

④有利于完善知识系统。联想思维帮助人们把知识信息按一定的规则存储起来，将原本没有联系的建立起联系，使原来无序的知识有序化，并在需要的时候将其中有用的知识信息检索出来。联想思维是思维操作系统的一种重要操作方式。

事实证明，两个事物之间的差异愈大，将它们联想到一块就愈困难，而一旦将两种看似不相干的事物联系起来，就能产生创新。前苏联心理学家哥洛万斯和斯塔林茨曾用实验证明，任何两个概念或词语都可以经过四五个流程建立起联系。[②]例如，高山和镜子是两个风马牛不相及的概念，经过高山—平地、平地—平面、平面—镜面、镜面—镜子四个流程就建立起联系了。假如每个词语都可以与10个词直接发生联系，那么第一步就有10次联想的机会，第二步就有100次机会，第三步就有1000次，第四步就有10000次，依此类推。正是这个原因，联想思维有着广泛的基础，给予思维以无限广阔的天地。只要善于运用联想思维，就可由此及彼地扩展开去，做到举一反三、闻一知十、触类旁通，使思维跳出现有的框框，突破思维定势取得创新的构思。

---

① 该书由陈捷译，科学出版社1979年出版。
② 参见李猛主编：《思维导图大全集》，中国华侨出版社2010年版。

03 联想思维三方法

  日本软件银行总裁孙正义认为自己的成功得益于他早年在美国留学时的"每天一项发明"。那时候不管多忙,他每天都要给自己5分钟的时间强迫自己想一项发明。他发明的办法非常奇特:从字典里随意找三个名词,接着想办法把这三个词组合成一个新东西。一年下来,竟然有250多项"发明"。在这些"发明"里,最重要的是"可以发声的多国语言翻译机"。这项发明后来以1亿日元的价格卖给了日本夏普公司,为孙正义赚到了创业的资本。将没有关联的事物强行发生联系的方法是强迫联想法,其中涉及联想思维方法。

  在创新过程中,运用联想思维进行发明创造的方法叫联想思维法。联想思维法是一种常见且有效的思维方法。根据联想思维的目的性,可以将联想思维法分成自由联想法、强迫联想法和焦点法三种。

  (1)**自由联想法**,是一种主动自由的积极联想,属于探索性的,由美国芝加哥大学的心理学家们首先提出。心理学家提出一个有趣的问题,要求参加实验的人尽快想出许多相关概念,再从这些概念中,选择出新的概念来。例如,提出"飞机"一词,就可以联想到航空、机身、机翅、机尾与着陆装置等,还可以联想到飞机的原理、起飞的上升力、着陆的下降力以及飞机冲力必须大于它的阻力,等等。经过一连串的追踪研究发现,自由联想愈丰富的人,做出创新的可能性也愈大。

  例如,泡沫金属的发明就是自由联想的结果。[①] 众所周知,人是有记忆力的,以此延伸到关于金属记忆力的思考。经科学家的研究发现,有一类合金具有很好的"记

---

  ① 参见《联想思维创新方法与逆向思维法》,生活 DIY 肉丁网(http://www.rouding.com/lifeDIY/danaokaifa/lianxiangsiweichuangxinfangfa.htm),第1—2页。

忆力",而且其"记性"好得十分惊人,即使是改变500万次,仍可在一定条件下百分之百地恢复原状。泡沫拖鞋是用泡沫塑料制成的具有一定记忆功能的拖鞋,人们从中联想到有没有具有记忆功能的泡沫金属呢?科学家的回答是肯定的,并已经发明了性能优异的泡沫金属。科学家联想到"人体出汗时会释放热量"的生理现象,研制出了会"出汗"的耐高温泡沫金属,即挑选钨为泡沫金属的骨架,而在钨骨架的孔洞中注满了较易熔化的铜或银。科学家用这种泡沫金属制成火箭的喷嘴。随着温度升高到一定程度后,小孔内的铜或银就会逐渐熔化成液体,并迅速沸腾、蒸发。在这一"出汗"的过程中会带走大量热量,从而降低喷嘴温度,以保证火箭正常运行。这种泡沫金属还有一项最重要的特性就是轻。以泡沫铝为例,铝的密度是2.7克／立方厘米,而泡沫铝的密度仅为0.2—0.6克／立方厘米,能像木材那样漂浮在水面上。如果用泡沫铝制成空间站的航天器,其总质量可大大减轻,是未来理想的航天材料。从人的记忆力—记忆金属—泡沫塑料—泡沫金属—"出汗"金属—火箭喷嘴,经过这一系列的联想,实现这样的发明创造。

(2)强迫联想法,是由前苏联心理学家哥洛万斯和塔斯林茨提出的,其办法是拿一本产品目录,随意翻阅,通过联想发现两种产品能否构成一种新产品。孙正义所用的就是强迫联想法。

例如,用螺旋形贝壳做思考的相似物,对创造性思维进行强制性的相似联想(如表6—1所示)。①

表6-1 强制性的相似联想

贝壳的属性	与创造性思维的相似性
螺旋形的	创造性思维不是一种直线型的思考过程,而是螺旋式深化的过程
天生自然的	创造性思维来自人的天性和事物的普遍联系性
坚硬的	最难解决的难题也能由创造性思维加以解决
中间是空的	创造性思维需要人们拥有丰富的想象空间
圆形的	创造性思维是一个连续不断的过程
一端闭合	创造性思维应当聚焦,最后能够产生一种可行的思路
看起来像弹簧	创造性思维是一种有弹性的思考,思考越是伸展,潜能就越能发挥
图案有催眠作用	创造性思维需要全神贯注,会消耗人的精力
扩展的外形	创造性思维扩展人的心胸和视野,引发人的丰富想象力
很大的开口	创造性思维对一切开放,是开放性思维
天然的美	创造性思维形成的创意是美好的,独特的

----

① 引自《动态思维》,http://www.jiyifa.com。

（3）**焦点法**，由美国学者怀廷提出，是指人们将所要认识的或要解决的问题作为"焦点"，通过相近联想、相似联想、对比联想等联想形式，把若干其他对象集中到这个"焦点"上，组成一个完整的联想思维过程，以便形成新的观念，或者寻求解决问题的最佳方法等。

例如，要查看汽车发动机运动部件的磨损情况，一般的方法是拆卸发动机，然后对零部件的磨损部位进行观察并用量具测量其磨损量，再根据磨损部位和磨损量来确定维修方式。这种方法费时费力，操作起来比较复杂。可否找到一种不需拆卸机器就可发现零部件磨损程度的方法呢？针对这个问题进行联想，有人联想到验血看病，借鉴验血看病的原理（即相似联想），提出了"验油测磨损"的新技术，即从发动机油底壳中取出少量机油，通过铁谱分析技术或光谱分析技术，观察机油中金属微粒的变化情况，进而间接发现磨损的程度。这种无损检测新技术方法因不需拆卸发动机，具有快速、高效、低耗的优点，得到了广泛的应用。

思维突然发生短路（直觉思维）

美籍华裔物理学家丁肇中在谈到 J 粒子的发现时写道："1972年，我感到很可能存在许多有光的而又比较重的粒子，然而理论上并没有预言这些粒子的存在。我直观上感到没有理由认为这种较重的发光的粒子（简称重光子）也一定比质子轻。"这就是直觉。正是在这种直觉的驱使下丁肇中决定研究重光子，最后发现了 J 粒子，并因此获得了诺贝尔物理学奖。

居里夫人在深入研究铀射线的过程中，凭直觉感到铀射线是一种原子的特性，除铀外，还会有别的物质也具有这种特性。她决定检查所有已知的化学物质。不久她就发现，另外一种物质——钍也能自发地发出射线，与铀射线相似。居里夫人提议把这种特性叫做放射性，并将铀和钍等有这种特性的元素叫做放射性元素。她又测量矿物的放射性，她在一种不含铀和铈的矿物中测量到了新的放射性，而且这种放射性比铀和铈的放射性要强得多。凭直觉，她大胆地假定：这些矿物中一定含有一种放射性物质，是一种未知的化学元素。有一天，她用一种勉强克制住的激动的声音对姐姐布罗妮雅说："你知道，我不能解释的那种辐射，是由一种未知的化学元素产生的……这种元素一定存在，只要找出来就行了，我确信它存在！我对一些物理学家谈到过，他们都以为是试验的错误，并且劝我们谨慎。但是我深信我没有弄错。"在这种信念的驱使下，居里夫人终于和她丈夫一起发现了新的放射性元素——钋和镭。居里夫人以她出色的工作，两次荣获诺贝尔奖。

通过上述例子可以看出，直觉有助于人们开展创新工作。

（1）直觉，又称直观感觉或直接觉知，是指人们接受存在的现象，是由一事物联系到另一事物的感觉，是一种领悟力，即人们通过视觉、听觉、味觉、嗅觉和触觉等器官将事物的信息输入大脑，直接形成一种表象感知的心理过程。直觉的概念包含三个要素：一是通过感觉器官输入信息；二是直觉的过程是直接形成表象，是一个顿悟的过程，就是人们常说的第六感觉，直觉包含着想象，也是一种判断；三是直觉的结果是获得一个新的表象，新的表象是在通过感觉器官输入信息的基础上产生的。直觉是一种心理活动，可加深对某一事物的理解和认识。除了直觉，人类在进化的过程中还发展了超感官的感觉系统，也是依赖大脑右半球的工作。直觉可看成是人类固有的表象力和理解力的统一。

直觉具有以下几个特征：

①创造性，即直觉是客观事物在大脑里直接产生新的表象，该表象在大脑里是不存在的，如果存在的话，则大脑直接调用就行了。能够直接调用的，就不是直觉了。直觉只是显现在直觉活动的结果上，特别是在科学发现、技术发明以及创造性的艺术活动中，都能真切感受到"直觉、顿悟"的存在和意义。

②专注性，即直觉与"直观"紧密相连，在直觉的过程中，人们常常凝神观察，目不转睛，全身心地投入到客观事物上，甚至达到了忘我的境界。只有这样的专注性，一些原本无关的信息之间才有可能发生短路，将原本无关联的信息建立起关联，才有可能产生创造的火花，进而产生新的表象。

③飞跃性，即直觉是相对于逻辑推理而言的，是人们不自知的心理过程。人们所意识到的只是直觉活动的结果，直觉过程仍然是遵循认识规律的。无论是不自知的前理智的直觉，还是有所感知的后理智的直觉，都是隐而不现的潜意识的过程。

直觉是处在感觉系统之外的"感觉"，不限于五官，却借助五官发展起来。

④整体性，即直觉所面对的虽是局部的、个别的事物，但不是一般地对现实事物简单的认识，而是表现为在多维、交错的思维过程中，能对客观事物进行整体的、全面的领悟与把握，是大脑对多角度、多层面的素材的洞察。正如前人所说的"五官出五觉，五觉出文章"。

（2）直觉思维，是指对一个问题未经逐步分析，仅依据内因的感知就迅速地对问题的答案作出判断、猜想、设想，或者在对疑难问题百思不得其解之中，突然对问题有"灵感"和"顿悟"，甚至对未来事物的结果有"预感""预言"等的思维形式。换一种说法，直觉思维就是大脑对于突然出现在眼前的新事物、新现象、新问题及其关系作出一种迅速的识别、敏锐而深入的洞察、直接的本质理解和综合的整体判别，是由想象和判断构成的思维方式。简单地说，就是直接领悟的认知，是由感性经验直接上升到理性经验。直觉思维是一种心理现象，在创造性思维活动的关键阶段起着极为重要的作用。

直觉思维是可以分类的。从思维对象的不同性质和特征来看，可以分成科学直觉和艺术直觉。科学直觉是指科学家对自然和社会的现象从外部形态到内在的本质、规律作出正确的理性判断。例如，有经验的医生在对病人的面容、气色、舌苔、心音等进行观察以后，凭着直觉就可以比较准确地诊断病人所患的疾病，采取适当的治疗措施。科学直觉注重事物的客观规律性，一般不带有个人主观的思想感情色彩。

直觉思维具有以下两个主要特点：

①直观与抽象的二重性。直觉思维的直观性体现在"直"和"观"两个方面：所谓"直"，是指直接，即当下的观察，当下的感知，不是表象的回忆；所谓"观"，是指观察，即对事物的一种感觉和知觉。抽象性是对事物本质的把握。也就是说，直觉不只是对事物的直接感知，而是有理性认识的水平，这种"认识"虽然没有形成对事物本质的较为完善的知识，但是在客观上却有取得对事物本质把握的效果。因此，直觉不是一种处于低级阶段的认识，不只是一种感悟。

②创造性。直觉思维是人们从整体上而不是从细节上对思维对象进行考察和把握，调动自己的全部知识和经验，通过丰富的想象作出敏锐而迅速的假设、猜想或判断，省去了一步一步分析推理的中间环节，因而具有创造性、跳跃性、不可靠性等特点。由于思维的无意识性，直觉思维是一瞬间的思维火花，具有自由性、自发性、偶然性的特点。直觉思维是长期积累的一种升华，是思维过程的高度简化，却又能清晰地触及事物的"本质"，具有直接性的特点。许多重大的发现都是基于直觉。例

如，欧几里得几何学的五个公理都是基于直觉，从而建立起欧几里得几何学这栋辉煌的大厦；阿基米德在沐浴时找到了辨别王冠真假的方法；凯库勒发现苯分子环状结构等都是直觉思维的成功典范。

（3）**直觉思维与逻辑思维的比较。** 直接由感块[①]导出的思维叫直觉思维，由忆块导出的思维叫逻辑思维。当人们看见一个人时，马上就可以看出他的高矮、胖瘦、美丑、性格等基本特征，这种"看"，就是感觉，是人的思维特征之一。人们可以轻松地辨别苹果和梨，提起笔就会写字，碰到一个熟人就能认出他来，这些都叫直觉思维，也无须他人教。但是，逻辑思维就不同了，必须有相应的忆块才能导出来。逻辑思维是按照储存在大脑里的规则忆块所确定的规则进行的。例如，下象棋、围棋和军棋都要按照其规则，打扑克必须先讲好规则，并按照设定的规则打牌。一家企业的运行，必须有一系列的规章制度，员工必须按照这个规章制度行事，否则企业的运行就要乱套。因此，直觉思维与逻辑思维之间最根本的区别就在于，前者不受规则的限制，后者必须遵守规则。所谓"不受规则的限制"并不是无规则，而是这种规则对思维的形成已经没有现实意义。例如，只有符合"苹果"的规则的水果才叫苹果，符合"梨"的规则的水果才叫梨。但是，在直觉思维的模式下，这些规则不会影响人们的感觉。

从思维能力来看，直觉思维和逻辑思维都是同等重要的，不能因为直觉思维而忽视逻辑思维，也不能因为逻辑思维而忽视直觉思维，偏离任何一方都会制约思维能力的发展。只有将两者有机结合起来，才能大大提升思维能力。直觉思维迅速作出的假设、猜想或判断，需要运用逻辑思维去验证其真实性；直觉思维对难题解答作出的创造性预见，有助于逻辑思维找到解题思路。总之，**逻辑思维能够克服直觉思维不确定性的问题，直觉思维能够克服逻辑思维缺乏创造性的问题。**

（4）**直觉思维的功能。** 直觉出现的时机，是在大脑功能处于最佳状态的时候，在大脑皮层形成优势兴奋中心，使出现的种种自然联想顺利而迅速地接通，因此，直觉思维在创造性活动中有着非常积极的作用。其功能体现在以下三个方面：

①有助于迅速作出优化选择。创造是从问题开始的，对于同一问题的解决，往往有许多种解题思路和方案，从多种解题思路和方案中找出最佳的思路和优化的方案就成了解题的关键。对于知识渊博、经验丰富的人，直觉往往有助于他们在很难分清各种可能性优劣的情况下作出优化抉择。例如，在普朗克提出能量子假说以后，物理学就出现了问题，究竟是通过修修补补来维护经典物理学理论，还是进行

---

① 感块是由原块（即自然界的所有事物）刺激感觉神经并在感觉神经的末端形成的，是原块在大脑内的一种储存状态，分为欲望和感知两部分，又可分为浅表感觉和深部感觉。

物理学理论革命，创立新的量子物理学呢？爱因斯坦凭借他非凡的直觉能力，选择了一条革命的道路，创立"光量子假说"，对量子论作出了重大的贡献。

②有助于作出创造性的预见。例如，英国物理学家欧内斯特·卢瑟福凭借直觉发现原子核的存在，并提出了原子结构的行星模型，即原子模型像一个太阳系，带正电的原子核像太阳，带负电的电子像绕着太阳转的行星，支配它们之间的作用力是电磁相互作用力。在这个"太阳系"里，原子中带正电的物质集中在一个很小的核心上，而且原子质量也集中在这个核心上。卢瑟福因此在原子物理学和原子核物理学方面作出了一系列重大的开创性贡献。

③有助于增强自信心。直觉思维有助于成功，而成功有助于培养一个人的自信心，因此直觉伴随着很强的"自信心"。直觉也是一种较强的激励，相比于物资奖励和情感激励，直觉对一个人的自信心的激励更加稳定且持久。当一个问题不需要通过逻辑思维而是通过自己的直觉获得的，那么成功带给他的震撼是巨大的，他的内心将会产生一种强大的学习与钻研的动力，并更加坚信自己的能力。

（5）提高直觉思维能力的途径。直觉是不可言传的预感，被称为第六感觉。直觉是可以培养和锻炼的。直觉思维能力的强化可从以下五个方面入手：

①加强学习、丰富阅历。直觉的产生是基于已有的知识和经验，直觉不会无缘无故、毫无根基地出现。扎实的知识基础和能力基础是直觉产生的源泉。没有深厚的功底，是不会迸发出思维的火花的。所以，直觉比较偏爱知识渊博、经验丰富的人。因此，人们应当通过加强学习来获取广博的知识，通过深入而广泛的实践来丰富生活经验，这些都是强化直觉思维能力的基础。

②细心倾听、及时捕捉。直觉思维不是感性认识，而是直接的感觉，这就需要人们去细心体会和领悟直觉，特别是多与他人互动交流，在互动交流中碰撞出思想的火花。当直觉出现时，我们要毫不迟疑地去捕获它，要顺其自然地、顺水推舟地作出判断、大胆假设，再细心地求证判断是否正确、假设是否可行。

③细心观察、仔细鉴别。直觉与人们观察事物的能力及视角息息相关，直觉能否产生还取决于人们对事物的观察力、洞察力及穿透力。一个观察力、洞察力和穿透力比较强的人，直抵事物本质的能力也强，其出现直觉的概率就更高。因此，要有意识地培养自己的观察力，特别是提高对那些不太明显的软事实，如印象、感觉、趋势、情绪等无形事物的观察力和鉴别力。

④敞开胸怀、客观对待。尽管直觉是凭借已有的知识及经验，凭借对事物的直接感觉而产生的，却也会受到客观环境的影响及个人情感的干扰，特别是思维定势

和思维偏见的影响。当一个人处在猜忌、埋怨、愤怒等情感困扰中时，他对直觉的判断就有可能失去客观性，甚至会错失直觉。因此，要敞开胸怀，真诚地对待直觉，尽可能地排除各种不良的情绪、观念对直觉的影响和干扰。一旦出现直觉以后，还要回过头来冷静地分析，甚至运用逻辑思维分析其客观性。

⑤树立观念、整体把握。直觉的产生是基于对客观事物的整体把握。树立对立统一、运动变化、相互转化、对称性等哲学观点，有利于把握事物的本质。同时，要提高审美能力及审美观念，培养对事物间所有存在着的和谐关系及秩序的直觉意识。审美能力越强，则直觉能力也越强。

(6) **反直觉思维**。直觉有时并不靠谱，因为影响直觉的因素很多，你的信念、思维方式、行事方式、心理状态，你看待事物的方式、角度，你的经历、学识、处境等，都会影响你的直觉。完全按照直觉进行思维，容易陷入思维定势、思维偏见。为避免凭直觉作出决策带来的失误，要进行反直觉思维，以消除思维定势、思维偏见的影响。莫布森在《反直觉思维：如何避免不理性的决策失误》一书中提出反直觉思维的三个步骤：一是作好思想准备，需要你去了解各种错误；二是识别错误类型，分8章介绍了8种错误类型[①]；三是构建或精心打造一套心理工具，以应对生活中的各种问题，减少潜在错误。反直觉思维就是要识别那8种错误类型。

05 灵感思维——突然开启新的境界

意大利文艺复兴时期的著名画家拉斐尔，想构思一幅新的圣母像，却很久难以成形。在一次散步中，他看到一位健康、淳朴、美丽、温柔的姑娘在花丛中剪花。这一富有魅力的形象让他产生了创作的灵感，他立刻拿起画笔创作了一幅不朽的画作——《花园中的圣母》。从姑娘到圣母，是由灵感产生的创意。

---

① 一是外部观点，即我们倾向于把每个问题看成是独特的个体，而不认真考虑别人的经验；二是隧道视野，即未能在某些条件下考虑到备选方案；三是专家限制，即对专家的无条件依赖；四是情境感知，即环境在决策中发挥重要的作用；五是大数据差异，即试图通过聚合微观行为来理解宏观行为；六是环境证据，即对某个系统进行因果预测时视情况而定；七是临界点，即对一个系统的微波扰动可能引起巨大的变化；八是运气与实力的博弈，即误解"均值回归"。

（1）**灵感**。灵感[①]的概念来自古希腊，原意为"神的灵气"。最先提出灵感理论的人是德谟克利特。他说："没有一种心灵的火焰，没有一种疯狂式的灵感，就不能成为大诗人"。但是他没有把他的灵感理论完善化。真正建立了系统的灵感说的是古希腊哲学家柏拉图。柏拉图的理论主要有三点：一是艺术创作的本领不在技艺，而在灵感；二是灵感来自神力；三是灵感的状况是迷狂。这一理论奠定了西方灵感说，以后的理论诸如叔本华的"天才说"、尼采的"酒神说"，都是在此基础上发展起来的。

灵感即灵验、灵应，是指不用平常的感觉器官而能使精神互相交通，亦称远隔知觉；或指在无意识中突然兴起的神妙能力；或指作家或科学家因情绪或诱导物的触发所引起的创作或创造的情状；或指突然之间得到的启发、顿悟。上述都是从不同的角度对灵感的概念作出的描述。灵感是大脑对客观现实的反映，是一种突发性的创造劳动。它一经触发，就会被突然催化、使感性材料突然升华为理性认识，灵感能冲破常规思路，为创造性思维活动突然开启一个新的境界。

灵感是在思维过程中带有突发性的思维形式，是长期积累、艰苦探索的一种必然性和偶然性的统一，是在科学技术研发、文学艺术创作的活动中，由于勤奋学习，努力实践，不断积累经验和学识而突然产生的创造能力。

综上所述，**灵感是指在文学创作、艺术创造、科学发现、技术发明等创造性活动中，在艰苦学习、长期实践，不断累积经验和知识的基础上，在陷入困境的关键时刻，由于有关事物的启发，突然出现的富有创造力思路的心理现象**。这一概念有以下几层含义：一是灵感主要发生在文学、艺术、科学、技术等活动的探索过程中，常规性的活动只需按照常规性的思路或者方法去做，不需要灵感；二是灵感是在创造性活动的关键时刻出现的，即原有的思路陷入了死胡同，无法再深入下去；三是灵感是建立在艰苦学习、长期实践，并不断累积知识和经验的基础上，没有大量的积累就不会产生灵感；四是灵感是由于某种机缘或者一种有关的诱导物的启发，否则是不会产生的；五是灵感是在对某一问题长期孜孜以求、冥思苦想之后，一种新的思路突然出现后呈现的豁然开朗、精神亢奋，并取得认识飞跃的状态，有一种踏破铁鞋无觅处，得来全不费功夫之感，不是在显意识领域单纯地遵循逻辑过程所形成的。这就是尤里卡效应（The Eureka Effect）[②]，即当你什么都不想的时候，灵感反而会悄然而至；六是灵感是一种心理现象，是创造性思维过程中认识飞跃的心理现象。

灵感的出现之所以神秘，就在于人们不了解自己大脑的工作方式。灵感是在人们未曾预料的情况下获得的创见性认识成果，是在突如其来的瞬间得到的豁然开

[①] 素材来源于"灵感"，互动百科，http://www.baike.com/wiki/%E7%81%B5%E6%84%9F。
[②] 参见《好点子都是偷来的——史上最感性的60堂创新课》。

朗，是精神高度亢奋时的不同寻常的心理状态。在灵感的爆发中，真的发现与美的体验实现了高度的统一。在人类历史上，许多重大的科学发现和技术发明，往往是灵感闪现的结果。《狂喜》的作者马格哈里塔·拉斯基曾将"尤里卡效应"归结为提出问题、寻找答案、遇到瓶颈、放弃希望、实现突破和解决问题6个步骤[1]。

每个正常人都有可能出现灵感，只是水平高低不同而已，并无本质上的差别。然而，灵感带来了意想不到的创造，是突然而来、倏然而去的，只有及时捕获灵感，才能产生创造；即使产生了灵感，如果没有及时抓住，也是枉然。由于灵感的产生并不为理智所控制，所以灵感具有突发性、短暂性、亢奋性和突破性等特征。

（2）灵感思维[2]，是指人们在解决长期思考的问题时，受到某些事物的启发，忽然找到解决思路或方案的思维形式。灵感思维活动在本质上就是一种潜意识与显意识之间相互作用、相互贯通，并产生整体性创见的理性思维过程，也可以理解为感性思维过程的结果被理性思维过程捕获后而形成解题思路的过程。灵感思维是潜意识与显意识、逻辑与非逻辑、抽象与形象等的互补综合。

灵感思维是大脑的理性思维活动和感性思维活动共同作用的结果，既存在未经语言中枢符号化解释（即1%的灵感）的过程，也存在语言中枢符号解释的理性思维（即99%的汗水）的过程，那些语言中枢符号化解释积累到一定的程度，通过那些未经语言中枢符号化解释的感性思维过程呈现出来，即量变积累到一定程度以后引发质变，灵感就这样突然出现了。如果没有那99%的汗水，即量的积聚，也就没有这1%的灵感，即质的跃升。在思维过程中，灵感多少，取决于人们对某一问题付出的积累、专注的程度、思考的深度、思考的广度、对信息的分支界定方法等，也跟记忆力、思维敏捷程度等有关。而记忆力、思维敏捷程度与后天形成的思维模式有关，也跟大脑的先天遗传的组织结构有关。

灵感思维是以抽象思维和形象思维为基础，与其他心理活动紧密相联，灵感思维有着以下突出的特征：

①偶然性。灵感是不期而遇的。灵感思维是一种豁然开朗的顿悟式的思维状态。人们经常会有一种感觉，有心栽花花不开，无意插柳柳成荫。灵感就是这样的，是可遇不可求的，其产生往往是突然的，无法预料的，一下子闯入思维领地，具有很大的偶然性。但是，灵感的这种偶然性，也有其必然性。人们付出了99%的汗水，只是不知何时收获那1%的灵感而已。当然，至今人们还没有找到可随意控制灵感产生的办法，还不能按照人们的主观需要和希望产生灵感。

---

① 引自《好点子都是偷来的——史上最感性的60堂创新课》。
② 素材来源于"灵感思维"，百度百科，http://baike.baidu.com/view/1843467.htm?fr=aladdin。

②短暂性。灵感是稍纵即逝的。灵感来得突然，消失得也迅速。正因为灵感是十分短暂的，如果没有及时抓住、把握，很可能一下子就消失得无踪无影，再也无法恢复了。正是因为灵感的短暂性，科学家、艺术家们往往随身带着纸和笔，一产生灵感，就随时记录下来。

③唯一性。灵感是独一无二的。灵感是最富有个性的。由于灵感是一个人的全部精神、智力财富迸发出来的思想火花，是他个性的闪烁，是他至性至情的反映，因此一个具体的灵感不会在一个人身上重复发生，更不会发生在两个人身上。

④情绪性。灵感是激情澎湃的。当灵感降临时，往往就是想象极为丰富、思维极为活跃、情绪极为高涨时，也是人们处于迷狂、忘我的状态，甚至陷入迷狂的境地。

⑤创造性。灵感是新颖独特的。灵感是创造性思维的结果，在灵感的闪耀下，人们的认识便产生了飞跃，在"山重水复疑无路"的情景下，出现"柳暗花明又一村"的奇景。大多数的创新起始于大脑中产生的灵感，也可以说，灵感是创新的起点和原始点，是创新的核心和灵魂。

⑥洞见性。灵感是未曾预料的。灵感是在人们长期努力的情况下突然爆发的。灵感的爆发使人的思想境界在瞬间达到了某种意想不到的高度，能够突然看透需要解决的问题，或者找到了解题的思路。

⑦模糊性。灵感是朦胧含混的。灵感思维产生的程序、规则以及思维的要素与过程等都不能清晰地意识到，只可意会不可言传。从灵感所获得的创想是未经论证的，这种创想是否可行，是模糊不清的，还有待验证、充实和完善，但至少这种创想给了人们下一步努力的方向。

⑧广泛性。灵感是普遍存在的。灵感不是科学家、艺术家、工程师的专利，任何具有正常思维的人，都随时可以产生灵感，灵感与财富和学识无关。每个人，无论社会地位的高低、身份的贵贱，都能产生灵感。当然，学识与阅历越丰富，视野越开阔，见识越宽广，灵感的创造性就越强。

⑨价值性。灵感是智慧的结晶。从灵感的产生来看，灵感是几乎不需要任何投入的，但灵感本身却是有价值的，其价值的大小也是随机的。科学家的灵感能够产生重大的科学发现，艺术家的灵感能够产生重大的创作，这些都往往具有巨大的价值，而普通人的灵感往往有助于解决日常生活中的难题。

⑩自发性。灵感是源源不断的。人们不用担心灵感会穷尽，灵感是"采之不尽，用之不竭"的。只要积极去开发灵感，灵感就会产生得越多。

综合来看，灵感突出的特点是情绪性和洞见性，即灵感往往是在思维高度集中时产生的，能洞察事物的本质，具有很强的穿透力。

（3）**灵感思维过程**。灵感思维的过程可分为境域→启迪→跃迁→顿悟→验证五个程序：一是境域，是指那种足以诱导灵感迸发的、充分的、必要的境界，即必须专注，并付出99%的汗水，达到诱发灵感的情绪状态；二是启迪，是指诱发灵感的偶然性信息或因素，没有诱发物就没有灵感，但诱发物的出现具有较大的偶然性；三是跃迁，是指灵感发生时所产生的非逻辑质变；四是顿悟，是指灵感在潜意识里孕育成熟之后，与显意识沟通时的瞬间表现；五是验证，是指对灵感思维产生结果的真伪进行科学的分析与鉴定。

在上述五个阶段中，跃迁很关键。在跃迁阶段，显意识与潜意识交互作用，在交互中潜意识进一步孕育，思维信息实现跃迁，进入显意识里。现代脑神经科研成果表明，在高级神经运动中，神经脉冲的能量有一种非连续性的跃迁，使思维信息发生非逻辑的质变。因此，信息跃迁是灵感思维运动中深层次的、高级的形态。对于脱颖而出的新概念、新思路而言，无论其正确与否、价值高低，都可以通过反馈重新加以思考。

境域→启迪→跃迁→顿悟→验证构成一个序列键，再通过反馈，实现循环升华。由于人们对灵感的产生过程还有待进一步深化，而且灵感具有稍纵即逝的特点，捕捉它变得很关键。如果捕捉不到，再好的灵感也是枉然。因此完整的灵感思维过程，是要实现灵感的准备、发生和捕捉的全过程。

运用灵感思维要注意以下三点：一是围绕需要解决的问题搜集足够的信息，在大脑里形成兴奋中心；二是选择聚精会神的时间和环境，最佳时间包括散步时、遐想时、睡前、晨起时等，最佳环境包括僻静处、湖边、沙滩上等安静的地方；三是对获得的信息还要通过试验进行验证。

（4）**灵感思维方法**。灵感的形成，与人们的知识、经验，及其分析、综合、判断能力等都有直接的关系，需要个人知识和能力的长期积累。

有人提出了灵感思维的十种基本方法[①]：

①久思而至，是指人们在对某一问题长期思考却找不到解决方案的情况下，暂时将该问题搁置，转而进行与该问题无关的其他活动。因为在暂时搁置的过程中，在思考其他问题时，很有可能受其他问题的诱导，或者在其他问题中得到启发，或者无意中找到解决该问题的线索。例如，马卡连柯用了十三年的功夫搜集并积累了大量的创作材料，却难以下笔。高尔基到他家做客时，一席话使他茅塞顿开，突然产生了灵感，于是马上就开始写《教育诗》。久思而至的理论基础就是所谓的"创意魔岛理论"。传说中古代的水手根据航海图，发现某一块海域明明应该是一片汪洋，却

---

① 参见"灵感思维"，百度百科，http://baike.baidu.com/view/1843467.htm?fr=aladdin。

突然冒出了一个环状的海岛。原来，这些冒出来的魔岛是无数珊瑚经年累月地成长，在最后一刻才冒出海面的。它隐喻着成功的创意人具有"阅人无数，博览群籍"的深厚底蕴，能在够深够广的创意口袋中，不断掏出令人眼睛为之一亮的新点子。换句话说，灵光一闪的创意，来自平日的累积，再经过整理、转化所形成的。

②梦中惊成。梦是一种潜意识活动，是以被动的想象和意念表现出来的，是人们对思维客体现实的特殊的反映，是在大脑皮层整体抑制的状态下，少数神经细胞兴奋并进行随机活动而形成的戏剧性结果。有的梦是潜意识的闪现，有的是潜能的激发，有的是创造性的梦境活动，有的是下意识的信息处理活动。梦中惊成，只留给那些"有准备的科学头脑"。梦也是稍纵即逝的，梦中产生的创意必须及时记录下来，否则是恢复不过来的。史玉柱提出一个优秀策划人的标准是：他在做梦的时候，如果没有一半的梦是与策划有关的，那他一定做不好策划。[①] 这是由于策划人非常投入，把潜意识充分调动起来了，同时策划中的好创意就来自梦，是"梦中惊成"的结果。

③自由遐想（无意遐想），即任由思维的意境驰骋，是指人们无拘无束地随机地进行思维活动。在自由遐想的过程中，大脑里大量的信息进行自由组合与任意拼接，也许能产生灵感。例如，牛顿发现万有引力定律就是自由遐想的结果。头脑风暴也是鼓励参与者自由遐想。当然，自由遐想必须自觉放弃僵化的、保守的思维习惯，对思维不能加以任何限制或约束。

④急中生智，是指人们在情急之下作出一些行为，是一种本能的反应。这些行为事后往往被证明是正确的。例如，2011年12月7日，某地一小区内一名7岁女童从四楼窗台坠落，就在那一瞬间，好心邻居用棉被将孩子接住，救了孩子一命。据报道，该邻居外出回家，刚走到楼下，发现四楼一个窗台上竟然坐着一个小女孩，惊出一身冷汗。情急之下，他急忙跑回家喊妻子抱出棉被，同时拨打110报警。就在他们刚张开被子，孩子就跌落下来，幸运的是，孩子就落在被子上。

⑤另辟新径，是指人们在解决问题或处理事情时，灵机一动地转移到与原来解题思路不同的方向，并找到了新的解题思路。因为原来的解题思路受挫了，再继续走下去，会越来越困难。例如，亚历山大挥刀斩断戈尔迪之结。[②] 这一方法在使用中，有两个关键点：一是灵机一动的时机是在解决问题或处理事情时受挫了却又必须继续进行下去时；二是新的解决办法必须是"新"的，即通过激活并运用自己的思维和创造力，开辟一条新的路径，即新颖的、独特的、没有人使用过的路径。如果解决问题或处理事情时，使用常规或传统的方式方法，或者与别人相同的方式方法，就不是另辟新径。

---

① 来源于《史玉柱口述：我的营销心得》（剑桥增补版）。
② 案例参见本书"亚历山大思维"。

⑥原型启发，是指人们在思维活动中，受到与思考对象相关的触发因素的启发并产生联想，直接从触发物的原型中产生灵感，构造出新的发明或新的设计。例如，某公司想邀请50位客户参加一次集体郊游，以增进客户关系，并将这一策划任务交给了一位大学毕业才一年的助理，希望该活动办得既有意义又有趣味。该助理加班加点，苦思冥想，均没着落，非常着急。一天中午，她和同事外出吃饭，在街边不小心撞倒了一位在发传单的小女孩，在扶起小女孩时无意中看到传单的标题写着"地球一小时"。该助理受该环保传单的启发，灵机一动，策划与环保有关的郊游活动，并很快提交了策划案。后来，该活动办得很成功，参与的客户都觉得既有意义又有趣味，超出了预期，纷纷表示将继续与该公司加强合作。该助理也因此获得了升职。①

⑦触类旁通，是指人们从既有事实中受到启发，通过类比、联想、辩证升华，找到解决问题的思路和办法，并获得成功。触类旁通者往往具有深刻的洞察力，能把表面上看起来不相干的两件事情联系起来，从内在功能或机制上进行类比分析。例如，包起帆从圆珠笔可伸缩的结构想到将双索抓斗改为单索抓斗，用一根绳索就可完成打开、闭合的抓斗动作。

⑧豁然开朗（思想点化），是指在阅读、交流和观察等活动中，从他人的语言表达和事物现象的一些明示或隐喻中获得启发、产生灵感或者引发思考。因此，阅读、交流、观察等均能够引发灵感。例如，达尔文有一天在消遣时随意翻阅马尔萨斯的《人口论》，从中读到"繁殖过剩而引起竞争生存"时，突然想到，在生存竞争的条件下，有利的变异会得到保存，不利的变异则被淘汰。由此引发了他对生物进化论的思考。一般来说，豁然开朗应具备以下四个条件：一是"有求"，即有待解的问题；二是"存心"，即有寻求解决问题的心理准备或状态；三是"善点"，触发物与待解的问题存在相关性；四是"巧破"，即得到启发，找到了解题的思路。这种顿悟的诱因就来自外界的思想点化。

⑨见微知著，是指人们从平常小事上，独具慧眼，敏锐地发现事物的发展趋势，如以小见大、一叶知秋、"三岁看大、七岁看老"等。事物的发展趋势可能是朝有利的方向也可能是朝有害的方向，灵感所预见到的发展趋势是有利的，则要积极地加以引导，并且深究下去，进而作出一定的创建，使星星之火达到燎原之势；如是有害的，则要设法避免，防微杜渐。

⑩巧遇新迹，即人们意外地获得灵感而得到的创新成果，属意外所得。例如，伦琴发现X射线就是意外所得。再如，英国工人哈格里沃斯在研制纺纱机时，一台原来水平放置的纺车，不小心被他踢翻了，变成了垂直的状态，他从中受到了启发，成

---

① 引自《思维决定创意：23种获得绝佳创意的思考法》。

功研制了纺纱机。"巧遇"有"歪打正着"或者"天赐良机"的意味，就是意外发现。

另外，还有情境激发，是指人们受到情境的刺激产生了灵感。例如，我国作家柳青经过农村生活的体验写出了《创业史》，但在七年后，他想改写那本书时却无从下手。于是他又回到了长安县，当地农民的语言、感情及对农村生活的体验等，又让他产生了创作灵感。也就是说，文学艺术的创作必须来源于生活。

（5）**引发灵感的方法**。要获得灵感，就必须付出辛勤劳动的代价。柴可夫斯基说："灵感不喜欢拜访懒惰的客人。"引发灵感的常用方法包括：

①观察分析。在科技创新活动中，自始至终都离不开观察分析，即有目的、有计划、有步骤、有选择地去细心观察所要了解的事物。通过深入细致的观察，可以从平常的现象中发现不平常的东西，从表面上貌似无关的事物中发现其相似点。在细致观察的同时还要进行深入的分析，只有在观察的基础上进行分析，才能引发灵感，形成具有创见性的认识。例如，美国商人费涅克在一次休假旅游中，小瀑布的水声激发了他的灵感。后来他带上立体声录音机，专门到一些人烟稀少的地方游逛，录下许多小溪、小瀑布、小河流水、鸟鸣等声音，然后回到城里复制出录音带，高价出售，生意十分兴隆。其中，水声最畅销①。

②启发联想。新的认识是在已有认识的基础上发展起来的。从旧的认识联想新的认识、从已知的联想未知的，是产生新认识的关键。要创新，就需要联想，从联想中受到启发，引发灵感，形成创见性的认识。例如，袁隆平在总结1964—1970年间的经验教训，苦苦思索为什么不能培育出一个不育株率和不育度都达到100%的雄性不育系的问题，联想到遗传学中关于杂交亲本亲缘关系远近对杂交后代影响的有关理论，他突然意识到，所用的试验材料的亲缘关系都比较近，为此提出了远缘杂交的新思路。

③实践激发。辨证唯物主义认识论认为，实践决定认识，认识对实践具有能动的反作用。实践也是发明创造的基础，是灵感产生的源泉。在实践中思考问题，提出问题，解决问题，是引发灵感的一种好方法。例如，英国著名外科医生李斯特亲眼目睹许多病人死于他的手术刀下，让他十分难过，使他一直在寻找解决办法。1864年，他看到了马斯德发表的一篇论文论证微生物引起有机物腐败和发酵，使他突然意识到，病人伤口感染化脓可能是病菌在作怪。为防止手术后的感染化脓，必须在手术前进行严格的消毒，终于使手术病人的死亡率由过去的40%下降到15%。

④激情冲动。激情是一种强度很高但持续时间很短的情感，人们在激情的支配下，可以提高注意力，丰富想象力，增强记忆力，加深理解力，进而调动全身心的

巨大潜力，去解决问题。激情使人们产生一股强烈的、不可遏止的创造冲动，进而引发灵感。

⑤判断推理。在科技创新的活动中，对于新发现或新物质的判断，以及从现有判断中通过推理获得新的判断，都能引发灵感，形成创见性认识。所以，判断推理也是引发灵感的一种方法。

上述五种方法，是相互联系、相互影响的。在引发灵感的过程中，不只用一种方法，有时以一种方法为主，交替运用其他方法。

（6）捕捉灵感。灵感随时可能产生，但灵感的短暂性，决定了它是稍纵即逝的，必须及时捕捉。所以，只有极少数人能够抓住部分灵感，绝大多数人都错失了。捕捉灵感应当做到：

①长期探索。灵感既不是心血来潮的产物，也不是灵机一动的结果，而是经过长期的探索、深入的研究、主动的思考，在思维遇到障碍时，突然出现的解题思路。也就是说，灵感需要有兴趣爱好、知识经验和智力能力的准备，包括细致的观察、广泛的联想、丰富的想象等。这些都是激发和捕获灵感的基本条件。只有当自己陷入沉思时，才有可能产生灵感。

②劳逸结合。灵感往往是在思维高度活跃时产生的。心情过于紧张，或者过于放松，都不利于灵感的产生。乐观镇静、轻松愉快的情绪，有利于增强大脑的感受能力。经过一段时间的紧张思考，再放松心情，如散步、卧床休息等，都有利于产生灵感。

③调节思维。思维很容易陷入定势或者偏见的泥淖，从而进入死胡同而不能自拔。当思维遇到障碍时，可多找些人来交流探讨，包括与具有不同专业背景、不同阶层、从事不同性质工作的人员进行交流叙谈。与别人交流，有助于及时转换思维视角，启发自己的思考，从思维的死胡同中解放出来，摆脱定势思维的束缚，纠正思维偏见。与别人从不同角度交流思想，让思想进行碰撞，最容易产生灵感。

④随时记录。要珍惜记录灵感的最佳时机和环境，灵感如不及时捕捉，就会跑得无影无踪。所以，人们既要做好及时抓住灵感的精神准备，也要有及时记录灵感的物质准备。由于灵感的模糊性，并不是大脑里出现的灵感都有价值，但记录下来以后再慢慢琢磨，再作取舍。许多取得创见性成果的人，都品尝过获得灵感的滋味。因此，要随身携带纸和笔，一旦有灵感就随时记录下来。

据有关研究发现，写灵感日记是记录、保护和开发灵感的好办法。当思想的火花和灵感闪现的时候，随时记录下来，保存下来，再进行必要的筛选、提炼，对有价值的灵感，特别是那些具有可操作性的灵感，要进行加工完善，阐述清楚，表达完整，对其可行性进行分析论证，形成可操作的创新方案。

记灵感日记是一个好的习惯，积累起来就是一笔巨大的财富。灵感日记不仅具有培养写作能力、锻炼独立思维能力的基本功能，还具有以下功能：一是可以积累突破认识自我的难题。灵感集中的领域就是一个人具有潜能和创造性的领域，从而为人生定位，选择正确人生的发展方向提供科学依据。二是有助于做好人生定位，选出其中价值最大的灵感，也许就是终生为之奋斗的事业，实现它就走向成功，也就是最好的自我实现。

06 直觉与灵感密不可分

直觉是灵感的基础，而灵感是直觉的升华，两者相互关联，密不可分。没有直觉，灵感就是空穴来风，无中生有；没有灵感，直觉就没有内涵。

（1）**直觉与灵感的共同点**。直觉和灵感具有以下共同性：

①都是知识和经验积累的产物。两者均偏爱知识渊博、阅历丰富的人。丰富的知识、经验和阅历，是产生直觉和灵感的基础。

②它们的产生都是很短促的，也具有突发性，都没有一种事前的心理准备过程。

③无论是直觉思维还是灵感思维，尽管都能引发创新、创造和创见，但并不都是创新、创造、创见所必不可少的，换句话说，并不是非要灵感或直觉才能引发创新、创造和创见。

（2）**直觉与灵感的区别**。灵感与直觉又不尽相同，两者的主要区别在于：

①产生的条件不同。灵感可能发生在"百思不得其解"的关键时刻，往往需要

经过一段时间的探索，有时甚至是在殚精竭虑，感到山穷水尽时出现的，是长期探索的结果。勤思是灵感产生的保证。直觉是在第一次接触事物后立即产生。

②产生的时机不同。灵感既可以在人们的意识清醒时产生，也可在模糊时产生。有的人抓住梦中的灵感进行了创造性活动。直觉思维则出现在人们神智清楚的状态，是推测性的洞察。

③产生的特征不同。灵感思维往往具有突发性或出乎意料性。直觉思维无所谓突然或出乎意料，而是大量的经验内化的结果，或者是思维程序高度熟练与浓缩的结果。

④作用的对象不同。灵感思维的思考对象往往不在眼前，或者不在思考的意识域里，而是由于偶发因素的启发，对其他问题的顿悟。直觉思维是对出现在眼前的事物或问题产生迅速的理解，或者作出直接判断与抉择，是从整体上对事物作出的判断。

从思维方式来看，灵感思维是诱发性的，由目前思考的对象诱发获得对其他问题的顿悟；直觉思维则是并发性的，也可能获得准确的结果，但其成功率和可靠性并不高。

从思维的过程来看，直觉思维和灵感思维各有不同。直觉思维的过程表现为起点与结果的短路相接，不需要语言中枢参与处理，其处理过程不会反映到意识层面。灵感思维是人们借助从某一思考问题得到的偶然启示而对另一思考问题获得突如其来的顿悟或理解。它的孕育和发生，是一个从显意识到潜意识，又从潜意识到显意识的过程，是显意识和潜意识相互交融的过程。

用熟知的事物解决新问题（类比思维）

日本有一家公司在铁路沿线的三个地方分别开设了三家药店，呈一条直线，销售额总是上不去。有一天，公司社长乘电车回家。在电车上，他看见几个小学生，都把手指套在三角尺的窟窿里，用一只手转着玩。他两眼盯着三角尺，忽然觉得心里一亮（即从中获得灵感）。此时，他想起以前看过的有关军队战略战术的书来："这些直线排列的点，很容易被外力阻断运输线路，这正是失败的最大原因。为了与友军保持密切的合作，应该确保至少三点鼎立。"他回到家里，展开地图一看，发现他开设的三家药店分布在一条直线上，才恍然大悟："如果把三家药店呈三角形配置起来，那就取得中间部分的面积，在三角形区域居住的人都会来买我的药了。"不久，他就调整了药店的布局，营业额果然逐渐上升，取得了很大的效益。该公司社长从小学生玩三角尺联想到三个药店的布局，进而通过类比，提出三个药店应当进行三角形布局。

类比是指从两个对象的某些相同或相似的性质，推断它们在其他性质上也有可能相同或相似。类比既是一种推理形式，是一种主观的不充分的似真推理，又是一种联想方式，是推理与联想的结合。类比的类型包括结构类比、形式类比、材料类比和综合类比等。

（1）**类比思维的概念**。类比思维是指人们在思考问题时，从熟悉的事物与目标事物之间的某些共同点，推断出目标事物具有熟悉的事物的其他特点的思维形式。实际上就是运用已有的知识、经验，或者已经解决了的熟悉问题，来解决陌生的、不熟悉的问题。在类比思维中，有三个关键点：一是熟悉的事物，即参照物；二是需要解决问题的事物，即目标物；三是参照物与目标物之间具有共同点，即具有可比性。在使用类比思维时还有两个前提：一是必须熟悉参照物的特点；二是了解目标物所要解决的具体问题是什么。只有掌握了三个关键点和两个前提，才能用好类比思维。一般来说，目标物与参照物之间必须毫无关系，来自不同的领域或行业，否则就不是类比，而是复制。

类比思维作为一种重要的思维方法和推理方法，在运用时需要经过两个步骤：一是联想，即从新问题或新信息引发对已有知识的回忆；二是类比，即在新、旧信息之间寻找相似点（异中求同）和相异的点（同中求异）。在类比中联想，既有模仿又有创新。不过，类比所得出的结论不一定可靠、精确，但富有创见性，往往能将人们带入完全陌生的领域，给予许多启发，在创新和解决问题时，具有很大的指引作用。

（2）**类比思维的特点**。类比思维具有自由、灵活、多样等特点，对解决问题富有启发意义，对认识问题，思考问题，特别是创造性地解决问题，有着明显的积极作用。类比有时把一个情景的关系转移到另一个更容易掌握的情景上。其意义在于：第一，对原情景观察方法的限制没有转移到类比的情景，类比的情景更能容易改变；第二，类比通常利用具体的形象，暗示出其他具体的形象，这比抽象观念暗示其他观念更容易；第三，类比可通过无限制的想象力训练，把不相关的因素联系起来，创造性地解决问题。

（3）**类比思维的方法**。根据不同的类比形式可分为多种类比方法，包括：

①直接类比法，是指从自然界或者从已有的技术成果中寻找与创造对象相类似的东西。例如，近代发明家贝尔把人的耳骨的薄膜与电话膜片进行直接类比，发明了电话机。他注意到，与控制耳骨的灵敏的薄膜相比，人的耳骨的确很大。这使他想到，如果一种薄膜也是这样灵敏以致能够摇动几倍于它的很大骨状物，那就是较厚而又粗糙的膜片不能使钢片振动的原因。电话于是被构想出来了。再如，鱼骨与针、酒瓶与潜艇之间就是直接类比。

②间接类比法，是指将不同的事物放在一起进行比较。间接类比可以扩大类比的范围，使更多的事物进入思考领域。例如，空气中的负离子可以消除疲劳、延年益寿，对于治疗哮喘、高血压、心血管病都有较好的辅助作用。但是，自然界中的负离子在高山、森林、海滩、湖畔处较多，人们只有在度假时才能亲临享受。为在日常生活中也能享受负离子，科研人员运用间接类比的方法研制出负离子发生器，采用水冲击或电子冲击等方法产生负离子。

③幻想类比法，是指用超现实的理想、梦幻或完美的事物类比研究对象的一种思维方法。例如，第一台电子计算机的诞生就采用幻想类比法。

④因果类比法，是指根据一个事物的因果关系推出另一事物的因果关系。例如，从敲钉子过程中锤和钉的关系来设计汽锤打桩机。再如，全反射式波动演示装置①的发明也采用了因果类比思维。有一天，一个名叫习为民的人在地摊上看到了一个透明的小方盒子，盒子里面银光闪闪的"水面上"漂浮着几条小帆船。摇动这只小方盒子，里面就会泛起层层涟漪。这引起了习为民的极大兴趣。他想，在这只小方盒子里，为什么能看到缓慢传播的波？为了探究其中的秘密，习为民进一步研究发现，这只小方盒子里面装的液体是水和航空煤油。由于两者的比重不同，在水和油的交界面上会发生全反射的现象，形成银光闪闪的反射面，而小帆船的比重比水小又比油大，因此刚好悬浮在水油的界面上。习为民利用这项技术，制作了一个大玻璃水槽，装上一些航空煤油，放入一只波源振子。在该振子的下面粘上一块小

---

① 选自《培养创新思维系列讲座》，百度文库（http://wenku.baidu.com）。

磁铁，这只振子就像钓鱼用的鱼漂一样，笔直地悬浮在水和油的界面上。他又在玻璃水槽的底部，装上一个电磁铁，再通上交流电流，就产生交变磁场。在交变磁场的作用下，波源振子做上下简谐振动，激发水和油的界面液体产生波动，从而可以演示各种波动的现象。从小方盒子到波演示实验器，采用的原理都是一样的。

⑤仿生类比法，是指模仿自然界生物的结构和功能等研制新产品的方法。例如，抓斗、电子蛙眼、机器人等。

⑥象征类比，是指借艺术形象和其他象征性符号来比喻技术问题，以探求或表达其中某种联系。例如，用"可靠的间歇性"来象征棘轮，用均匀转动来象征飞轮等，然后抛开问题，先探索如何达到这些问题的要求，在找到解决办法后，再回到问题本身上来。

（4）**类比思维的运用**。类比思维可帮助人们获得商业上的成功。例如，东京一家肉店的老板，一次在大阪的一家糕饼店看到电话订货络绎不绝，兴隆非凡。他仔细寻找其原因。当他翻看电话本时，才知道这家糕饼铺的电话号码为00002，并且在电话本和店铺内还印了"质量第一，电话为2"的广告。回到大阪后，他如法炮制，买下了东京的2号电话号，果然奏效，生意兴隆。

不过，运用类比思维时要具体分析是否具有可比性，如果不具有可比性而进行类比，就会犯张冠李戴的错误，从而产生类比失败。例如，日本"伊藤园"公司总裁木庄正则早年曾创办一个家庭服务公司。他看到富山药品公司通过向用户"寄放药包"，定期补齐被耗用药品并收款的方式很赚钱，从而想到食品的耗用大于药品，便决定以"寄放食品包"作为营业方式，包中备齐了茶叶、味精、糖、酱油等常用食品，寄放到各个家庭中。但是，一个月后，他派人去补充食品包和收款时，才发现许多家庭根本没有动用"食品包"。坚持了8个月，由于有的食品包被退回，有的食品已腐烂，有的人白天上班不在家收不到款等。所有这些情况导致寄放食品包的模式彻底失败了，木庄也因此破产。后来他在《公司危机突破法》一书中，总结了自己这种机械和盲目类比的失误：食品毕竟不是药品，需用药时，往往已没时间上街购买，所以需要买来储备好，而且药品能长久储备，故而"寄放药品"能成功。反之，购买食品却是家庭主妇的乐趣，"寄放食品包"无异于剥夺了她们逛商店的快乐，故得不到她们的欢迎。

07

思维转换

　　思维转换实际上是转换思维的方式、方法和思路，从多个层次、方面和角度思考同一问题，用联系的发展的眼光看问题，就会得到更加全面的认识和更加完满的解决方案。如果对某一问题的思考方式对我们自己不利，就应该转换一个思路，说不定就可以让问题迎刃而解。转换思维可以帮助人们更好地理解某一事物的内涵和外延，并对事物的概念作出规定。此外，转换思维可以避免思维定势和思维偏见，对于发明创造来说有重要的意义，每转换一个新的视角都可能引发一个新的发现或新的发明。

　　思维转换是发散思维与收敛思维、形象思维与抽象思维、联想思维等多种思维方法的综合运用，这些思维运用得好，思维才能灵活转换。

01 此路不通走彼路（换轨思维）

　　1974年，美国自由女神像由于长年风化，纽约市当局对其进行了一次大型翻新修整。工程结束后，现场留下了200吨左右的垃圾。为清理那些垃圾，纽约市当局向社会公开招标。许多人认为该项目无利可图，加之纽约州对垃圾处理的严格规定，担心弄不好还会被环保组织起诉，无心竞标。然而，一位名叫斯塔克的商人看到了其中的价值，买下了该标。斯塔克不只是将垃圾移走埋掉，而是对其进行了分类，并做成不同的纪念品，然后卖给游客，从中获利。比如，他将废铜重新熔化再铸成"自由女神像翻新纪念币"；将废铅、废铝改制成纪念尺，等等。那样一来，看似价值不大的近200吨的废料垃圾，却成为一件件价格不菲的纪念品，总价高达350万美元，斯塔克从中赚到了一大笔钱。[①] 为什么斯塔克能赚钱呢？因为传统的思路是将垃圾当废物，清理的办法是移走填埋，显然这条路是走不通的。而斯塔克转换传统的思路，将垃圾看成是放错地方的宝物，清理的办法是变废为宝。

　　（1）换轨思维的概念。换轨思维是指当沿着某一思路或路径无法抵达目标或者不能解决问题时，及时改变思路或路径的思维方式。因此当按照常规思路或路径解决问题遇到障碍时，换轨便成为突破的关键。

　　换轨，意味着至少有两条"轨"，一条"轨"走不通，就换走另一条"轨"，如果再走不通，就再换一条"轨"。实际上，换轨的过程，是一个试错的过程，直至找到解决方案为止。这里的原"轨"就是人们已有的经验、传统的思维习惯、传统的规矩等，人们受思维定势和思维偏见的影响很深，已经形成路径依赖了，换"轨"

---

　　① 选自龙柒著：《世界上最伟大的50种思维方法》，金城出版社 2011年版。

实际上很不容易，必须突破自己，勇于创新，甚至是自我革命。

（2）**换轨思维的条件**。能否换轨，要看人们大脑中的"轨"是否多，即解决问题的思路、办法是否多。

换轨还取决于人们的思维能力是否强，积累的知识基础是否雄厚。例如，据《温州都市报》2002年4月7日报道，温州正在推行错时上下班制度，基本缓解了温州市区上下班高峰堵车的问题，相当于花了约20亿元打通老城区的主要道口和交叉口。那种"向管理要道路"的办法，得到了专家肯定，并且收到了明显的成效。据了解，温州市当年大力发展城市交通，道路设施日趋完善，人均道路面积从1993年的4.7平方米，增加到2001年的11.5平方米，不到十年增加了1.5倍，但道路建设依然跟不上城市发展的需求，市区有40万人在同一时间上下班，约占当天人流量的六分之一，那就势必引起交通堵塞。为此，温州市有关部门经过大量的科学调查，聘请清华大学专家对温州市区的交通管理进行规划，2002年3月4日推出错时上下班制度。该制度实施一个月以后，市区交通堵塞的状况有所缓解，受到普遍好评。从"大搞城市建设要道路"到错峰上下班的"向管理要道路"，是思维方式的大转变。

（3）**换轨思维的作用**。换轨思维具有以下作用：

①换轨思维有助于人们从容面对人生困境。人生不会总是一帆风顺的。在逆境时，运用换轨思维，突破点状思维的狭隘，不仅能够坦然面对人生逆境，甚至是寻求人生突破的最佳时机。换轨思维是一种境界，具有普遍的文化价值。例如，南京一位画家，从事绘画艺术20余年。在一次事故中，他的右手严重受伤，无法执笔作画。痛苦之余，那位画家决定用左手绘画，经过一段时间的练习之后，他惊喜地发现，由于手的易位，他的绘画风格大变，整个画面显得既厚重拙鲜又率真自然，妙趣横生，那样的效果正是画家用右手作画二十余年、苦苦探索觅之不得的境界。[①]这一案例说明，画家采用了换轨思维，用左手代替了右手绘画，不仅可以继续从事心爱的绘画事业，绘画水平还得到进一步的提高。

②换轨思维有助于人们从容面对工作和生活中的各种失误，减少损失，甚至变失误为创新突破的契机。例如，有个美国印刷工人在生产书写纸时，不小心弄错了配方，结果弄出了一大批不能书写的废纸。正当他灰心丧气的时候，一个朋友提醒他：也许能从失误中找到有用的东西。他一琢磨，很快就认识到，那批纸虽然不能做书写用纸，但是其吸水性能相当好，可以用来吸干器具上的水。于是，他将那批纸切成小块，取名"吸水纸"，投放到市场以后，相当抢手。后来，他为此申请了专

---

① 龙柒著：《世界上最伟大的50种思维方法》，金城出版社 2011年版。

利，成了大富翁^①。显然，变废为宝，就要用换轨思维。

③换轨思维是非常有效的创新工具。例如，20世纪90年代，纽约面临严重的用水短缺问题。随着居民的增加和干旱年份的增多，纽约城每天要额外增加34万立方米的水，约占整个城市用水量的70%左右。按照通常的思维路径，纽约市可以选择花费10亿美元在哈得逊河附近新建一座供水站。但纽约市没有这样做，而是从1994年开始推行了一项节水型抽水马桶的计划，预算资金2.95亿美元，计划替代全市1/3的抽水马桶。普通抽水马桶每次冲刷需用水20升以上，而节水型抽水马桶只需6升水。纽约市民踊跃参与了该项计划。到1997年该计划完成时，节水型抽水马桶已经取代了11万栋133万个普通抽水马桶。据纽约市政当局当时的估算，全市节水型洗手间，每天可节水27万—34万立方米，每栋楼每年减少约29%的用水。纽约还采取了其他一些节水措施，尽管人口不断增长，但纽约市每天人均用水量从1991年的734升减少到了1999年的639升，节水工作取得了显著成效。^①这一重大的创新举措，不仅节约了7亿美元的预算资金，还节约了水资源。

（4）换轨思维的方法。换轨思维有许多种换法，包括前向思维法、后向思维法、奇思妙想法、缺点利用法和借脑思维法等，这些都是创新思维。

①前向思维法，是指当人们沿着某一路径无法抵达目标时，即时改变原定的目标，顺藤摸瓜，继续进行下去，直到成功为止。例如，有位发明家在研制一种高强度胶水时，没有取得成功，生产出来的胶水黏性很低。他不以为那是失败的，而是沿着"黏性低"的思路制造出了不干胶^①。这个案例说明，运用前向思维要有执著精神，寻找新的目标坚持下去，直到成功。

②后向思维法，是指当人们沿着某一思路进行的过程中遇到障碍，不能达到目标时，回过头来寻找新的办法或途径，直到找到解决方案为止。例如，古埃及的石匠们在修建金字塔时，发现一些石头坚硬无比，无法穿凿。有人将金属楔换成木楔，木楔嵌入石缝之后，再用水来浸泡那些木楔，木楔遇水膨胀后产生张力，坚硬的花岗石终于崩裂^①。

③奇思妙想法，是指打破已有思路的条条框框，寻找新的思路。例如，有位美国制瓶工人发现女友穿着一条膝盖以上部分较窄的裙子后，女友的腰部线条显得非常优美。他由此得到启发，联想到玻璃瓶子，设计出别具一格的"可口可乐瓶"。它的优点是，人握住它没有滑落感，而且看上去瓶内装的饮料要比实际的分量多一些。因此，他从可口可乐公司那里得到了600万美元的专利转让费^①。

再如，人们都知道婴儿吃奶用的奶嘴和潜水员呼吸用的水中呼吸装置。俄罗斯

---

① 王健著：《创新启示录：超越性思维》，复旦大学出版社2007年版，第219页。

鲍曼大学有位学者，将婴儿奶嘴和水中呼吸装置的吸嘴进行元素置换。经过置换，奶嘴防止"打呼噜"的潜能得到开发，发明了防止打呼噜器具^①。

④缺点利用法，是指利用事物的缺点，如前述的纽约自由女神像废弃垃圾变废为宝的案例就是典型。再如，将电流通过导体发热应用到毛毯上制成电热毯。

⑤借脑思维法，是指借用他人的智慧来解决问题。例如，前面提到的温州市在推行错峰上下班制度时请清华大学的专家对交通管理进行规划就是借脑思维。

02 感同身受（换位思维）

有个名叫罗伊的警察，在日常巡逻中，经常去拜访一位住在一座令人神往的、占地500平方米建筑的老绅士。从那栋建筑物往外看，就可看到一座幽静的山谷，山谷里有郁郁葱葱的树林和清澈纯净的河流。老人在那儿度过了大半生，他非常喜欢那儿的视野。罗伊每周都会拜访老人一两次。在他到访时，老人都会请他喝茶，或者坐着聊天，或者在花园里散步。有一次，老人悲伤地告诉罗伊，他的健康状况变得很差了，必须卖掉他漂亮的房子，搬到疗养院去。霎时，罗伊忽然产生一个疯狂的念头：想办法买下那栋豪宅。但他没有足够的钱，在进一步的交谈中他了解到，老人想以30万美元的价格将那栋房子卖掉，但罗伊手上只有3000美元，而且每月还得支付500美元的房租。想要成交，除非将爱的力量也算进账户里。那时，罗伊想起一位老师说过的话，找出对方真正想要的东西给他。罗伊寻思许久，终于找到了答案：老人最牵挂的事就是将不能在花园中散步了。罗伊跟老人商量说："要是你把房子卖给我，我保证每个月都会接你回到你的花园一两次，就坐在这儿，或者和我一起散步，就像平常一样。"听了那话，老人又绽开了灿烂的笑容。当即，老人就要罗伊写下他认为公平的合约：罗伊愿意付出他所有的钱，但他兜里只有3000美元，可房子卖价却是30万美元。罗伊想了一下，就那样草拟合约：卖方以29.7万美元设定第一顺位抵押权，买方每月付500美元利息。老人很开心，把屋子里的古董家具都作为礼物送给了罗伊。罗伊通过换位思考，不仅不可思议地赢得了巨大的经济利益，也使那位老人变得快乐起来。①

（1）**换位思维的概念。**换位思维是指思维主体变换位置观察事物、思考问题或解决问题的一种思维方法。换位思维的关键是要明确当前所处的位置，可以变换哪些位置。换位思维是突破位置偏见的利器。

任何事物不是一个点，不是一条线，也不是一个面，而是由若干个点线面构成的一个立体，具有非常丰富的属性。人们在一个位置上观察，只能看到某些侧面，而不可能看到全部。如果以从某个位置所观察的印象来对事物的全貌作出判断，就会犯位置偏见的思维错误。要克服位置偏见，就应当不断地变换位置，进行换位思维，换位思考。

（2）**换位思维的作用。**换位思维具有以下作用：

①换位思维有助于处理各类关系。设身处地地将自己摆放在对方位置，从对方的视角看待事物，满足对方关切的需求，可获得意想不到的结果。前例中，罗伊与老人就是运用换位思维取得了双赢。

②换位思维有助于解决许多表面上十分棘手的难题。难题都是许多看似矛盾的事物纠缠在一起。运用换位思维，才能看出矛盾的本质，理出头绪，进而找出化解矛盾的办法。

③换位思维可用于制订竞争策略或者作战方案，达到出奇制胜之效。例如，前苏联的朱可夫元帅是一位军事奇才，一生战功显赫。二战末期，苏军先锋部队抵达距柏林不远的奥得河时，遇上了危急情况：与后继部队脱节，人员和物资供应不上。于是，朱可夫元帅找来他的坦克集团军司令卡图科夫将军，与他商量对策。朱可夫问卡图科夫说："假如你是德军柏林城防司令官古德里安，手中拥有23个师，其中7个坦克师和摩托化步兵师，朱可夫现已兵临城下，但后继部队还在离柏林150公里之外，在这种情势下，你会有什么举措？"卡图科夫回答说："那我就用坦克部队从北面攻打，切断你的进攻部队。"朱可夫听后，击掌高呼："对啊！对啊！这是古德里安唯一的好机会。"于是，朱可夫当即命令他的第一坦克集团军火速北上，及时一举歼灭实施侧翼反击的德军坦克大部队，为柏林战役的胜利奠定了基础。①朱可夫运用换位思维巧妙用兵，与敌人"换把椅子坐一坐"，及时制订了正确的作战策略，化险为夷。

④换位思维有助于改变人生态度。换位思维是一种非常有益又十分实用的好思维，运用它不需要复杂的技巧，一旦学会并灵活运用，就能取得意想不到的效果。例如，拿破仑入侵俄国期间，有一回，他的部队在一个十分荒凉的小镇上作战。当时，拿破仑意外地与他的部队脱离，一群俄国哥萨克士兵盯上了他，并在一条弯曲的街道上追击他。在慌忙逃命之中，拿破仑潜入僻巷里一个毛皮商的家，他连连哀求那毛皮商："救救我，救救我！快把我藏起来！"毛皮商把拿破仑藏到了角落的一堆毛皮底下，刚安排妥当，哥萨克人就冲到了门口，他们大喊："他在哪里？我们看见他跑进来了！"哥萨克不顾毛皮商的抗议，把毛皮店给翻得四脚朝天，想找到拿破仑。他们将剑刺入毛皮内，还是没有发现目标。最后，他们只好放弃搜查，悻悻离开。过了一会儿，当拿破仑的贴身侍卫赶来时，毫发无损的拿破仑从那堆毛皮下钻出来了。后来，毛皮商诚惶诚恐地问拿破仑："阁下，请原谅我冒昧地对您这个伟人问一个问题：刚才您躲在毛皮下时，知道可能面临最后一刻，您能否告诉我，那是什么样的感觉？"拿破仑站稳身子，愤怒地回答："你，胆敢对拿破仑皇帝问这样的问题！卫兵，把这个不知好歹的家伙给我推出去，蒙住眼睛，毙了他！我本人，将亲自下达枪决令！"卫兵捉住那可怜的毛皮商，将他拖到外面面壁而立。被蒙上双眼的毛皮商看不见任何东西，但是他可以听到卫兵的动静，当卫兵们慢慢排成一列、举枪准备射击时，毛皮商甚至可以听见自己的衣服在冷风中簌簌作响。他感觉到寒风正轻轻拉着他的衣襟、冷却他的脸颊，他的双腿，不由自主地颤抖着。接着，他听见拿破仑清清喉咙，大声地喊着："预备……瞄准……"那一刻，毛皮商知道那一切无关痛痒的感伤都将永远离他而去，而眼泪流到脸颊时，一股难以形容的感觉自他身上泉涌而出。经过一段漫长的死寂，毛皮商人忽然听到有脚步声靠近他，他的眼罩被解了下来。突如其来的阳光使得他视觉半盲，他还是感觉到拿破仑的目光深深地又故意地刺进了他自己的眼睛，似乎想洞察他灵魂里的每一个尘埃角落。后来，他听见拿破仑轻柔地说："现在，你知道了吧。"①这一则故事，生动地说明了换位思考的妙趣，尽管带有几分黑色幽默的色彩。

换轨思维与换位思维虽然只一字之差，但却是两种不同的思维方式。换轨是针对思维对象而言的，换位思维是针对思维主体而言的。**换轨思维主要用于解决思维定势，换位思维主要用于克服位置偏见。**

突破常规的思维路径（跳跃性思维）

贝瑟林和托尼是老同学，托尼是筑路工。有一天，一帮筑路工人在曼哈顿第八大街"开膛破肚"，埋电缆，铺下水道。托尼也忙得不可开交，他手持凿岩机，整个身子都跟着机器颤抖起来。那时，贝瑟林正好路过，驻足片刻，托尼朝贝瑟林大声嚷道："看我的手臂！"贝瑟林把手放在他的右胳膊上，觉得自己的手也跟着颤动了，包括肩膀、背脊……托尼身体的每一部位都随着凿岩机的振动而振动。"怎么样，试一试？"托尼说。贝瑟林接过托尼递过来的凿岩机，使出浑身气力，用两条胳膊压住机器，随着银色的方形钢凿钻进沥青路面，贝瑟林的整个身子立即颤动起来。"背部感觉如何？"托尼得意地问。手持式凿岩机的震颤按摩着贝瑟林的脊椎骨，那种感受真比享受价格昂贵的正规按摩还要舒服，而且是自己动手，就能达到按摩的效果。就这样，他俩突然发现了手持凿岩机的潜能：保健按摩。几个衣着工整的过路人见状，驻足好奇地问："你们在干什么？"贝瑟林张嘴就来："这个运动能消除背部的疼痛。"其中一个人问："能让我试试吗？"贝瑟林半开玩笑地说："10美元！"没想到，那人竟毫不犹豫地掏出了钱。托尼又取来一把凿岩机，第二人也掏出了10美元。那第三个人，早就脱下上装，急切地等候在一边。那种健身运动比起头扎彩带，身穿紧身服，关节套上保护套，在铺着地毯的健身房内摆弄运动器械简单得多了。在阳光灿烂的大街上，托尼的顾客们个个汗流浃背，额角上滚动着晶莹的汗珠，他们的脸上，却充满快乐。一种新型的保健按摩器的创意设想，就那样产生了。①

托尼和贝瑟林从手持凿岩机的震颤，想到消除背部疼痛，进而想到了保健按摩，将枯燥的体力劳动看成很有趣的健身活动，又从这种体验中想到了有偿服务，从中看到了它的市场价值，进而提出了保健按摩器的创意设想，一连串的跳跃思维，真是一举多得。从中可看出，托尼和贝瑟林都是热爱生活的人，他们乐观豁达，思维比较活跃，所以他们的思维才能跳跃起来。跳跃思维的出发点也许不容易，但其落脚点却是那么激动人心。从上述案例还可看出，跳跃性思维也是换轨思维。

跳跃性思维，是指一种不依逻辑步骤，直接从命题跳到答案，并再一步推广到其他相关的可能的一种思考模式。一般来说，思维过程可以归结为发出知识、接通媒介和得出结论性知识三个部分，跳跃性思维跳过的或者说是省略的，常常是接通媒介的部分或全部。

从跳跃方式来看，可以分为横向跳跃、纵向跳跃，以及不同层面的跳跃。

横向跳跃是指在一个水平面上从 A 地跳到 B 地，或者从一个问题想到与该问题无关的另一个问题。例如，偷换概念、在职场上的频繁跳槽都是横向跳跃。

纵向跳跃是指在一个垂直的纵向切面上从 A 地跳到 B 地，即在纵向切面上高低上下无层次之分。如果说跳远运动是横向跳跃，则跳高运动就属于纵向跳跃。

不同层面的跳跃是指从较低的层面跳到更高的层面，或者从较高的层面跳到较低的层面。即在纵向层面上有不同的层次之分。

跳跃性思维模式现又被称为选单式思维。跳跃性思维是一种杂乱的思维方式，通常对一种事物的想象突然跳到与该事物不相干的另一事物上了，而且是连续的跳跃式想象，想象力非常丰富。这种思维方式逻辑不严密，组织杂乱无序，与逻辑思维是相对立的，通常表现为说话或者写文章太乱，组织不严密，立意太分散。

跳跃式思维具有以下优点：一是认识事物的切入点很多，多方面思考或者换位思考，具有灵活性、新颖性、变通性等发散思维的特点；二是对事物会提出多方面质疑，又不会钻牛角尖，能够自我克服自相矛盾，最终会找到一个能克服多种质疑的答案，考虑问题较全面，具有很强的思维预见性；三是想象力丰富，对事物的认识触类旁通，善于找出事物的规律并应用于其他方面，可以克服训练逻辑思维的缺点。

例如，潘伯顿是美国亚特兰大市的业余药剂师，他以柯树叶和柯树枝为基本原料，经过多次实验，制成一种具有兴奋作用的健脑药汁，那便是可口可乐的雏形。起初，那种产品的销量很小，没有什么影响力。有一天，一位头痛难忍的病人来药店买健脑药汁。店员配药时，本应向瓶内注入自来水，却误注了苏打水。那性急的病人，当场就一饮而尽。那位店员突然发现了自己的过失，显得很紧张。正当店员不知该如何是好时，那病人却乐了："太妙了，太好喝了，那是什么好东西啊？"潘伯顿因此受到启发，就往健脑药汁中加入一定量的苏打水，并在原来的广告中"包治神经百病"的旁边，添上一句："甘醇可口、益气壮神"。就那样，健脑药汁摇身一变成为日益风行的可口可乐饮料。①在这里，潘伯顿有两次思维跳跃，一是往健脑药汁中加苏打水，改善口味，改进药效，是纵向跳跃；二是将健脑药汁变成可乐饮品，是横向跳跃。

然而，跳跃思维也有其不可避免的缺点。如：因为没有因由地想到答案，会打击有序的思维模式，并存在寻求侥幸的心态，进而养成逻辑思维缺失的坏习惯。例如，张三是一个跳跃思维的人，李四是逻辑思维比较严密的人。有一天，张三和李四就某一产品开发计划进行讨论。在讨论中，李四每提出一个想法和意见，都被张三一会儿提出成本问题，一会儿提出资金问题，一会儿提出管理问题，一会提出人口变化问题，甚至提到了独生子女的问题等给岔开了，李四的有序思维模式无法进行下去。因双方不在一个语境下讨论问题，李四无所适从，最后不了了之。

跳跃思维应有较强的支撑。思维能否跳跃，跳跃的起点或者称为支撑点很重要，没有了支撑，思维便不可能跳跃起来。这个支撑点牢不牢靠，取决于人的知识能力。

跳跃性思维还可延伸到职场跳槽。小王在一家物流公司工作了不到一年的时间，因工资低，月薪只有3000元左右，而且事情不多，上升的机会也不多，就跳槽到一家投资公司。在投资公司工作了一年左右，也看不到前途，又跳到另一家搞装潢的公司从事管理工作。工作了几个月后，又跳槽到一家软件公司。几年下来，他的职位还是比较低，职业发展没见起色，还停留在一个较低的阶段，工资收入也没有看涨，月薪还不到4000元。为什么呢？因为小王工作的几家单位分属不同行业，职业上没有前后关联关系，职业发展上缺乏专业能力的积累。这种他跳槽属于横向跳跃。小李从部级机关工作了四五年，因没有解决公务员身份，一直是借用人员，缺乏归属感。加上爱情的力量，从部级机关跳到地方机关所属事业单位，从一般工作人员做起，所做的工作与原单位的工作相近。尽管职位、薪水等没有得到明显的提升，但职业能力、视野等有了明显的提高。如果将从中央到地方看成是纵向角度的话，小李的跳槽行为属于纵向跳跃。小钱是从事财会工作的，公司比较小，刚开始只有几名员工，他的工资收入也不高，每个月只有不到1000元的收入。后来他加入到一家规模稍大的公司，起薪从2000元左右，经过近10年的努力，增加到月薪8000元左右，显然在该公司的发展受到了较大的限制。后来跳到一家规模不大的外资企业，月工资收入从8000元逐步增加到1.5万元。两年后，他跳到一家跨国公司做财务总监，月工资收入达到3万元。一年多以后，他又跳槽到一家美资公司做财务总监兼运营总监，月工资收入增加到4.5万元。小钱的跳槽虽然也是跳，但因立足点比较扎实，且都是在财会领域，随着平台越来越大，职位越来越高，工资收入也水涨船高。小钱的跳槽就属于不同层面的跳跃。以上用三个人不同情况的跳槽来解释跳跃的方式虽然有些牵强，但还是能够说明一些问题的。

④ 将不可能变可能（颠覆性思维）

　　网络游戏的收费模式是时间点卡，即按照时间收费，不管你玩不玩都得先交钱。但是，游戏玩家大部分是学生，一般的学生从父母给的伙食费中省出一点来玩游戏。在这种收费模式下，没钱的人就不玩了。那么不收费会怎么样？可不可以设计一种模式，让那些没有钱的人免费玩，让有钱的人花更多的钱呢？这种收费模式如果成立，就是对点卡收费模式的颠覆。史玉柱从自身作为一个资深玩家来分析，游戏里面有很多人是愿意花钱的，可以设计一个模式让有钱人为没钱的人付钱。让有钱人在游戏里建立自己的组织，满足其荣耀感。史玉柱经过测试，如果按时间点卡收费的话，只能做到10000人在线，而利用有钱人为没钱人付费的模式，在线人数可以做到十几万人。人一多，游戏就热闹了。而且，人均收费比按点卡收费模式高7倍。因为有钱人愿意多花钱，在游戏里花几百万元的人挺多。假如用点卡的话，可够他花几个月。因为在虚拟世界里，有钱人可以建立自己的社会关系，可以有自己的太太、房子和家，可以把家布置得很漂亮、温馨。如果他的能量够强的话，还可以当国王，当了国王后，可以任命宰相、大将军，可以有千军万马。这种成就感是在现实世界中无法体验到的。在游戏里，收钱的点很多，如让男孩子卖玫瑰花献给女孩子。有人献了99朵，通过游戏公告以后，有人就拼起来了，开始有人买999朵，最后甚至达9999朵。因为在游戏里，喜欢一个女孩子，他不在乎花钱。按一元钱一朵计算，收入就很可观了。让有钱人为没钱人付费的思维模式就是颠覆性思维。

（1）**颠覆性思维的基本概念。**颠覆性思维是美国教育家卢克·威廉姆斯在《颠覆性思维：想别人所未想，做别人所未做》一书中提出的，是指人们彻底转换思维方式，培养一种全新的思维方式，从而设计出激动人心、打破常规的颠覆性方案和经营策略，让市场一次又一次地为之发出由衷的感叹，让竞争者拼命追赶却只能望尘莫及，让消费者的期望值彻底颠覆，并引领整个行业开启一个新时代。其关键在于特立独行的思维，就像苹果公司的标语"Think Different"，是一种追求与众不同的意识。"颠覆性"一词与克莱顿·克里斯滕森在其《创新者的困境》一书中介绍的颠覆性技术有关。

（2）**颠覆性思维的步骤。**以袜子不成对卖为例，介绍颠覆性思维的五步颠覆性创意法则：

①提出颠覆性假设（错误的开始，正确的结果）。乔纳和他的朋友讨论，如果袜子不成对卖，那会怎么样？这是一种有意为之且毫无理性可言的假设，不同于平常意义的假设。两者的差别在于，后者接受当前事物，问"为什么 ____"；前者需要大胆的假设，打破理性的约束，想象事物不该是它现在的样子，然后问："如果 ____，那么会怎么样？"现实生活中有许多思维定势，首先要找到那些陈规旧律，如袜子成对卖，想想有什么地方可以逆向思考，有什么地方可以否定，有什么地方可以进行调整。

②发现颠覆性商机（隐秘之处觅良机）。乔纳和他的合伙人针对袜子不成对卖的颠覆性假设，试着从消费者的视角，努力寻找具有颠覆性的市场商机。乔纳通过观察、访问等，发现目前市场上的袜子分为童袜和成人袜，没有介于两者之间的袜子。他们将袜子的核心目标受众锁定为8—12岁的女孩子。这个群体介于孩子和成人之间，他们喜欢享受快乐，穿着两只不同的袜子本身就带有自我表达的乐趣。得到这一结论是洞察消费者意识的结果。洞察消费者的意识，应克服以下四种特定类型的毛病：一是权宜之计，即只是有针对性地解决某个问题所显现出的弊端，而无法彻底地解决问题；二是消费价值观，即当一个产品、一项服务或者一种购物体验跟消费者的消费观念发生冲突时，往往会出现问题；三是消费习惯，即人们越是重复一项行为，形成的惯性就越强，那么改变这种行为的可能性就越小；四是人们在应该要与想要之间犹豫不决，想要的产品是指消费者希望马上拥有的东西，应该要的产品是指从长远来看对消费者有益的东西。乔纳认识到，消费者因为习惯使然而不得不处于某种环境中，打破这种习惯或从消费者的惯性入手就可以创造出新的商机。

③形成颠覆性创意（出奇制胜才能独占鳌头）。商机不等于解决方案，乔纳和

他的合伙人发现商机后，先将商机分解，然后分析如何在市场上脱颖而出。他们首先设计一个好记的品牌名称"Little Miss Matched"（搭配小姑娘）及受女孩喜欢的品牌形象——一个看起来在8—12岁的小女孩，带着一丝机灵鬼的微笑的卡通人物，以区别市场上其他品牌的普通袜子；决定不以传统方式包装和销售袜子，也许是三只一组，并在在纸上画出不成对的袜子；创造了一种万能的颜色和模式调色板，调出的颜色看起来既有趣又略显成熟；用水彩画出了133种不同款式的袜子组合，没有一对袜子是重复的。

一般来说，在将商机转化为创意的过程中，会碰到三只"拦路虎"：一是团队或个人陷入不知所措、漫无目的、无法聚焦思考的困境中，传统的头脑风暴产生大量创意与聚焦产生好的创意之间有着很大的区别，前者是散弹枪式的思维方法，后者采用激光式聚焦的思维方法；二是许多团队在思考时，依然将事物割裂成产品、服务和信息三个部分，实际上消费者和产品之间可以建立一种更深厚更亲密的关系，这就要求在思考创意时，将产品、服务和信息作为一个整体综合考虑其动态发展；三是大多数创意都仅仅停留在口头讨论的层面，当一个创意以视觉化或文字的形式表现出来时，创意就会变得清晰明了。打败第一只拦路虎的方法是，你要关注创造力和产品与其他事物的联系，创造力就是整合事物的能力，先将注意力集中在一点上，然后再发挥想象力，不要轻易地快速否定任何答案，再看看别人是如何处理产品或服务中的优势或差距的。打败第二只拦路虎的方法是，选定三个创意进行精炼完善，让其更具说服力。同时，从产品、服务和信息三方面进行思考，平衡合作者、购买者、使用者的利益，让三者均受益。将创意可能带来的好处都写下来，然后对这些创意进行修改，让这些好处更加明朗化。打败第三只拦路虎的方法是，将颠覆性创意具体化：一是命名，为创意起一个引人注目的、具有代表性的名字"Little Miss Matched"（搭配小姑娘）；二是按以下方式描述创意，"＿＿＿（标签）能够让＿＿＿（针对的用户）通过＿＿＿（实现的创意方法）获得＿＿＿（创意带来的好处）"。例如，不成对的袜子可让小女孩通过三只一组获得乐趣。再如，一种全自动摄像机能够让任何人通过上网的方式马上理解如何使用拍摄、即时编辑视频、以小分辨率分享视频的功能；三是与其他创意的区别，在同一行业或相同背景下，与其他竞争者相比；四是采取视觉化的手段展示创意。通过以上步骤，将诱人的商机转化为切实可行的颠覆性创意。

④设计颠覆性解决方案（创意的最大杀手就是为了创意而创意）。乔纳和他的合伙人带着上面写有"Miss Matched"、"MissMatched"、"Little Miss Matched"等品牌名称的调查表，在旧金山的大街上对路过的小女孩们进行随机访问，看看她们

对各个名称有何看法，结果"Little Miss Matched"轻松胜出。就该名称而言，有三层含义：一是专门研究搭配的小女孩；二是一个穿着看上去不怎么搭配的小女孩；三是我们每个人不时都会觉得自己有点不搭配。他们制作了一些样品，安排了一次现场展示会，展示他们的袜子样品，邀请袜子商参加，但商家们的反映不好。他们要求其中有个8岁大女儿的商家带回去一些样品，征求他女儿的意见。两天后那个商家就订了价值25万美元的袜子。一般来讲，设计师经常会陷入为了创意而创意的局面，很多颠覆性的创意很不错，但只是成功的一半。除非证明这些创意是合理的，否则毫无价值。**市场是唯一的检验标准，如果不让未来终端用户和消费者对创意进行检验，那么创意可能只是一个糟糕的主意，一旦产品上市，那将变成一场灾难。**例如，随着吸烟致癌和对二手烟的关注，无烟香烟这个创意听起来不错，但问题是深受二手烟危害的人是站在吸烟者旁边的人，而吸烟者本身对无烟香烟毫无兴趣，不吸烟的人也基本上不会去买香烟，所以有烟还是无烟已经不重要了。如果在创意实现之前，向吸烟者征求一下意见的话，也许就不会实施该创意了。**将颠覆性创意变为实用的市场方案，最好的办法就是求助于终端用户，让他们对创意进行测试和评价。**可以采用记忆重视、单独评分、小组评分、改进改善、自由讨论五种调查方法进行终端用户测试。通过原型让思维看得见、摸得着，让创意真正地展现在人们眼前，可采取快速原型建立→循环反复完善→评估反馈→记录信息四个步骤展示你的创意。按照以下三个步骤制作样品：一是用纸板制作故事版；二是用最简单的材料制作原型；三是通过照片或视频来展示在真实环境中某人使用你的产品的全部过程。经目标市场检验后，整合创意形成颠覆性解决方案。

⑤采用颠覆性方式演示最终方案（主次分明，不寻常处多下工夫）。乔纳和他的合伙人采用一本手工制作的品牌企划书来展示其方案：第一页，可看到一个机灵的搭配小姑娘的卡通形象，并说道："嗨，我是搭配小姑娘"；第二页，她大胆宣称："我是史上第一个无需搭配就能很好看的人"；第三页声称："我们专注于生产袜子"。在接下来的几页里，搭配小姑娘谈到了关于袜子和公司计划将来扩展生产其他产品的信息。一般来说，用9张PPT花9分钟的时间展示你的颠覆性方案：首先，让听众对你的方案感同身受（解决"我为什么要在乎你的方案"这个问题）；其次，制造冲突（激发听众的好奇心，"我很好奇这会出现什么结果？"）；最后，将听众变为你的拥护者（"嘿，这个方案太棒了，我们怎么来实现它？"）。开场白1，描述现状，讲述一下行业、领域或产品类别中存在的问题，回顾一直所奉行的陈规旧律；开场白2，观察结果，将关注目光移到消费者身上，利用照片、视频选取代表性的话来增强演示感染力；开场白3，讲个故事，讲述一个调查时的重要经历，让听众产生一种这个方

案与自己有关的感情；制造冲突4，告诉听众所不知道的事情（即方案的结论），回顾能给你带来商机的重要结论，制造一些冲突效应，在听众已知的结论和你希望他们知道的结论之间形成强烈的反差，以打破听众期望的方式介绍你的颠覆性结论，激起听众的疑问，让他们对你的方案产生好奇；高潮5，演示中的转折点（即发现商机），在用市场调研中的结果和事实对其进行解释说明；高潮6，举例说明（进行类比），促进听众对商机的理解，利用听众回想曾经历过的类似事情或类似问题，然后用当时所获得的经验与你所讲的内容进行对比；幻灯片7，介绍方案，对方案作简短描述，通过视觉化的手段展示方案是如何运作的；幻灯片8，鼓励改变（介绍方案的好处），将听众的注意力从关注改变的原因转移到改变的动力上，考虑方案给相关股东带来的好处，还有帮助你实现方案的其他人的利益；结尾9，展望未来（介绍方案的理念），为方案树立一种理念，让你的方案有更高的追求，具备超越功能或者情感的价值。

经过以上五个步骤，乔纳他们形成颠覆性创新，并取得了巨大的成功，Little Miss Matched 公司已经拥有6家零售店和150多名员工。

迁回前进（U形思维）

某陶瓷艺术品投资管理有限公司主要从事陶瓷艺术品投资。该公司斥资建立了陶瓷艺术科技艺术馆，成为上海的科普教育基地，免费向公众开放，向公众普及陶瓷艺术及科技艺术。该陶瓷艺术馆是艺术品投资的一个平台，其功能一是展示陶瓷艺术品；二是提高艺术品投资者的鉴赏水平；三是发现、培育潜在的陶瓷艺术投资者。所以说，陶瓷艺术馆与陶瓷艺术品投资管理有限公司是相辅相成的，各自所承担的功能具有较强的互补性，是典型的U型思维。

U形的实质是迂回前进，善于进退，不是一条道走到黑，或者采取双轨制，两种轨道并行不悖。U形思维，也称迂回思维，是指人们避直就曲，通过拐个弯的方法，规避摆在正前方的障碍，从而使问题得到解决的思维方式。这与直线思维不同。在遇到问题时，人们常会采用直线方式解决。中国有一句古话：这山不开那山开，它体现的是选择智慧，恰恰就是U形思维的妙处。用在为人处事上，可表现出较强的灵活性。U形思维是一种特殊的换轨思维。

在模式创新上，U形思维运用得比较多，主要有：

（1）采用"送油灯—卖灯油"的营销模式。例如，美国一家销售煤油炉和煤油的公司，在早期推广煤油炉的时期，为引起人们对煤油炉和煤油的消费兴趣，在报纸上大肆宣传它的好处，但收效甚微，人们继续使用木炭和煤。面对积压的煤油炉和煤油，公司老板突然灵机一动。他吩咐下属将煤油炉免费赠送到各家各户，不取分文。就那样，收到煤油炉的住户们尝试着使用它，而没有收到的纷纷打电话向公司询问，并索要煤油炉，在很短的时间内，积压的煤油炉赠送一空。公司员工们觉得十分心疼，但老板却不动声色。不久，一些顾客上门来询问购买煤油的事；再后来，竟有顾客要求购买煤油炉。原来，人们在使用煤油炉后发现，与木炭和煤相比，其优越性十分明显。家庭主妇们在炉里原有的煤油用完以后，仍然希望继续使用煤油炉，人们已经一天也离不开它了，只好又向公司购买新的煤油炉[①]。在循环往复中，这家公司的煤油炉自然久销不衰。又如，上海新波生物技术公司运用这一模式也取得了成功[①]，该公司对于时间分辨荧光诊断试剂使用量比较大的医院免费投放比较昂贵的时间分辨荧光诊断仪，对于使用试剂量比较少的医院则采取租赁和分期付款的方式推销诊断仪，久而久之使医院尝到了甜头，产生了"依赖感"。该公司于2000年成立，2001年推出了30套，2002年60套，2003年100套，2004年增长到200套，并于当年取得了2800万元的销售业绩，比上一年增长了175%。同理，剃刀与刀片、喷墨打印机与油墨的销售模式也是如此。

（2）以公益性搭平台，以营利性唱戏。例如，如果将基础研究、应用研究和产业化三个阶段分别比作0—1、1—10、10—100，那么0—1是指从无到有，即基础研究，1—10是指成果应用开发和转化阶段，10—100是指产业化阶段。一般来说，企业对处于10及以上的成果感兴趣。由于目前没有一种机制来支持处于1—10阶段的成果转化，导致企业无成果可买，也导致企业缺乏发展后劲，进而失去了竞争力。为改变这种状况，某电生理技术公司牵头成立了电生理产业技术创新战略联盟，将几十家医院和高校联系在一起，又在此基础上成立了一家民办非企业机构，以便设计

---

① 具体参见吴寿仁主编：《上海高新技术成果转化成功案例》，上海科学技术文献出版社2005年版，第110—115页。

技术研发和成果转化的利益机制。利用这两个机构作为公益性平台，组织高校教授和医院康复科医生开展产学研用合作，专门开展处于1—10阶段的成果转化。教授和医生在这个平台上兼职开展项目研发，并按项目设计利益机制，他们的利益能够得到充分保证，也就能够全身心地投入。一旦科技成果转化成功能够进行产业化的，就由企业来接盘，实现成果的价值。这种模式运作得比较成功，电生理技术公司利用联盟和民非两个平台，先后编制了康复器械技术路线图，探索了康复服务模式，挖掘了一批散落在高校和医院的科技成果，推进了康复科技惠民项目，有效地整合了康复资源，推进了我国康复事业的发展。同时，电生理技术公司近几年也发展较快，自2010年以来，由销售收入不到5000万元增长到2013年超过1亿元。

（3）**用于管理创新**。例如，很多日本企业采用"U"型决策法。其决策过程是：由上层机构提出方针，员工经过讨论以后提出合理化建议，再回到上层作出最终抉择。这种决策的运行轨迹与英文的大写字母"U"相似，故称"U"型决策法。之所以采用"U"型决策法，是因为人们发现企业要跳出经营多年的老本行，参与新行业、新产业的竞争，在全新的领域发现机会，靠少数人决策是很难成功的。为了使每个员工热爱企业，与企业共存共荣，以提高企业竞争力，就必须采用"U"型决策法。为了实施"U"型决策法，他们改革了刻板的人事制度，实施企业内招考制度。每个员工都可以根据决策的需求、部门职务的空缺和自己的能力，直接向人事部经理申请报考。松下电器公司为鼓励员工想办法、出主意，专门建立"企业内风险制度"，规定：谁提出好的建议，拿出好的方案，谁就可以出面"组阁"。在改革陈旧人事管理制度的同时，他们还对包括参与决策在内的，成绩出众的生产经营者，给予物质和精神上的双重奖励。在物质方面，加大一年两次奖金的数额，再额外增加红利及合理化建议专项奖金；同时，把参与决策的成绩作为晋级加薪考核的依据之一。

再如，某企业采取自下而上的员工合理化建议制度和自上而下的科技创新制度相结合的技术创新机制。一方面，公司鼓励员工立足岗位，在生产经营实践中发现有值得改进的地方，以合理化建议方式提出来，公司组织相关机构和人员对员工的合理化建议进行评估，并予以奖励，而且从中也许能够发现重大的创新机会。另一方面，公司组织专门力量，提出重大技术创新项目，并组织研发部门进行攻关。这种技术创新机制既充分调动了员工的积极性和创新性，又围绕市场需要，组织研究开发和产业化转化，体现了全面创新。

将他人的经验与做法复制（移植思维）

　　一家制药企业的副总经理反映，2014年初，她收到税务主管部门发出的涉税风险提醒告知书，主要内容是：一是2013年前三季度增值税同比增长1.62%，耗电量同比下降98.37%，增值税税金与能耗配比不合理，报送的耗电量可能有误，请核实；二是2013年前三季度成本费用率为4%，利润率为10.04%，净资产利润率9.29%，分别低于行业平均值14.72%、12.77%、23.15%，可能存在多列成本和项目，请核实。她说，她很佩服税务部门为督察企业依法纳税的精细。税务部门借鉴国外的操作办法，通过告知书告知企业，让企业自己去查。不过那位副总经理很纳闷，增值税的税负与耗电量有何关系？制药行业的平均值是怎么来的？她认为，就制药行业而言，有中药行业，有西药行业，还有制剂行业，各个细分行业的均值差异是比较大的。该公司当时回答，其利润率与上市公司中最好的公司的利润率差不多。同时，医药的定价权不在企业，而在政府。企业研制一项新药，可能要花费10年的时间。所以，对于制药企业而言，耗电量与增值税税金不存在比例关系，企业之间的经营管理水平、生产技术水平、产品的附加值等差异都比较大，也不具有可比性，用于监察企业纳税，也是不可取的。李克强在辽宁任职时，喜欢通过耗电量、铁路货运量和贷款发放量三个指标来分析当地经济状况，被归纳为"克强指数"，是求真务实之举。这表明，将耗电量的增减来反映宏观经济景气状况是可行的，但移植到微观领域，用于监察企业是否依法纳税，属于不当移植。用行业的平均成本费用率、平均利润率等来计算投资回报率是可行的，但移植到监察企业是否多列支成本，也属于不当移植。所以这些提醒告知，给企业带来的麻烦和困惑是可想而知的。

在上述案例中，税务部门借鉴国外做法通过告知书告知企业依法纳税，属于经验复制，是移植思维，但利用耗电量来监察企业是否依法纳税，虽然也是移植思维，却是不当移植。移植思维是指把某一领域的经验与做法运用到其他领域的一种思维方式。移植得好能带来积极正面的效果，具有创造性；移植得不好，则是张冠李戴，会造成负面被动的局面。

一般来说，移植是由联想来牵线搭桥的，没有联想就没有移植。移植思维的应用不是随意的，应当具有一定的客观基础，也就是各研究对象之间的统一性和相通性。移植也不是简单的相加或拼凑，移植本身就是一个创造过程。

（1）**移植方式**。从移植方式来讲，按照先有可移之物还是待解问题，有移出和移入两种基本方法：

①移出法，即先有"可移"之物，将本领域成熟的经验、方法、技术、观念等移植到其他领域。移植的过程往往是：触景生情→引起联想→找到移出物的使用场合。例如，在许多年之前，法国海军巴比尔舰长带着通信兵来到一所盲童学校，向小朋友们表演了夜间通信方法。在漆黑的夜晚，眼睛是用不上的。于是，军事命令被传令兵译成电码，在一张硬纸上，用"戳点子"的办法，把电码记下来。而接受命令的一方士兵，用"摸点子"的办法，再译出军事命令的内容。这一表演引起盲童学校老师布莱叶的极大兴趣。布莱叶将"戳点子"移植到盲文上，将"戳点子"改为"摸点子"，经过5年的反复研究，终于发明了"点子"盲文，1837年其不朽巨著《点字盲文》面世，一直沿用到今天。在本例中，先有军事领域的"戳点子"的方法，然后移植到盲文里，就发明了"摸点子"方法。

②移入法，即为解决本领域的难题，从其他领域寻求成熟的经验、方法、技术、观念等。移植过程往往是根据移植的需要，去寻找"可移"之物，通过联想产生移植发明的成果。例如，火车发明后，由于制动器的力量太小，在紧急的情况之下，常由于刹不住车而发生重大的交通事故。一个名叫乔治的美国青年，目睹了车祸的发生，就萌发了要发明一种力量更大的制动器。一天，乔治从当地的报纸上看到用压缩空气的巨大压力开凿隧道的报道。于是他想，压缩空气可以劈石钻洞，是否可以用来制造火车制动器呢？经过反复试验，乔治在22岁的时候就发明了世界上第一台压缩空气制动器。在本案例中，先有待解问题，再寻求待解的方法，即寻求可移之物，最后解决问题。

（2）**移植内容**。从移植的内容来看，是将一个领域中的原理、方法、结构、材料、用途等移植到另一个领域中去，从而产生新事物，主要有观念移植、原理移植、方法移植、功能移植、结构移植等类型。

①观念移植，也称概念移植，就是除去陈旧的传统观念，移入新的观念。例如，关于计划经济和市场经济的问题，过去把它们对立起来，作为社会主义和资本主义的分水岭。其实，计划经济和市场经济是两种不同的经济理论，均可以为不同制度的国家所利用。破除了这个传统观念，自20世纪80年代以来，我国移植了市场经济观念，因而使得我国的经济出现了持续增长的大好局面。

②原理移植，指把某一领域的技术原理有意识地移植到另一领域，主要是借鉴其内在原理，因而不受事物表面形式的限制。例如，从20世纪80年代起，美国开展了基因治疗的研究，1989年美国 FDA 批准开始进行临床试验阶段。实际上，基因治疗法是由遗传学和基因工程原理向医疗治病移植的结果。基因是生物遗传的基本单位，人体的某种基因一旦缺损，就往往表现为某种疾病。基因治疗是将外源基因移植到患者的体内，以达到治疗的目的。但是，基因治疗技术极为苛刻，必须具备以下条件才能在临床上应用：首先，针对各种疾病，必须具有能够达到治疗目的的基因；其次，必须具有能够将基因成功地导入到人体的载体系统，该系统不仅要求是高效的，而且是定向导入人体的某些细胞；第三，基因导入人体以后，必须能控制它的表达。因此，基因治疗是生物技术之集大成，是遗传学、分子生物学等学科知识和技术的移植。

③方法移植，是指把某一领域的技术方法有意识地移植到另一领域。例如，第二次世界大战时，德国海军在大西洋用潜水艇袭击美国运输军用物资的货船，在不到一年的时间里，德国就歼灭了美国三分之二的货轮。当时美国虽然有三十来家大船厂，即使是日夜不停地造船，一年之内也只能生产100艘大货轮，无论如何也弥补不了被击沉的货轮数量。正当造船公司一筹莫展之际，有的专家发现福特汽车公司造车的速度非常快，经了解，那是因为福特汽车公司实行零部件生产专业化。造船厂恰好相反，所用的零部件和装配都在一个船厂完成。见贤思齐，于是，造船厂移植了福特公司的生产方法，造船速度就大大提高：从1942年开始，先是四个月造一艘，随后是一个星期，最后是三天。

④功能移植，是指将某一事物的功能移植到另一事物上。例如，1941年，在第二次世界大战中，欧洲战场上战斗很残酷，有大批伤兵被运到后方。有一天，法国将军亚德里安到医院看望伤兵时，一位伤兵向这位法国将军讲述了自己受伤的经过。这位伤兵说，在德军炮击时，他正在厨房值班，在炮弹劈头盖脸地打过来时，他急中生智，忙把铁锅举起来扣在头上，结果他只受了点轻伤，而其他很多同伴都被炸

死了。亚里得安将军由此联想到，如果战场上每人都有一顶铁帽子，也许就可以减少伤亡。于是，他立即指派一个研究小组，制成了第一代钢盔，并在当年配备给了部队。据统计，第二次世界大战中，在世界各国的军队中，钢盔使几十万人免于死亡。法国将军从铁锅扣头能防炮弹，到提出制造钢盔，就是功能移植的结果[①]。

　　⑤结构移植，是指将某一事物的结构移植到另一事物上。例如，1968年，吉列剃须刀创下销售1110亿枚的历史纪录，全世界有10亿人使用吉列产品，销售吉列产品的商店达1000万家以上。吉列保安剃刀公司的创始人金·吉列曾是一家小公司的推销员，一天早上，吉列刮胡子时，由于剃刀磨得不好，刮得比较费劲，脸还被划了几道口子。懊丧之余，吉列盯着剃刀，产生了创造新型剃须刀的念头。于是吉列对周围的男性进行调查，发现他们都希望有一种新型的剃须刀，他们的基本要求包括安全、保险、使用方便、刀片随时可更换等。就这样，吉列开始了开发剃须刀的征程。那种新型的剃须刀该是什么样子的呢？吉列苦思冥想着。由于没能冲破传统习惯的束缚，他发明的剃须刀，其基本构造总是脱不掉老式长把剃须刀的局限。有一天，吉列望着一片刚收割完的田地，看到一位农民正轻松自如地挥动着耙子修整田地，从中受到启发（即产生灵感，农民挥动耙子是诱发物），一个崭新的思路出现在吉列的脑海里。吉列心想，新的剃须刀的基本构造，就应该同那把耙子一样，简单、方便、运用自如。吉列的那个思路就是移植思维的具体体现，而且是先有需要，再找到可移物。当然在这一案例中，吉列还运用了灵感思维。所以，移植思维往往与灵感思维、联想思维密不可分，有的将移植思维纳入联想思维的范畴。

　　（3）移植条件。运用移植思维，应具备以下三个方面的条件：

　　①相容性，即移植体和被移植体之间必须是相容的，包括思想、观念、概念、方法、原理、物体等，不产生"排异"现象，尤其体现在动物的器官移植上。近些年来，眼睛、心脏、肾脏等器官的成功移植，有一个前提就是具有相容性。如果移植体与被移植体之间产生冲突，是不可移植的。

　　②相通性，即事物之间彼此连贯沟通，能够通过某种中介把它们连接成为一个整体。如果移植过程中张冠李戴，移植不当，就会产生东施效颦的结果。

　　③优化性，移植是为了追求优化和高效。如果移植不当，也会导致效率更低下。

　　移植思维是科学研究中最简便，最有效的，也是应用最广最多的思维方法。无论是科学技术工作者还是其他领域的实际工作者，只要掌握了移植思维方法的要点，就能够巧妙地运用移植思维方法，做到有所发现，有所发明，有所创造。

07 触类旁通（侧向思维）

　　手风琴是一种常规的键盘乐器，而电子手风琴也沿用了传统手风琴的外形及演奏形式，只是用电路来产生音阶、音色和发声。某青少年科技馆的杨涛把电子音乐技术移植到手风琴，既保留了传统手风琴演奏灵活方便的优点，特别是强劲的各种低音和弦的特点，也吸收了电子琴音色优美多变的优点，特别是自动电子打击乐伴奏的优点，而且还能像传统手风琴一样利用风箱来控制音量，比较成功地解决了电子乐器力度控制的难题。该项发明就是侧向移出思维的结果，即把改进传统手风琴音色单一的缺点，侧向移植电子琴音色优美多变的优点，将手风琴和电子琴两者的优点组合起来，实现传统手风琴的创新。如果仅仅将注意力放在手风琴的缺点改进上，不引入电子琴音色优美多变的优点，就实现不了两者的组合，产生不了这项发明。①

　　（1）侧向思维的概念。侧向是一个物理学概念，是指在应力分析中与物体对称平面垂直的方向。**侧向思维也称旁通思维，是指跳出原来的圈子，利用其他领域的知识，从与问题相距很远的事物中受到启示，从侧向迂回地解决问题的思维方式。**这一概念有三个基本要点：

　　①跳出原来的圈子，即当正向思维遇到障碍时，从侧面去想，从最不显眼的地方或者次要的地方入手，以避开问题的锋芒。这样往往会有意想不到的效果，而且更简单、更方便。在这里，侧向是相对于正向而言的。

　　②把注意力引向外部其他领域的事物，从而受到启示，找到超出限定条件之外的新思路，实质上也是思维的转换。当一个人为某一问题苦苦思索时，在大脑里形成了一种"优势灶"，一旦受到其他事物的启发，就很容易与这个优势灶产生联系的

---

　　① 选自《培养创新思维系列讲座》，百度文库（http://wenku.baidu.com）。

反映，即产生灵感，从而解决问题。例如，19世纪末，法国园艺学家莫尼哀从植物的盘根错节想到水泥加固。

③看似问题在此，其实解题的"钥匙"在彼处，即从与问题相距甚远的事物中得到启示。例如，圆珠笔在日本问世时，一个困扰厂家的最大问题是，在圆珠笔书写到一定程度以后，会因圆珠磨损而漏油。厂家的工程师有的从改进圆珠质量入手，有的从改进油墨性能入手，想方设法解决漏油的问题，但都未能如愿。东京山地笔厂一名叫渡边的青年工人发现，他女儿把圆珠笔用到快漏油时就丢弃不用了。渡边从这一现象中得到启发，建议老板将笔芯做得短些，不等其漏油，油就用完了。这一小发明的技术含量虽然不高，却非常管用。

侧向思维是发散思维的一种形式，其思路和方式不同于逆向思维、正向思维和多向思维，它具有灵活性和联想性的特点。

（2）侧向思维的实现方式。侧向思维有以下三种实现方式：

①侧向移入，是指跳出本领域的范围，将注意力引向更广阔的领域；或者将其他领域已成熟的、较好的技术方法、原理等直接移植过来加以利用；或者从其他领域事物的特征、属性、机理中得到启发，提出解决问题的创新设想的思维方式。侧向移入是解决技术难题或进行管理创新、产品创新的最基本的思维方式之一。例如，达芬奇在创作《最后的晚餐》时，耶稣和十二个门徒都有人物原型，不是凭空想象的，但画出卖耶稣的犹大时很为难，犹大的形象一直没有合适的构思。他循着正常的思路苦思冥想，始终没有找到理想的犹大原型。直到有一天修道院院长前来警告达芬奇说，再不动手画就要扣他的酬金。达芬奇本来就对那位院长感到憎恶，那时看到他，构思出现了，何不以那位院长作为犹大的原型呢？于是立即动笔把修道院院长画了下来，使那幅不朽名作中的犹大具有准确而鲜明的形象。这个故事还有另外一个版本。犹大为了30块银币出卖了自己的导师。耶稣对此是知道的，对门徒说，你们当中有人出卖了我，犹大一听很惊恐，紧捂着钱袋子。达芬奇一直苦于没找到犹大的原型。有一天，他在城里溜达，在一座桥上思考。那座桥不宽，两边都是金店，卖金首饰。突然一辆马车冲过来，马受到惊吓，拉着车狂奔。碰巧一个商人刚结完账拎着钱袋出来，遇到那辆狂奔的马车，差点被马踩死了。达芬奇看到商人抱着钱袋受惊吓的样子，犹大的形象就突出冒出来了。①

②侧向转换，是指将问题转换成为它的侧面的其他问题，或将解决问题的手段转为侧面的其他手段等。例如，有一次，曹操要大家用秤称一称大象的重量。大象重达上万斤，可古时人们使用的大秤一次最多只能称200来斤。曹操的这一要求在当

---

① 选自《这个历史挺靠谱：袁腾飞讲历史3》。

时是一个比较大的难题。曹冲想出了个好主意：先用大木船装上大象，把大木船的吃水深度做上刻度标记。然后，把大象牵下船，再装上石块，随着石块的不断增加，当大木船的吃水深度达到同一刻度时，表明船上的石块与大象等重。最后，用秤分别称出石块的重量，把那些石块的重量加总，就是大象的重量。曹冲称象的原理就是运用了侧向转换思维中的"换元—等值—分解—总和"原理：第一步，运用换元思维（替代思维）找到替代物：大象不能劈开，但石头可以分开，可以用等重的石块来替换大象；第二步，突破观念的限制，突破了传统意义上"秤"的概念，运用侧向移入思维，借助大木船和水两个媒介，用等值的思维找出同等重量的石块；第三步，运用分解与整合思维逐一称出石头的重量，将石头的重量加总，计算出大象的体重。

③侧向移出，是指将现有的设想、已取得的发明、已有的技术和产品，外推到其他意想不到的领域或对象上。这也是从现有的使用领域、使用对象中摆脱出来，克服线性思维的思考方式。本节开头的案例就是侧向移出。

有人将侧向思维命名为爱迪生思维。有一天，爱迪生在实验室里工作，急需知道一个灯泡容量的数据，因为手头忙不开，他就递给助手一个没有上灯口的玻璃灯泡，吩咐助手把灯泡的容量数据量出来。过了大半天，爱迪生手头的活早已干完了，那助手还没把数据送过来，爱迪生只好上门找助手。一进那屋，他就看见助手还在忙于计算，桌上演算纸已经堆了一大沓，爱迪生很是纳闷，他皱着眉头地问对方："还需要多长时间？"助手回答说："一半还没完呢。"爱迪生一听，就都全明白了。原来，那位助手，刚才一直忙于用软尺测量灯泡的周长和斜度、用复杂的公式进行计算。那助手还把那一套计算程序详细地说给爱迪生听，以表明自己的思路没问题。爱迪生不等助手说完，便拍拍他的肩膀说："别瞎忙了，小伙子，瞧我这么干！"说着，就往灯泡里面注满了水，交给助手："把这里面的水倒在量杯里，马上告诉我它的容量。"助手一听，立马羞得面红耳赤。爱迪生将灯泡的容积转换成水的体积，再用量杯量水的体积就得到灯泡的容积[①]，使用的是侧向转换思维。爱迪生思维的独到之处，就在于其灵动自如，直奔目标，而不为人间万象所困惑干扰。实际上就是将问题转换成易于解决的其他问题，即变维思维，实质上是变换思维的视角。通过变维思维，首先找出问题，再寻找解决问题的有效方法。

思维视角

思维主体有多种思考问题的角度，不同的角度得到的结果会有天壤之别。因此，人们在思维的过程中，或者在思考问题时，视角（包括眼光、态度等）很重要，可采取多个视角进行思维。

思维视角是指思考问题的角度，对同一个问题从不同的思维视角去观察分析，得出的结果可能是不同的。例如，对于"经济全球化"这个问题，从有利的思维视角和有害的思维视角去分析，会得出截然相反的结论。形象地说，看问题的视角是锐角、直角还是钝角，以锐角看问题，容易陷入狭隘；以钝角看问题，视野会变得开阔，站的层面更高，看问题就更全面。思维视角比较多，有静态与动态、有形与无形、结构与层次、整体与局部、宏观与微观、有利与有害、要素与联系、主要与次要、主观与客观、肯定与否定、本质与形式、过程与环境等。[①] 每对思维视角所看到的是不同的，从多个视角去看问题，可以看得更全面一些。

---

① 详见袁劲松：《柔性思维教练》，青岛出版社2005年版。

01 突破思维的禁锢（批判性思维）

有人曾提出开发了一种以汽车尾气和汽车在运行过程中与空气摩擦产生的摩擦力为动力源的汽车，即将汽车尾气所携带的余热和汽车与空气摩擦产生的能量收集利用，反馈到汽车发动机，只需给汽车提供初始动力，汽车就可以运行，并声称已经设计好图纸，只需将现有企业的动力系统进行改造就可以，那种车一旦造出来，将可大大节能，是对现有汽车的根本性颠覆，请求给予大约5万元的资助就可将车造出来。稍有物理学常识的人都能判断，该车的技术方案类似于永动机，从理论上是不可行的。同时，经进一步了解，该人是汽车爱好者，曾经是摩托车、汽车修理工，改装过汽车。从他的资历来看，他也不具备设计这种车的知识背景和能力。将这两者结合起来，完全可以断定其设想不可行。

无独有偶，20世纪初，一位高级工程师退休以后，全身心地投入弹簧钢发电的研究。通过严密的计算和原型设计，认定弹簧钢能够发电。但是他的研究没有得到学术界的认可，他却痴心不改，仍然沉浸到他的研究中。当时有一位女企业家从打字、复印等小本生意起家，积累了一笔财富，希望转型到高科技领域，经人介绍认识了那位高工。双方一拍即合，女企业家投资近千万元，成立了公司，购买厂房设备，全力支持高工开发弹簧钢发电机。发电机开发出来了，电也发出来了，但只能持续几秒钟，发电机只动了一下就停下来了，电灯泡闪了一下就熄灭了。弹簧钢发电机的原理与永动机原理并无两样，稍有物理学知识的人都能作出判断。

从以上两个例子可知，对听到的、看到的各种信息、观点、判断等应当有鉴别力，不能全信，也不能完全不信，应当通过批判，有选择性地吸收。

（1）**批判性思维的概念**。批判是指以科学、逻辑的根据或者常识为参照等对事物作出有辨识能力的判断。

批判性思维是指人们以逻辑方法为基础，以科学依据和常识为标准，结合其日常思维的实际和心理倾向，审慎地运用推理断定一个断言是否为真的思维方式。

构成批判性思维的基本要素：一是断言，即表达意见或信念的陈述，或对某一事物作出一种主观性非常强的言论，或某种思想、观点或言行；二是论题，是指主张并加以辩证的命题，即探究断言是否为真的评价；三是论证，是指作出结论的理由，包括已知为真的科学原理、常识等。论证由前提和结论两个部分构成，其中前提为结论提供理由。

（2）**批判性思维的运用**。批判性思维主要用在以下两个方面：

①在写作时，运用批判性思维可避免或减少写作中出现含混不清的概念、容易产生歧义或者过于抽象的表达等。例如，"我在租房子"是表达"我把自己的房子出租给别人"还是"我向别人租房子"？

②用于判断信息或断言的可信度。判断一条信息或者断言是否可信及其可信程度，可从该信息或断言本身作出判断，也可从其来源作出判断，或者将两者结合起来进行判断。前述的两个案例都可以根据科学知识作出判断。

在现代社会，批判性思维被普遍确立为教育特别是高等教育的目标之一，关注的核心问题是逻辑知识与逻辑思维能力之间的关系，或者更一般地，是知识和能力之间的关系。人与人之间的素质差异，从本质上讲，不在于他们所掌握的知识量上的差异，而在于他们在思维能力上的差异。普遍的智力标准，包括清晰性、正确性、精确性、一致性、相干性、逻辑性、深度、广度和公正等，必定用于思维。清晰性是思维的基础，也是批判性思维的基础目标。正确性是批判性思维中的一个重要目标。精确是指正确、明确和确切的质量。一致性是持批判性思维者的基础理念。相干性是指陈述与当下的内容的相互关联性，意味着对所考虑的事物是重要的、有密切的逻辑关系。逻辑性是支撑信念和行为的理由是否具备合理性的问题。基本原则是敢于怀疑，保持开放的头脑。

当人们批判性地思考问题时，一是要确定问题，二是检视事实，三是分析假设，四是酌情考虑其他因素，五是确定支持或反对一项观点的理由。运用批判性思维时，应当进入一定的心理状态，包括客观、谨慎，有挑战他人观点的意愿，将自己深信不疑的信念置于仔细检视之下的意愿。

批判性思维强调思辨精神，从负面的角度思考他人观点中不正确、不科学、不合逻辑、自相矛盾之处，找到对方思维的漏洞，进而推翻某种意见或结论，产生出新的思想与观念，是一种求异思维，也是一种创新思维。所谓真理越辩越明，就是这个道理。但是，批判性思维也比较容易演变为意气之争，攻其一点不及其余，一叶蔽目不见泰山，导致极端观点的产生。这是要尽量克服和避免的。

批判性思维有助于克服思维偏见，正确运用修辞技巧，并从他人貌似合理的修辞中作出正确的判断。

02 为什么水流的旋涡是逆时针旋转的？
（质疑思维）

20世纪40年代，美国麻省理工学院的科学家谢皮罗教授在洗澡时留意到一个有趣的现象：每次放掉洗澡水时，水的漩涡总是向左旋转，也就是逆时针方向旋转。那是为什么呢？他紧紧抓住那个问题不放。为了弄清楚那个现象背后潜藏着的科学奥秘，谢皮罗教授开始实验操作，并设计了一个底部有漏孔的碟形容器，先用塞子堵上，往容器中灌满水，然后重复演示那一水流现象。他注意到，每当拔掉塞子时，容器中的水总是形成逆时针旋转的漩涡。那就证明：放洗澡水时，漩涡朝左旋转并非偶然的现象，而是一种有规律的自然现象。经过长期不懈的实验探索，谢皮罗教授终于揭开了水流漩涡左旋的秘密。1962年他发表论文指出：水流的漩涡方向是一种物理现象，与地球自转有关，如果地球停止自转的话，拔掉澡盆的塞子，水流就不会产生漩涡。由于人类生存的地球不停地自西向东旋转，而美国处于北半球，地球自转产生的方向使得该地的水朝逆时针方向旋转。他还指出：北半球的台风都是逆时针方向旋转的，其原因是与洗澡水的漩涡方向一样。他由此推断：如果在地球的南半球，情况则恰好相反，洗澡水将按顺时针方向形成漩涡，而在地球赤道则不会形成漩涡。谢皮罗教授的论文发表后，引起各国科学家的极大兴趣，他们纷纷在各地进行实验，结果证实：谢皮罗教授的结论完全正确。谢皮罗教授之所以能够从人们司空见惯的现象中取得惊人的发现，得益于他敢于对"洗澡水漩涡的方向性现象"提出质疑，即"漩涡方向背后隐藏的规律是什么？"他从这一质疑开始，对人们常见的漩涡现象进行了深入的探索，并由此联想到地球的自转现象，联想到台风的旋转方向，通过实验作出了合乎逻辑的推理和论证，从而揭开了现象背后的奥秘。这一案例告诉我们，要取得创新成功首先就要敢于质疑。

（1）**质疑思维的概念**。质疑就是提出疑问。质疑思维是指人们对现有事物通过提出"为什么"的问题，进而设法探究其背后的原因并产生新事物、新观念、新方案的思维方式，可分为联系实际引发、逻辑推理产生、追因求果、类比联想、逆向思考、变换条件等方式。谢皮罗教授采用追因求果式进行质疑。质疑思维具有疑问性、探索性和求实性的特征。

（2）**质疑方式**。质疑思维还可细分为起因思维、设问思维、追问思维和目标导向思维等形式。起因思维是以提出"为什么"为起点，进而探究事物的起因与本质的思维过程；设问思维是对事物的过去、现在乃至将来发展提出疑问，进而寻求答案的思维过程；追问思维是一直追问事物的前因后果直至解决问题的思维过程，前面提到的丰田汽车公司总经理大野耐一凡事都要问5个为什么；目标导向思维是围绕目标并努力达成目标的思维过程，例如王元泽识别鹿和獐的故事。

质疑是走向成功的第一步。要创新，就必须对前人的思想、已经作出肯定性或者否定性结论的定论等加以怀疑，以及对他人的观点、想法等提出自己的疑问，才能够发现前人或者他人的不足之处，并在此基础上产生自己的新观点、新思想。要在创新的过程中取得成功，或者要在平常的工作中进行创新，首先就要敢于质疑。例如，哥白尼对托勒密的地心说提出质疑，创立了日心说。

（3）**质疑对象**。根据质疑对象的不同，可分为条件质疑、过程质疑和结果质疑。条件质疑是对事物产生的条件提出疑义，通过增加、减少、改变条件等方式，提出新的见解；过程质疑是指对事物产生、发展的过程提出疑义，通过对过程的颠倒、置换，以及增加、减少过程的环节等方式，提出新的见解；结果质疑是指对事物的结果提出疑义，通过对结果进行审慎的分析，提出新的见解。在前述案例中，谢皮罗采用了条件质疑法。一个人的提问、质疑、怀疑能力比他能记住多少知识要重要得多。

(4) 质疑思维的作用。质疑思维有利于促进独立思考、培养积极进取精神、化繁为简和发明创造等作用。敢于质疑是创新思维的开端。当人们对事物提出自己的疑问时，就说明对该事物有了自己的独立思考，这就是一种进步。有位科学家说：提出问题比解决问题更重要。人们首先要怀疑，才能够提出问题，在提出问题的基础上，才能够解决问题，才会有新的发现。一旦失去质疑的精神，就缺乏好奇心。没有好奇心，就失去了创新的动力，也就不可能去创新。

03 存同求异（包容性思维）

在20世纪70年代埃及和以色列的和平谈判中，双方就西奈半岛问题争执不下，谈判一度陷入僵局：以色列坚持要继续占领西奈半岛的一部分，而埃及要求全部收回半岛的主权。双方在那个问题上针锋相对，互不相让。负责调停的美国虽然反反复复在地图上划出分界线，但还是无法让双方满意。后来，经过多次比较研究，美国终于找到双方争执的差异所在：以色列最关心的是国家安全，担心埃及的军事力量太靠近自己，因而不愿放弃西奈半岛；埃及则坚持要保持自己的领土完整。找到了症结所在，问题就有了解决的契机。后来，双方终于达成以下共识：以色列把西奈半岛全部归还埃及，满足埃及人"领土完整"的要求；埃及保证西奈半岛大部分地区的非军事化，满足以色列人"边界安全"的要求，双方皆大欢喜。从表面上看，埃及和以色列的要求是对立的，但实质上各自所要求的东西是不一样的，而且是相互包容的，至少是不排斥的，这就可以求同存异，满足各自所需，实现共赢。当然，这也被看成是以色列和埃及换位思维的结果。

包容性思维（Inclusiveness Thinking），是在对批判性思维与平行思维进行分析与比较的基础上提出来的，是指对一些看似互不关联甚至互相矛盾的思想、观点、理论等通过改变观察的视角或立场以及一定的加工改造，使之互相兼容、有机组合、融为一体的思维方式。简而言之，就是求同存异。

在包容性思维中，假设有两种观点分别为A和B，这两种观点可能存在以下关系：

（1）对立关系，是由双方看问题的视角或者立场不同所致。用数学公式可表示为：A=-B，或B = -A，其中"-"号表示看问题的视角或者立场的转变，或者对观点进行一定的加工改造。处理对立关系的基本法则是：进行换位思维或换轨思维，超越原有的看问题的立场或视角。事物是普遍联系的，从一个视角或立场看问题，所看到的观点只是问题的局部或者片断，局部的或片面的对立，并不意味着其全局或者整体是对立的，只要换位思考或换轨思考，从更大的视角看问题或者换个立场看问题，掌握的信息越多，就对问题看得越清楚，就会不断地修正其看问题的观点，就会发现其观点可能是相容的。因此，观点的对立不要紧，要紧的是能否以一种更超然的立场、更宽阔的视角理性地看待问题，找到每一种观点背后的立场、视角和动机等，并将每一种观点背后的立场、视角、动机等揭示出来。

（2）平行关系，表示观点A和观点B分别代表了不同领域、范畴或方面，可用数学公式表示为A∥B。处理平行关系的基本法则是：对事物进行细致的分析，找到两个平行的认知观点之间最近的距离，并搭桥让它们联系起来，找到其可以有效利用的空间。

例如，科技型中小企业的一个重要特征是轻资产，在资产构成中，有形资产所占比重小，无形资产所占比重大，在向商业银行贷款时，提供不出可供抵押的房产、动产等，存在贷不到、贷不足、贷款贵等问题，这制约了科技企业的成长发展。而商业银行也是企业，可不是救助机构。这又制约了科技企业的成长发展。这就需要科技与金融进行有效的结合。然而，科技与金融是两个领域，有人比喻为分属一条河的两岸，是不会相交的。要将科技与金融结合起来，就必须在"河"的两岸合适的位置上搭建桥梁。上海市科委推出了两项金融产品：一是科技型中小企业履约保证保险贷款，建立"政府＋保险＋银行"的风险共担模式，使无担保、无抵押的科技型中小企业有机会获得银行贷款。具体做法是：上海市科委为参与合作的商业银行提供贷款风险补偿准备金；科技型中小企业向银行贷款，并向保险公司购买履约保证保险，支付贷款本息合计2%的保费；科技型中小企业正常还款的，市科委给予

1%的保费补贴；如果发生贷款损失，政府承担25%、保险公司承担45%、银行承担30%。2013年共有14家银行、8家保险公司、2家保险中介参与，363家企业通过该产品获得了11.01亿元的贷款。二是科技型小微企业微贷通，该产品针对销售规模在200万—1000万元的初创型科技企业，科技企业向担保公司支付贷款本息和2.5%的担保费用，担保公司出具保单，银行"见保即贷"，贷款基准利率上浮不超过20%。当然这只能部分地解决科技型中小企业的贷款难问题。此外，也有很多有益的尝试，例如上海融道网按照市场化的运作机制，运用互联网将供款方与贷款方联系起来，并根据贷款人的特点推出了多项融资服务，满足了贷款人额度小、频次高、成本低的贷款需求。

（3）类比关系，即两个事物属于完全不同的领域，但两者在很多方面有相同或相似之处，那么他们就构成类比关系，可用数学公式表示为 A $\backsim$ B。类比关系往往能够激发创新思维，有利于创新。运用类比关系的基本法则是：发现两个事物之间的相似之处，然后从一个相对熟悉的事物的变化规律中去发现另一个相似事物的变化规律，并充分利用这一规律。例如，法国有位童装设计师[①]，他注意到：随着年龄的增长，儿童的身体长得很快，一件衣服穿半年就嫌小了，但是衣服本身并没有破损，扔掉挺可惜的。于是，那位设计师根据儿童的发育速度，设计出一种能伸长能加大的衣服，其主要部位的尺寸都能调节，产品一面世，就深受家长们的欢迎。

包容性思维实际上是一种整合碎片知识、化零为整的思维方法，有助于创造性地重构新的知识结构和体系。包容性思维要求思维主体站高一步看待问题，以更开阔的视角，把不同的观点放在更开阔的视野，放在三维的立体空间里进行思考，使得在一维或二维空间里看似矛盾与对立的事物，在三维与立体的空间里可以交叉、重合。

04 凡事留有余地（弹性思维）

　　某企业成立于2002年，2005年进行内部改制，以5年为期实施以下股权激励方案：一是按照企业正常经营所需的200万元流动资金，设置100股，每股2万元；二是4名创始人占51股，体现出绝对控股地位，经营骨干和技术骨干占49股，其中总经理6股，副总经理5股，技术部经理4股，销售经理3.5股，车间主任和骨干业务员各2.5股；三是在经营骨干和技术骨干的配股中，个人出资80%，企业补助20%，体现出企业对经营骨干和技术骨干持股的扶持；四是分红时按照年终奖＋股权分红进行奖励，持股人退出时，按照实际出资资金＋股权增值部分＋退出时可分配的资金进行退出，体现了《公司法》的同股同权，包括分配权、投票权等；五是每次分配时要抵扣20%的所得税，由企业代收代扣，即在法律框架下实施。在2005—2010年期间，企业运行很稳定，成长性很好，经营骨干和技术骨干有很强的归属感，基本没有人才流失的情况。2011年在总结第一期的基础上开始了第二期的股权激励。该激励方案没有触及企业的所有权，只在经营权、分配权上保障了经营骨干和技术骨干的权益，门槛低，成本小，操作简便，比较容易实施，较好地体现了弹性思维的思想火花。由于企业股权结构刚性比较大，有的企业实施了改变企业股权结构的股权激励，不仅操作复杂，而且触及了企业原始股东的核心利益，决策成本更高，决策效率反而降低了，反而没有达到股权激励的初衷。

　　弹性是物体本身的一种特性，是物体受外力作用产生形变以后，除去作用力时可以恢复原来状态的一种性质，比喻事物可多可少、可大可小等伸缩性。

　　弹性思维是指人们不拘泥于某个观念，能够从多方面周全地考虑问题，举一反

三，具体问题具体分析，并根据具体情况适时地改变看法的思维方式。顾名思义，弹性思维具有灵活性和弹性。弹性思维反映了思维主体意识的辐射能力与整合能力，并根据自身的个性状态、环境条件的不同影响，反映思维对象的特殊刺激，使思维主体的思维具有本质的辐射性与整合性。弹性思维要求人们在为人处事上，要留有余地，给自己留下台阶。例如，产品标准是指对产品结构、规格、质量和检验方法所做的技术规定，对产品质量都会给予一个允许的误差范围。在该范围之内，被认为是合格的。超出该范围的，才被判定为不合格。产品标准越高，则允许的误差范围越小。这个误差范围就是弹性思维的体现。

事实往往比设想的更复杂，真相总是隐藏在另一个真相的后面。例如，古人以为天是圆的，地是方的，方寸之外有着一个无所不知的全能上帝隐藏在幕后窥视着。当哥白尼第一次提出日心说时，经历了许多波折，并付出了流血牺牲等的沉重代价。之后，科学家一路高歌猛进，从万有引力到电磁力，从天体运行到原子切割，从测不准定理到光的波粒二象性……所有这些都是对过去的颠覆。弹性思维突破了人们对于稳定的心理偏好，不再刻意地追求掌控，而是维持动态的平衡、一种可接受范围内的变化。容许冗余的存在，允许存在误差，以及模糊地带，是在创新实践中必须把握的。

布勃卡思维①，就是一种弹性思维，其要旨是凡事留有余地，力气不必用尽，把握在手的东西，要懂得慢慢享用。布勃卡是世界著名的乌克兰撑杆跳高运动员，在20世纪的90年代前后，一直称雄世界体坛，并且不断创造奇迹。每逢奥运会、世锦赛或国际田联大赛等重大国际赛事，他都可能刷新世界纪录，而且每一回都仅把新纪录提高一厘米，从他每次腾身飞越横杆的时候，其实还有更大的破纪录的空间。有不少记者就那个问题采访布勃卡，总是徒劳无获。因为他老是笑而不答，三缄其口，不露半点口风。直到退役之后，布勃卡才肯透露出其间的秘密。原来，大凡国际顶级大赛，破纪录者都能得到一笔巨额奖金，精明的布勃卡，为了让自己每回都能得到巨额奖金，所以每次都把他人无法企及的纪录，只破那么一丁点儿，给自己今后继续破纪录留下余地。这虽是布勃卡的精明之处，也是弹性思维的精妙所在。当然在运用弹性思维时，除布勃卡精明之外，还有两个重要的前提：一是破多大的世界纪录是完全由他控制的，不是按照他的实际能力来确定的；二是在撑杆跳高领域，他处于绝对的领先地位，是别人无法企及的。在充分竞争的领域，或者像跑步、跳远等按照实际水平确定成绩的领域，是不适用的。

---

① 参见麦冬著：《经典思维50法：比智慧更重要的是思维》，内蒙古人民出版社2006年版。

05 刚柔并济（刚性思维与柔性思维）

　　有一个外族人想研究犹太人的生活和习俗，他读了不少书，但始终不解其中的奥妙。最后他明白了，只有读懂犹太人的法典《塔木德》[①]才能理解犹太人的一切。于是他去拜访拉比（注：老师的意思，是智者的象征），并表达了想学习《塔木德》的愿望。拉比说："虽然你想研读《塔木德》，但你现在还不具备研读《塔木德》的资格。""我想研读《塔木德》，"这个人请求说，"至于有没有资格，你不妨测试一下。"拉比觉得他的话很有道理，就向他提出这样一个问题："有两个男孩帮助家里打扫烟囱，他们打扫完并从烟囱出来以后，一个满脸乌黑，另一个的脸上却没有一点烟灰，那么你认为哪一个男孩会去洗脸呢？"这个人说："当然是那个脸上脏的男孩去洗脸。"拉比却冷冷地说："可见你还没有资格研读《塔木德》这本书。"那个人马上反问道："那么正确的答案是什么呢？"拉比解释道："脏脸的男孩看到干净脸的男孩，就会认为自己的脸也是干净的。干净脸的男孩看到对方的脏脸后，会认为自己的脸也是脏的。"听到这里，那个人突然叫道："我知道了。"然后，他要求拉比再测验他一次。于是，拉比又提出了同样的问题。由于这个人已经知道答案了，所以立刻回答道："当然是脸干净的男孩会去洗脸。"但是，拉比又冷冷地说："你还是没有资格读《塔木德》。"这个人沮丧地问道："那么，《塔木德》上对这个问题是怎么解释的呢？"拉比回答说："两个男孩一起打扫烟囱，而且又是打扫同一个烟囱，不可能会有一个干净一个脏的道理。"在本案例中，外族人是刚性思维者，而拉比是柔性思维者，《塔木德》涉及比较复杂的权变思想，是刚性思维者无法理解的，要读懂它，必须具备柔性思维而非刚性思维。

---

　　① 引《塔木德》（Talmūdh）是流传3300多年的羊皮卷，共20卷1.2万多页250多万字，是公元前2世纪—公元5世纪间犹太教有关律法条例、传统习俗、祭祀礼仪的论著和注疏的汇集，包括《密西拿》、《革马拉》、《米德拉西》三个部分，是犹太人生活规范的重要书籍。

（1）**刚性思维与柔性思维的概念。**从思考的视角是单一还是多元来看，思维可分为刚性思维和柔性思维。例如，考试中回答客观题如是非题、单项选择题等，只有一个答案是正确的，而回答主观题允许答题人自由发挥，没有标准答案，是柔性思维；在法庭上，法官审案时只允许当事人回答"是"还是"否"，是刚性思维，让当事人陈述案情，围绕案件陈述事实，是柔性思维。

刚性思维是以静态逻辑为基础的简单思维方式，是常人本能的思维，是简单的、静态的、单维的思维。

柔性思维是一种以动态逻辑为基础的多视角、多层次、多模式的复杂性思维方式，其功能是适用于处理应对动态性、复杂性、创造性的问题和情境。柔性思维是智者的思维，是复杂的、动态的、多维的思维。袁劲松在其《柔性思维教练》一书中提出了柔性思维的7大原理、10项法则和72项工具。

当遇到动态性、复杂性、创造性的问题时，大脑常常会陷入思维茫然的空白状态。究其根源在于，复杂的问题涉及更多的思维要素、更复杂的思维规则、更模糊的思维坐标、更动态的思维界面、更开放的思维交流，在处理复杂的、高难度的问题上，柔性思维就具有较大的优越性。

（2）**刚性思维与柔性思维的比较。**将刚性思维与柔性思维进行比较，可得到如下的差别：

①从思维视角来看，一般的刚性思维在分析问题时，思维视角是单维的，即只能从一个思维视角来看问题，即"问题—有利视角"或"问题—有害视角"两种思维结构，得出的思维结果是"有利"或"有害"；运用柔性思维分析问题时，思维视角是多维的，可以同时从多个角度来考虑问题，其思维结构是"问题—有利视角+有害视角+整体视角+局部视角"，得出的思维结果是"整体的利、局部的利、整体的害、局部的害"。在柔性思维中，思维视角的维数越多，思维结构就越复杂，对事物的认识就越全面周密，从而有效地克服了思维偏见。

②从思维层次上看，刚性思维只能在一个层次上去分析考察问题，柔性思维则可以同时在多个层次上分析问题、解决问题，思维结构是立体的。以"第一次世界大战（简称一战）"的影响为例[1]，以刚性思维进行分析，只分析一战的直接结果：一战以德奥投降，协约国胜利而告终，造成800万人死亡，1000万人终生残废。以柔性思维进行分析，一战不仅造成了巨大的人员伤亡和物质损失，给世界造成极大的破坏，还产生以下四个方面的深远影响：一是推动了科学技术的发展，大量的科技成果得到应用和转化，战争由平面发展到立体；二是改变了欧洲的社会结构，妇

---

[1]　引自《这个历史挺靠谱：袁腾飞讲世界史3》。

女从家庭走向社会，并普遍获得了选举权和被选举权，兴起了女权运动；三是资本主义政府开始调整政府职能，国家干预经济运行；四是和平主义思潮弥漫，渴望和平，厌恶战争，但也为二战埋下祸根。一般来讲，柔性思维的层次越多，其思维空间也就越深广。

③从思维模式来看，刚性思维是单一模式，是单向思维；柔性思维则是多模式，是多向思维，表现为宏观思维范式和微观思维范式的多样性。多种思维模式有机地融为一体，可以取长补短、相互协作，根据思维的需要灵活组合，发挥倍增的效力。

④从博弈双方受益的角度来看，如果博弈双方都是柔性思维者，则双方获得的收益率比双方都是刚性思维者更小，合作不会稳定与满意；在突发事件起决定作用的情况下，博弈双方的平均收益率和平均合作满意度都要减小；如果博弈双方中一方为柔性思维者，另一方是刚性思维者，则柔性思维者能够获得较高的收益，刚性思维者却能获得较高的合作意愿度，双方会形成一种较好的合作模式。

如果把柔性思维者比作一个多才多艺的人，那么刚性思维者就是一个具有专才专艺或者才艺平平的人。一个人的才艺越多，他对动态、复杂和陌生环境的适应力就越强。同样的道理，思维的复杂度越高，对动态性、复杂性、创造性问题的适应力就越强，所以，柔性思维比刚性思维反应更快，智能更高。

06 思维的闸门能否打开来（封闭性思维与开放性思维）

拿破仑·希尔曾经做过一个试验，他问一群学生："你们有多少人觉得我们可以在三十年内废除所有的监狱？"学生们觉得很不可思议，都怀疑自己是否听错了。一阵沉默以后，拿破仑·希尔又重复了一遍问题，在确信拿破仑·希尔不是在开玩笑以后，马上有人站起来反驳道："这怎么可以，要是把那些杀人犯、抢劫犯以及强奸犯全部释放，你想想会有什么可怕的后果啊？这个社会别想得到安宁了。无论如何，监狱是必需的。"其他人也开始七嘴八舌讨论，还有人说有了监狱，警察和狱卒才有工作可做，否则他们都要失业了。

拿破仑·希尔不为所动，他接着说："你们说了各种不能废除监狱的理由。现在，我们来试着相信可以废除监狱，假设可以废除，我们该怎么做。"大家勉强地把它当成试验，开始静静地思索。过了一会儿，才有人犹豫地说："成立更多的青年活动中心应该可以减少犯罪事件。"不久，这群在10分钟以前持反对意见的人，开始热心地参与了，纷纷提出了自己认为可行的措施。"先消除贫穷，因低收入阶层的犯罪率高"、"采取预防犯罪的措施，辨认、疏导有犯罪倾向的人"、"借手术方法医治某些罪犯"……最后，总共提出了78种构想。

这个试验证明：当人们认为某件事情不可能做到时，大脑就会找出种种做不到的理由，此时人们的思维是封闭的。但是，当真正相信某一件事情确实可以做到时，大脑就会设法找出能做到的各种方法，此时思维就是开放的了。思维从封闭到开放，别有洞天。

从思维视角是否有局限的角度分，思维可分为封闭性思维与开放性思维。

（1）封闭性思维，是指人们在狭小有限的以自我为中心的空间里观察和分析问题的思维方式。规章制度、禁令、限制、边界、封锁，以及过去的经验、传统、习惯、教条等有形的和无形的封闭方式，都是"在狭小有限的以自我为中心的空间"的具体体现。简言之，就是人们把自己与周围割裂开来、孤立起来、封闭起来，因而具有保守性、刚性的特点。

例如，三百多年前在英国伦敦郊区有一个名叫霍布森的人，养了很多马。一些人很高兴地到他的马圈里选马，但是整个马圈只有一个很小的门洞，选好的马匹却牵不出去，选也是白选。后来一位名叫西蒙的诺贝尔奖获得者把这种现象叫做霍布森选择。①

具有封闭性思维的人，境界不高，不思进取，容易自我满足。例如，2014年6月末出现的新兴词汇"直男癌"是封闭性思维的典型。直男癌活在自己的世界里，他们有两个基本特征：一是他们事先都有自己的一套剧本，剧本完全按照其个人的逻辑和以前的经历来编写。他们坚信，一旦他人不按自己的剧本出牌，那一定是对方出了问题；二是他们有强烈的自我保护意识，一旦受到外界的猛烈攻击，就退回到自己的安全壳里，不接受外界任何信息。直男癌患者认为，美女都是"假"的，别人的钱财都是不义之财，对时事总有一种"肤浅"的见解等。一般来说，长辈口中的"乖乖男"很容易患上直男癌，因父母保护过度，自己对生活没有什么体会，只是按部就班地读书、工作、恋爱，进入社会以后，对自己也没有太多的要求，没有人生规划，社交圈子狭小。医治直男癌别无他法，他们只有直面社会、直面自己，才能得到医治。

封闭性思维是"先规定，后存在"的思维，即事先规定了思维的形式，在规定的形式中填充思维的内容，内容的变化只能限定在封闭的形式中。换句话说，封闭性思维不仅规定了形式，也限定了内容，所以能够产生预期的结果。例如，企业的规章制度规范了员工的行为准则，如果员工的行为超出了规章制度范围的，被视为违规，就要受到惩处。从静态或相对稳定的状态来看，封闭思维有利于维持现状、控制局面、减少成本、提高效率与降低风险。例如，铁路、高速公路等实行封闭式管理，一些机构对涉密部位或场所安装门禁系统等。但对于处在变化的环境，特别是竞争激烈的环境里，封闭性思维却感知不到变化，好像是坐井观天。由于"井口"的封闭性，从井口看出去，只能看到被"井口"所规定的世界，其大小不是真实的世界，而只是由井口规定的那么大。

一旦运用封闭性思维作出决策并付诸行动，决策的结果与决策因素存在着较为严格的对应关系，因此只需要严格按照程序进行操作，就能够获得一个预期的结果。一般来说，思维封闭的人是执行者、操作者。

（2）**开放性思维**。开放是相对于封闭而言的，是指解除封锁、禁令、限制、边界等。开放是一种状态模式，只有中心点、起始点，没有终结点，是从未来的意义上界定的。

①开放性思维的概念。**开放性思维是指人们突破传统思维定势和狭隘眼界，广视角、全方位地观察事物、看待问题的思维方式，是一种弹性思维。**简言之，开放性思维就是人们以开放的心态观察事物、思考问题、处理事情。

在运用开放性思维分析问题、制订方案或者作出决策时，由于受到各种复杂因素的影响，从不同的角度看，所得出的结果是不同的，而且都有着各自的合理性，因此 拥有开放性思维的人，思路开阔，眼界宽广，更容易成为领导者和决策者，其成功的概率也更大。

从根本上讲，开放性思维具有反对教条和实事求是的特征。一旦具备了开放性的思维方式，就能跳出已有问题域的各种条条框框，获得更广泛的知识、信息、素材等，与已有问题域内的知识、信息和素材等发生碰撞，并产生新的火花，就会不断地有所发现、有所发明、有所创造、有所创见，进而有所前进。在思维的开放中，起始点和中心点成为开放的核心，但是这个核心并不能界定思维向各种可能性辐射。

开放性思维的突出特点是人们对思维不加限制：一是打破了形式和内容的局限性，思维的内容和形式都是随机变化的，在开放的形式中包含着思维的丰富内容；二是打破了思维主体服从思维模式的局限性，人们可以自由地进行思维，不受任何限制；三是思维对象是开放的，各种因素、各种偶然性、各种不确定性、各种内容，乃至整个变化的世界，大到整个宇宙，小到极其细微的微观世界，都可以进入思维主体的视野。思维的主体、对象、路径、过程等皆可不受限制，总之，一切皆有可能。

开放与自由之间存在较强的关联性。自由的本质是思维的开放性，开放性思维的实质就体现在思维的自由上。自由是开放性思维的前提，只有坚持开放性，思维才能真正自由。

开放性体现着包容性，不仅可做到高瞻远瞩、高屋建瓴，还可以上升到哲学层面。从某种意义上讲，哲学的思维就是开放性思维，哲学把人类导入到开放性和包容性之中。

②开放性思维的运用。运用开放性思维，应该做到：

一是要有开放的心态。以开放的心态看待事物，才能广泛接纳各种不同的意见，进而形成正确的主张，作出正确的决策。所以说，心胸有多大，事业就会有多大。

二是要异想天开。特别是在学术领域，面对棘手的科研项目，可以从生活中的各种现象、事实、活动、规律中得到启发，也可以借鉴其他领域解决问题的途径、办法、规律等，找到问题的解决办法。有时，从一些相关的或者毫不相关的领域里，运用换轨思维、侧向思维等思维转换方法，就可以找到解决问题的思路或者切入点。有时，碰到暂时解决不了的瓶颈问题，可以先放一放，说不定就从解决其他的问题中得到启示，进而找到解决问题的切入点。在科技创新活动中，就是要异想天开，冲破观念、经验、传统、条规等可能的限制或制约，全方位、多层次、多角度地对需要创新的问题进行审视，也可将需要创新的问题进行分解，直到找到解决问题的切入点或问题得到解决为止。具备了开放性思维，才能更好地找到难题的解决办法。

三是要辩证地看待客观事物。客观事物是矛盾运动的，没有矛盾，客观事物是不会前进的。例如，在辩论赛中，有正方和反方，双方均有攻有防，不能一味地进攻或防守。如果一味地进攻，很容易被对方抓住薄弱环节或者纰漏。如果一味地防守，就会受制于人而无法制人，陷入被动境地。因此，在找论据时，为自己的论点找论据，是为了更好地进攻，对于不利于自己论点的论据，实际上就是有利于对方的论据，也要找出来，以便更好地防守。只有攻防结合，才有可能取胜。在现实的工作和生活中，也要综合分析，只有辩证地看待事物，才能全面地把握事物、看待问题，才能找到解决问题的办法，不会有失偏颇。

③开放性思维的作用。开放性思维有助于增强自信心。当人们陷入怀疑、暂失信心的时候，不要对自己失望，要坚定信心，不断地完善、提升自己。目标越远大，目标越高，就越不容易实现，而在目标的实现过程中，总会出现迂回。但是，只要坚定地走下去，坚持目标是可以实现的，对未来充满希望，就一定能创造奇迹。在这个过程中，始终要做到：

一是勇于展示自己不完美的一面。这不是露丑，无损于自己的形象，反而会增加自己的魅力，增强自信心。

二是在逆境时保持清醒的头脑。在逆境时进行自我审视，比在顺境时更能看到更加真实的自我，也会变得更加理性，使自己更加丰富。

三是多交诤友。由于位置偏见是客观存在的，人们对自己的认识也就存在局限性。为更好地认识自己，应包容不同性格的朋友，听得进朋友的批评，用豁达的心情与朋友交流，从朋友的交往中，全面客观地认识自我。与之相反，过度地羡慕别人，或者刻意地改变自己，反而会使自己迷失。

（3）**封闭性思维与开放性思维的比较**。封闭与开放是相对而言的，如果说禁令是封闭的，则解除禁令就是开放的了；如果说处在一个区域是封闭的，走出该区域就是开放的了；如果说在一个机构内部是封闭的，打破机构的边界就是开放的了。然而，客观现实中往往不存在绝对的封闭或绝对的开放。而且由于认识、眼界、知识、信息等的局限性，人们总会有意无意地受到思维定势或思维偏见的限制，因此要设法突破思维定势，努力克服思维偏见，走出封闭性思维，使自己的思维更加开放。

07
态度不同结果迥异
（正面思维与负面思维）

　　有位秀才第三次进京赶考，住在一家曾经住过的旅店里，与店老板也比较熟了。就在考试前两天他接连做了两个梦：在第一个梦里，他梦到了自己在高墙上种白菜；在第二个梦里，他梦到自己在下雨天戴了斗笠还打着伞。他去找算命先生给他解梦。算命先生一听，拍着大腿说："你还是回家吧。你想想，高墙上种白菜不是白费劲吗？戴斗笠打雨伞不是多此一举吗？"秀才一听，心灰意冷，回到旅店收拾行李准备回家。店老板觉得很奇怪，就问秀才的原因。秀才如此这般说了一番，店老板一听乐了："咳，我也会解梦。我倒觉得，你这次一定能中。你想想，墙上种白菜，不是高中吗？戴斗笠打雨伞不是双保险吗？"秀才一听，更有道理，于是精神振奋地参加考试，居然考中了探花。可见，事物本身不影响人，对事物的看法才会影响人。对于同一事物，积极的、正面的看法能够产生积极的态度，反之亦然，不同的态度会得到截然不同的结果。

　　从思维的主观意识是否积极、正面来看，可将思维分为正面思维与负面思维，也可分别称为正向思维与负向思维、积极思维与消极思维。

　　（1）**基本概念**。认知心理学认为，根据一个人的主观意识所产生的情绪以及精神状态的不同，思维可以被区分为正面思维和负面思维。当一个人在思考某件事情时，如果产生"悲伤"、"气馁"、"不安"、"生气"等负面情绪，其思维方式就是负面思维；如果产生"高兴"、"有勇气"、"开心"、"愉快"、"打起了精神"等正面情绪，其思维方式就是正面思维。

正面思维的"正面"，可以从以下三个角度来理解：

①自己的正面。对待自己，有自知之明。人们能够看清自己的优势和潜力，充满必胜的信念。只有这样，人们就不会一遇挫折就轻言放弃，而是持之以恒，直到成功。

②别人的正面。看待别人时，能够看到别人的正面，见贤思齐，能从别人身上学到更多的东西，也更能赢得别人的好感和尊重。接纳了别人，实际上就等于拓宽了自己的发展空间。

③环境的正面。看待外部环境变化时，始终保持乐观的心态。坚信上帝关上一扇门的同时，必然会打开一扇窗。不管处于怎样的环境之中，一定要有保持阳光的心态，乐观地对待各种困难。

相应地，负面也可以从以上三个角度来理解，即自己的负面、别人的负面和环境的负面。

（2）**正面思维，是指人们在看待事物、处理问题时，特别是在遇到挑战或挫折时，都能以积极、主动、乐观的态度去思考和行动，正面地迎接挑战，并促使事物朝着有利的方向转化的思维方式。**正面思维所考虑的是事物的因果关系，从而得出合乎逻辑的、建设性的计划，实质上是自我激励，让自己在逆境中变得更加坚强，在顺境中脱颖而出，变不利为有利，从优秀到卓越。例如，戴尔的计算机广告这样说："衷心感谢我们所有挑剔的、苛求的、喜欢问一些尴尬问题的顾客们，我们会继续努力！"

①正面思维的作用。正面思维有助于集中注意力，进而可以远离干扰，接近目标。如果目标明确，或者说动机是要取得好的效果，就会有更清醒的意识，进而会精心谋划，更集中注意力，也就会使意志力变得更坚强。其主要作用包括：

一是正面思维有助于人们从认知上改变命运。在本质上，正面思维有助于人们发挥主观能动性，挖掘自身的潜力，体现自身的创造性和价值。要学会自我激励，常想让自己感到很快乐、激动的事情，以给自己足够的信心和力量，去对付那些不好对付的事情。例如，《带衰老鼠死得快》一书中提到，越多挫折不是坏事，从中保持正面思维的人，反而能在职场上不断取得成功。书上列举了林肯、华特·迪士尼等21个不同领域、全球知名的"不败达人"，他们共同的际遇都是越挫越勇、越衰越成功。

二是正面思维有助于减轻负面压力。正面思维者具有以下特质：幸福，是乐观向上、外向善良、崇尚爱情、追求快乐、待人热情的，不仅自己快乐，也给他人带来快乐；健康，在压力面前能够沉着冷静，积极应对，从而降低压力对身体健康的危害；乐观，不怨天忧人；热情，待人热心，充分调动潜能；正直，不畏强势，正视困难；耐心，不急躁，是成功的磨刀石。

②正面思维的机理。正面思维产生积极影响的秘诀就是心理学上的自我暗示。在心理学上，自我暗示是指通过主观想象某种特殊的人与事物的存在来进行自我刺激，进而改变自己的行为和主观经验。自我暗示对思维会产生巨大的影响，但人们很容易陷入负面的自我暗示当中，特别是在悲观的环境与氛围下更是如此。要避免陷入负面的自我暗示，就应当树立更加积极的思维方式，经常反省并评价所想的问题，以及采用正面的自我暗示的方式。一旦发现有负面倾向，就要想办法去改变它。为此，要练习正面的自我暗示，并不断地集中练习，从自我责备转变为自我肯定，进而改善自己的世界观和人生观，而且随着大脑变得越来越乐观，人们就能建设性地处理各种问题，缓解每天的压力。

③正面思维的原则。诸葛长青提出培养和加强正面思维能力的十条原则[1]：

原则1：言行举止像我们希望成为的人。模仿成功者，能够时刻激起自己的梦想，坚定自己的目标，进而激发昂扬的斗志，从而进入成功的轨道。积极的行动会产生正面思维，而正面思维能激发积极的态度，积极的态度又会促进产生积极的行动。

原则2：心怀必胜的想法。正面思维可以使人们时刻处于正能量的范围。要想收获成功的人生，就必须付出辛苦的劳动，不能指望不劳而获。

原则3：用积极的态度、美好的愿景、坚定的信心与远大的目标去影响和带动他人。不仅自己要积极向上，还要激励别人积极向上，从而营造一个积极向上的氛围。要心怀感恩之心，感恩使我们像一颗吸铁石，能够凝聚人心。感恩是成功的基础。任何人总是喜欢跟积极乐观者在一起，没有人喜欢和一个牢骚满腹、闷闷不乐者呆在一起。要善于运用别人的积极响应来发展积极的关系，进而营造奋发向上的氛围。

原则4：尊重与我们交往的每一个人。尊重别人，别人才会尊重我们。尽可能腾出时间与所接触的人谈心，并以积极的方式给予他人全面的关怀，就会对他们产生很好的结果。我们使他人的人生更有价值，他人也会给予我们丰厚的报答。

原则5：让所遇到的每一个人都感到自己很重要、被需要、被感激。人与人之间是相互的。在大多数情况下，你对我怎样，我就怎样对待你。你让我感觉到自己的重要性，我也会以同样的方式回报你。这样的话，一种良好的人际氛围就会形成。

原则6：寻找并发现每个人的优点。任何人都有优点和缺点，我们看到的是优点

---

[1] 诸葛长青：《要成功必须积极正面思维》，http://blog.sina.com.cn/s/blog_49e5f6dfzuj.html。

还是缺点，就取决于观察他人的角度。寻找并发现每个人身上最好的东西，并从内心给予赞赏。这样会使他们对自己有良好的感觉，从而创造一个积极的、卓越的心境。

原则7：不在万不得已的情况下，不谈论自己的身心问题。我们的身心是否健康与别人无关，谈论身心问题容易产生负面情绪。我们总是想着健康、魅力、快乐。这样才会越来越健康，越来越斗志昂扬，并显得魅力无限。

原则8：多学习，不断更新观念。正面思维者总是多读书，多学习，多实践，多向他人请教，向比自己优秀的人学习。如果我们是一名正面思维者，学习使我们充实，实践让我们获得新知，交流让我们获得新的观念和理念。学习、实践和交流能增加我们成功的潜力。有人认为只有天才才会有好主意，事实上好主意不是靠能力而是靠态度，一个持积极态度的人，往往是思想开放并有创造力的人，好的主意才会不断地产生。

原则9：要专注。无论做任何事，只有专注才会成功，只有专注，好事才会来临。如果对于鸡毛蒜皮的小事斤斤计较，就分散了注意力，分散了资源，使宝贵的时间、精力、资源或财富碎片化，甚至偏离原定的目标。例如，史玉柱经历巨人集团多元化失败的教训以后，悟出的一个道理是一次只集中精力做一件事。

原则10：有舍才有得。予与取的顺序不同，结果完全不同。先予后取，就像农民那样，先播种才能有收获，这才符合常理。如果我们总是索取，别人就会远离我们，我们就可能一事无成。一个正面思维者总是先讲奉献，为别人着想，为别人提供服务。例如，通用面粉公司董事长哈利·布利斯告诫推销员："忘掉你的推销任务，一心想着你能给别人什么服务。"他们发现，一旦思想集中于服务别人，就马上变得更有冲劲、更有力量，更加无法拒绝。布利斯说："我告诉我们的推销员，如果他们每天早晨干活时这样想：'我今天要帮助更可能多的人'，而不是'我今天要推销尽可能多的货'，他们就能找到一个跟买家打交道的更容易、更开放的方法，推销的成绩就会更好。谁尽力帮助其他人活得更愉快更潇洒，谁就实现了推销术的最高境界。"可见，**给予成了一种生活方式，会带来积极的结果。**例如，一个爬雪山的人途中遇到一个奄奄一息的人，他不顾同伴的反对背起这个人，途中被救的人醒了，他们相扶爬过雪山，可他的同伴却被冻死在途中。

④正面思维也要讲"度"。需要注意的是，不能过度进行正面思维。正面思维只能在一定程度上改变我们的一生，要适可而止，不能过度。一旦过度，就是在逃避现实。过度的正面思维会产生以下两个方面的不良后果：

一是身心更容易受到伤害。过度正面思维者往往脱离现实、逃避现实，看似态度积极乐观，但实际上他们明明感到了压力，却装出毫不在乎的样子。其实，每一人都有坚强的一面也有脆弱的一面。刚开始时，都是有勇气攻克难关的，可一旦没有结果，就容易发生一百八十度的大转弯，思维方式很容易由正面变成负面，随之会产生心理上的疾病。这也是现代精神疾病的一大诱因之一。例如，"青鸟综合征"中的"啃老族"、不考虑未来只追求眼前幸福的人，以及"A型性格"的人，从某种意义上来说，都是属于这一类型。"A型性格"的人具有以下特征：好胜心强、藐视别人、成功心切、期望值高、工作努力。损害身体健康的另一个表现方式是，一直坚持正面，继续逞强，久而久之，就会造成身体机能不协调、植物性神经功能失调等病症。治愈这种疾病的一种方法是情感净化法，即通过净化心灵、充分释放情感来达到疗愈的目的。只有及时释放，情感才不会过度抑制，也就可有效避免身心健康失调。

二是因过于乐观而忽视风险。过度的正面思维会让人盲目乐观，对风险估计不足，进而盲目冒进。过度正面思维者在遇到未知的或突发的情况时往往不知所措，进而使自己陷入无法完成工作或者不能达到预期目标的尴尬境地。一旦出现这种情况，他们又会告慰自己没有功劳也有苦劳，没有苦劳还有疲劳。而史玉柱只讲功劳，不讲苦劳，反对无结果的苦劳。完成业绩好的给予奖励，对业绩不佳者予以惩罚。

⑤不当正面思维的表现形式。正面思维如果使用不当，就会偏离现实，最终将自己逼入绝境。最上悠在《负面思考的力量》一书提出不当的正面思维有以下几种表现形式：

一是完美主义者。即使成功也会尽力掩饰自己的喜悦。完美主义者无论事情做得有多好，都不会有满足感，他们要么在不断的工作中变成工作狂，要么因看不到前途而感到疲惫。

二是用得意吹嘘来武装自己的人。过度正面思维的人喜欢吹嘘自己多么有钱、能干、取得多么大的成绩等，实际上是回避负面的事，其中有许多人属于过度敏感者，他们非常害怕暴露"真实的自己"。其实，那是他们对自己缺乏自信的表现。

三是极其害怕受伤的人。这种人总是设法伪装自己，当自己难过时不愿表达，而是埋藏在心底里。这也是一种危险的正面思维的外在表现。任何事物都有其不利的一面，一个人如果总在别人面前主动检讨自己的不足之处，也是不正常的。确实，自嘲能够缓和气氛。起初，大家会觉得这种方式轻松可笑，但总是重复这种把戏，就会遭到周围人的轻视。

四是嘴上承诺却从不付诸行动的人。每次做错事都很痛快地反复说"对不起"的人，他们大多口是心非。例如，总是迟到的人就是这种类型；或者领导指派他做事，他答应得挺快，却迟迟没有相应的行动。乍一看，这些人好像很谦虚，可实际上他并没有仔细客观地去看待问题，所以以后还会犯同样的错误。这样的人也可以说是"易出纰漏的正面思维者"。

五是听不进别人意见的人。不少人对自己的能力深信不疑，很难听取别人的意见，固执己见。但如果他们认为"周围的人全是傻瓜，只要按照我说的做就没问题"，那么他们的前进道路就会出现危机。现实生活中不存在什么常胜将军，人生难免会经历失败。一个人如果只会正面思考、只顾埋头前进，丝毫不考虑现实因素的话，过不了多久就会感到力不从心。

六是对待他人苛刻的人。这种人行为古怪，对别人刻薄，故意刁难别人，很难与周围的人和谐相处。由于他们的成功曾经得益于积极乐观的精神，因此他们坚信"只要坚持正面思维，就一定能摆脱危机"的信条。这种思维方式的弊病就是对负面事物视而不见，他们常常会说："你们只要积极乐观就不会有任何烦恼。"他们的话常常让本来已烦恼不已的人变得更加消沉。

另外，喜欢为抬高一人而贬低另一人的人，无论是善意的还是恶意的，都不要随意去评价他人。这样做的结果是，被贬低的人和被抬高的人都觉得尴尬。西方人在人际交往中一般奉行"No Judgement"的原则，即对他人的言行不作评价，实际上就是对他人的尊重。因此要避免为抬高一人而贬低另一人。

（3）负面思维，是指人们总是看到事物的负面影响，包括事物的缺点、短处、劣势、问题、背面等，进行负面认识，进而产生负面情绪的思维方式。这里包含两个层面：一是人们在看待事物或者处理问题时，往坏处考虑，从思维对象的问题、劣势等负面角度出发，感觉事物的负面有其更大的现实意义；二是看到事物的负面，会给人们的情绪带来消极的影响，使人们在看待事物、处理问题时在主观上产生负面因素，具体表现为仇恨，抱怨，责备，愤怒，挫折，担心，报复，失望，嫉妒，惭愧，宽恕，恐惧，欠缺，难过，孤独，自卑，苦闷等。负面思维者一旦遇到挫折，就容易被负面情绪所打败，进而责怪自己、责怪环境，最后选择退缩、放弃或报复等。负面思维往往会导致心理紧张和精神崩溃。

但是，如果人们多从事物的负面影响出发，更多地看到事物的问题、缺点、劣势等，激发其正能量，进而采取切实可行的积极防范的措施，或者努力地解决问题、克服缺点、避免劣势，也可以有效地避免风险。持这种思维的人属于风险厌恶型人格。相反地，如果人们看到了事物的问题、缺点、劣势等，选择逃避，进而产生负面情绪，则是非常有害的。在悲观、不安、恐惧等不愉快的情绪中产生负面思维，而负面思维又会强化不愉快的情绪，这种情绪在精神医学上被认为是生物体的生理性防御反应。

①负面认知与情绪。一般来说，由错误的认知和信念所产生的负面思维，是最大的精神"病毒"。同时，过多的负面思维会导致负面人格的出现，进而会让人无法应对工作或者生活中出现的困难与压力，最终必然会使人走向失败。

负面情绪是任何人都会有的自然情绪。如果一个人能够适当地运用负面思维，也许能准确地看清问题的本质。

②正视负面因素。在人生的旅途中，不可能事事一帆风顺，总会出现这样或那样的问题，出现各种负面因素。意志坚强的人，能够正视问题，正视负面因素。例如，塞尔维亚裔澳大利亚人尼克·胡哲 (Nick Vujicic) 天生没有四肢，但他乐观幽默、坚毅不屈。在他看来，没有做不成的事，骑马、打鼓、游泳、足球等样样皆能，并拥有两个大学学位，2005年获得"杰出澳洲青年奖"。他为人热情，鼓励身边的人，用自己的人生经历激励和启发他人。再如，某保健品企业的老板在其企业生产的保健产品被一家在国内很有影响的媒体报道为伪科学，认为其产品没有所标明的保健功效，存在欺骗消费者的行为。该报道一出，在市场上造成极大的负面影响，该产品立即就卖不动了，销售额急剧下滑。在这样的情况下，该老板应当如何应对呢？他应对的措施是否得当决定着其企业的公众形象，决定着该产品的命运，也就决定了该企业的命运。在这生死的关头，他当即决定，起诉该媒体不实的报道侵犯其名誉权。事实上，该保健产品对一些人有较好的功效，但是也有一些人没有感受到明显的功效，认为该企业夸大了其功效，不过也没有什么副作用。该媒体报道其伪科学，缺乏科学的依据。后来在法院的调解下，双方达成和解。该媒体因缺乏事实根据，收回了该报道，该企业调整了广告宣传的策略，并借该次事件，做了一次较好的广告，重新赢得了市场。因此，正确处理负面信息，在危机的关头会占据更加主动的位置。另一家企业的老板在遇到类似的问题时，却没有采取相应的措施，哑巴吃黄连有苦说不出，其产品最后逐步退出了市场。

③被冷落时的正确态度。在被冷落的状况下，大部分人会消沉颓废，但有的人却韬光养晦、蓄势待发，进而埋头苦干，并获得在受重视时得不到的宝贵经验。一个人在被冷落时表现出气馁是很正常的，但是坚强的人在被冷落时依然表现坚强。任何事物均有两面性，"被冷落"也是一样的，既有不好的一面，也存在有利的因素，有可能是未来发芽的种子，为未来的成功埋下伏笔。这是因为，在"被冷落"时，人们可以重新审视并思考自己的定位。所以说，是否被冷落并不重要，沉沉浮浮是很自然的现象，重要的是我们如何看待它，以及如何采取行动。那些执著追求的人，一直努力奋斗的人，都会把失败的经历化作成功的动力。失败是成功之母，所

有的成功都源于多次的失败，都是从承认失败开始的，失败的挫折会使人变得更坚强，更具有魅力。例如，比尔·盖茨曾经是个被冷落的人。据说，他小时候情感很脆弱，逆反心理严重，在学生时代经常受人欺负，被人取笑。比尔·盖茨即使在被别人冷落时仍旧认为"我的一生不会就这样度过"，他振奋精神，努力找寻自身的价值。他在12岁时接触到了计算机，于是将这种被冷落的孤独所积蓄的能量都倾注到了计算机上，后来成为举世闻名的奇才。

在失误或失败的情况下，人们容易消沉，并产生负面情绪。但是，如果你将失误或失败看成是机会的话，你就会设法将事情进行完善，从而可以消除潜在的负面情绪。

（4）**将正面思维与负面思维有机结合。**思维的正与负是创新创业成与败的分水岭。正面思维是负面思维的天敌，可以克制负面思维，置换负面思维，进而有利于事业成功和自我价值的实现。在各种创新活动中，如何进行创新，如何应对创新中的挫折与挑战，如何参与激烈的市场竞争，如何提高创新过程中的情商和智商，如何处理好与上司、下属、同事、客户的关系，如何看待业绩与成功、创新的地位与作为等，都取决于人们的思维方式。正面思维给予人们一双慧眼，让人们以积极的

表8-1　正面思维与负面思维的比较

	正面思维	负面思维
感情、性格	爱情、友谊、宽厚、热情、自豪、自尊（爱）、快乐等	偏见、嫉妒、孤独、伤感、自卑、胆怯、惧怕等
行为方式	独立、自行负责、积极、广交朋友	依赖、受制于人，消极、缺少朋友
思维方法	开放、接受变化、前进和发展	封闭、抵制变化、故步自封
自身的理念	热爱生命，确信自己是给世界带来一个有意义、有价值的个体生命；确信自己有无穷无尽的潜力可以发掘；自己主宰自己的命运	忽视或轻视个体生命的价值；注重人类的智慧的有限性；命由天定，无可抗拒
人际理念	接受他人	拒绝他人
对现实的理念	以运动和变化的观点看待事物的发展，看待真理	真理不能被认识或已被认识的真理是不能变的
风险意识	风险与利益并存	害怕风险
思维结果	引向成功	引致失败
性质	肯定一切，成功者思维	否定一切，失败者思维

心态看待事物，采取积极的态度和行动处理各种问题和挑战，引导事态朝有利于自己的方向发展。因此，正面思维是人们进行创新、应对挑战、解决问题、提高业绩的最有效的思维方式。例如，美国宾州大学教授赛利格曼从美国大都会人寿的15000名员工中筛选出1100名作为观察对象，进行了长达5年的追踪观察后发现，正面思维的保险经纪人的业绩，比负面思维者高出88％，而负面思维者的离职率是正面思维者的三倍。

负面思维者和正面思维者的表现大相径庭。前者害怕风险，所以选择停止等待；后者认为风险与利益并存，所以继续前进。正面思维者能够面对现实，努力解决问题，并有意识地排除负面因素，更好地把握有利因素。如果运用正面思维不当，大脑会很容易地冒出逃避现实的想法；如果把负面思维作为解决问题的唯一方式，那也是比较麻烦的。因此，凡事正面思考与凡事负面思考都是不妥的。

思维的差异会导致行为的差异，行为的差异又会导致结果的差异，即卓越与平庸、成功与失败、伟大与渺小。如果运用正面思维，即采用积极的、开放的、建设性的思维方式，大脑处于积极的、激活的、开放的状态，情绪就是兴奋的、充满激情的，人们的能力、创造力和潜力就能够充分挖掘出来，就有可能收获比较满意的结果，或者收获开心、愉快、快乐等。如果运用负面思维，即采用消极的、封闭的、破坏的思维方式，就容易陷入自我否定，自我轻视，并放弃自我努力，其结果往往引致失败，收获的可能是悲伤、痛苦、郁闷等。例如，一位绰号"哭婆"的老婆婆，无论晴天或雨天都在哭。一个和尚看见以后，便好奇地问她不开心的原因。老婆婆说她有两个女儿，大女儿嫁给卖鞋的，小女儿嫁给卖雨伞的。晴天时她忧虑小女儿的雨伞卖不出去，雨天她担心大女儿的鞋店没有顾客。和尚听后便劝慰老婆婆，教她在晴天时想着大女儿，在雨天时去想小女儿。从此以后，老婆婆便不再哭了，而且时常露出笑容。和尚劝慰老婆婆用了换轨思维，实际上也是劝慰老婆婆从负面思维转向正向思维，从悲伤转向开心。

在困难面前，或者在恶劣的环境里，正面思维者与负面思维者的表现会相差比较大。正面思维者能够从内心培养出坚强的意志，客观地分析自己的长处，不断强化自我信念，并激发出坚强的斗志，因而其生命力表现得超乎常人；负向思维者则会退缩，看到的总是自己的缺点或短处，进而心灰意冷，自暴自弃，无所作为，缺乏信心，其处境则变得更加恶劣。因此，在任何时候，尤其是在困难面前，在恶劣的环境里，要运用正面思维，敢于接受挑战，警惕消极的、无所作为的负向思维的干扰。例如，一家大公司要进行大裁员，为帮助职员渡过大裁员的难关，公司邀请一位心理咨询师前来做心理辅导。在同一部门，三位女职员同时失去工作。玛丽很愤怒，因为她认为她应该得到升职而不是被裁员。丽莎得了忧郁症，因为她认为失去工作就失去了价值。琳黛却很开心，因为她本来就不喜欢这份工作，正准备找份新工作。为什么以上三个人对同时被裁员一事的反应有如此大的差异呢？除了各自的处境不同以外，更多地取决于她们思维方式上的差异，玛莎和丽莎都是负面思维者，琳黛是正面思维者。

正面思维者有进取心，善于创造温暖的环境、和谐的人际关系、良好的心态和生理状态，在追求事业成功、幸福生活的道路上，往往传递着正能量，将自己的力量扩大到群体里，激活群体的力量，进而收获友谊和支持，减少敌意和仇恨，当然能够成功。负面思维者内心灰暗，过多地关注自己的缺点和劣势，甚至传递负能量，进而恶化与外界的关系，其事业圈子和生活圈子都会比较狭小，事业的平台会缩小，其才能施展不开来，其潜能得不到发挥，内心也变得越来越脆弱，恶性循环，自然引致失败。

思维方式的建立，往往是一个长期的调整强化、不断反复的过程。在这个过程中，正面思维形成良性循环，即正面思维→初步成功→正面思维得到强化→进一步成功。正面思维者在尝到甜头以后，会强化内心的力量，进而强化正面思维，进一步取得成功，再强化内心的力量，进而达到新的高度。相反，负面思维会形成恶性循环，即负面思维→遇到挫折→负面思维得到强化→进一步遭遇挫折。负面思维者一旦遇到挫折，就会散发出一种怨天尤人、灰心丧气、无能为力的情绪，因而进一步遭受挫折，其挫败感就会更加强烈。正面思维能力强的人，能够抵挡工作、生活中各种负面因素的影响。即使情绪有时会低落，也会及时加以调整，并尽快予以清除。我们要养成正面思维的习惯，自觉地、反复地调整和控制自己的情绪，使情绪保持在激情、激活的状态，长此以往，正面思维方式就会变成自己的意识活动。

当然，负面思维并不是绝对无用处的，也不是绝对要排挤的。如果将正面思维看成是前进的驱动力量，负面思维则是止动力，有助于理性地分析问题，分析挑战。在前进的道路上，要运用正面思维奋勇向前，同时，也要适当运用负面思维控制风险，把握住前进的节奏。也就是说，要给躁动的内心"泼点冷水"，给予冷处理，内心反而会更坚强。就好比金属材料加工的淬火工艺，先将金属材料加热到一定的温度，再配合以不同温度的回火，可以大幅提高金属材料的刚性、硬度、耐磨性、疲劳强度以及韧性等，从而满足各种机械零件和工具的不同使用要求。通过淬火也可以满足某些特种钢材的铁磁性、耐蚀性等特殊的物理、化学性能。

运用正面思维对事物进行思考，可以对该事物的过去、现在进行充分的分析，对该事物的发展规律进行充分的了解。在此基础上，推知事物的未知部分及其发展方向，提出解决问题的方案。与此同时，要运用负面思维，剖析事物发展的问题、障碍、各种影响因素等，也要充分考虑主观上可能存在的负面因素，进而提出应对之策。在科学研究、技术开发、经营管理、市场营销等创新活动中，要将正面思维与负面思维有机结合起来，可以防止简单化、片面化，避免脱离现实，避免任一方面的过犹不及，进而可以少走弯路，更好地引向成功。

08 心理氛围的晴与雨（光明思维与黑暗思维）

伟大的音乐家贝多芬，在遭受命运一连串极不公平的打击后，并没有像常人那样消极沉沦，而是勇敢地"扼住命运的咽喉"，用他那灵巧的双手和非凡的音乐创作激情，从苦难中解脱出来，专心致力于钢琴创作。在双耳突然失聪的巨大打击下，他以惊人的毅力，谱写出《命运交响曲》等一曲曲震撼世界又昂扬奋发的伟大作品。在他激情澎湃的旋律中，人们听不到忧伤凄苦的曲调，听到的是始终洋溢着既伟大崇高又热情奔放的光明之声。他那一曲曲不朽的音乐作品向世人表明，命运的不公不能动摇他那钢铁般的坚强意志，厄运和困境阻挡不了他那奋勇向前的脚步，挫折和打击反而增强他那坚韧不拔的信念。正因为具有光明思维，贝多芬营造了一种积极的、奋进的心理氛围。

（1）概念。光明思维是指人们善于让自己始终沉浸在乐观向上、积极进取的良好的心理氛围，使大脑处于活跃开放、正向求索的信念状态，从而调动和开发自己的创新潜能并引向成功的思维方式。光明思维的本质是人们看到事物的光明的一面，进而形成乐观向上、积极进取的信念。因此，光明思维是一种积极的心理导向，一种有益的心理暗示，一种健康的心理品质。运用光明思维，能激发自强不息、奋发有为的精神，能激发出生命潜能和创造潜能。与之相对应，黑暗思维，即人们总是看到事物的黑暗面，进而形成黑暗的心理，始终处于黑色的心理状态。

任何事物本无优缺点，并无光明与黑暗之分，其光明面与黑暗面，或者说其优点与缺点，都是以价值取向所作出的判断，或者说从人们的角度观察事物所得到的感受。如果改变观察它的角度，就会有不同的感受。同时，事物是矛盾运动的，其光明面与黑暗面，优点与缺点，长处与短处，均会相互转化。运用光明思维，就是要让事物朝有利于我们的方向转化，即设法让事物的黑暗面朝光明面转化，让缺点转化为优点，短处转化为长处。

（2）光明思维的三个层次。从思维层次上，即从人们观察事物眼光的犀利程度上，可将光明思维划分为三个层次：第一个层次是人们能够辩证地看待事物，能同时看到事物的光明面和黑暗面，对客观事物可以作出公正的判断，形成客观的态度，这类光明思维者属于初级者。例如，经济全球化有利于促进生产要素全球流动，有利于引进资金、技术、人才等，但也会带来经济危机、社会动乱、地区动荡等问题；第二个层次是人们不仅能够看到事物的光明面和黑暗面，还能看到事物的黑暗面向光明面转化的可能，或者事物的光明面向黑暗面转化的可能，这类光明思维者属于中级者。如"塞翁失马，焉知非福"的故事讲的就是福祸相倚；第三个层次是人们能够直接看到黑暗面透出光明，能够积极促进黑暗面向光明面的转化，这类光明思维者属于高级者。也就是，当人处顺境时，不要得意忘形；处逆境时，不要妄自菲薄。当然，黑暗思维及黑暗思维者也可作以上三个层次的分类。

人生总是机遇与挑战并存。对于初级的光明思维者来说，这样的人生是丰富多样的，多姿多彩的；对于中级光明思维者来说，不仅要抓住机遇，迎接挑战，更要从挑战中发现机遇，从崎岖的道路上看到平坦的前景；对于卓越的光明思维者来说，能够将挑战变成机遇、转化为机遇。**有时苦难是难免的，但对于具有卓越光明思维素质的人来说，苦难是人生的教科书，是造就天才的特殊课程，不仅不会被苦难击垮，而是看作一种难得的机遇，是引导辉煌人生的卓越教师。**苦难有多深重，站起来以后，所取得的成就显得辉煌、巨大。爱迪生的人生之路也不是一帆风顺的，他失聪以后，也没有放弃自己所热爱的发明创造事业，而是提高了他从事发明创造的专心程度，他以惊人的毅力取得了1200多项发明专利，成为世界公认的"发明大王"。海伦·凯勒、张海迪等都是光明思维者的典范。史玉柱摔倒之后又重新站了起来，在保健品、网游和投资三大领域均取得了成功。他也是拥有光明思维的正能量者。

09 "二人同心，其利断金"（协同思维）

　　统一战线是中国共产党的三大法宝之一，体现的是协同思维；联合国、国际刑警组织、世界贸易组织等国际组织体现的也是协同思维；各部门、各机构之间成立的协调机构，包括社会综合治理工作机构、行业协会、学术团体等，以及政产学研用合作、团队建设等，也都体现了协同思维。

　　协同是指协调两个或者两个以上的不同资源或者个体，共同完成某一目标的过程或能力，不仅包括人与人之间的协同，组织与组织之间的协同，个人与组织之间的协同，也包括不同应用系统之间、不同数据资源之间、不同终端设备之间、不同应用情景之间、人与机器之间、科技与传统之间等全方位的协同。

　　从系统的角度来看，协同是指元素对元素的相干能力，表现了元素在系统发展运行过程中协调与合作的性质。结构元素各自之间的协调、协作形成拉动效应，推动事物共同前进。对事物双方或多方而言，协同的结果使事物的个体获益，整体加强，共同发展。

　　导致事物间属性互相增强、向积极方向发展的相干性即为协同性。研究事物的协同性，便形成协同理论。成语"二人同心，其利断金"，比喻只要两个人一条心，就能发挥很大的力量，这说的就是协同。生活当中还有很多协同的例子，如交响乐、合唱团、篮球比赛、足球比赛等。

　　协同思维是指管理者运用协同的基本原理认识管理对象内部元素与元素之间、元素与系统之间彼此竞争和相互合作的协同活动，并通过管理者的创造性思维，推动管理对象由无序向有序方向发展变化的思维模式。例如，西游记中唐僧师徒四人去西天取经，体现出了协同思维，而"三个和尚没水吃"就是缺乏协同思维。协同思维是一种非线性的系统辩证的创新思维，是创新思维与协同理论相结合的产物，实际上就是创新思维在协同管理系统中的具体化。不仅具有创新思维的一般特点，也具有协同管理系统中管理主体所具有的特征，包括：协同性、整体性、网络性、有机性、模糊性、非线性及注重思考微观元素之间的相互作用所产生的宏观现象。

协同思维在管理创新过程中有巨大的功能作用。由于协同思维与管理者的工作性质是完全合拍的，因此协同思维应是现代管理者最重要的思维方式。例如，国家实施"2011协同创新中心"计划、产业技术创新战略联盟、创新型产业集群计划、产业技术创新服务平台等都体现了协同思维。在创新过程中，无论是创新主体还是创新要素，凡是协同得比较好的，大多能够形成合力，也就比较容易取得成功，否则很难成功。而导致创新不成功的最致命的因素往往是不团结。

运用协同思维，第一步是选择与解决问题相关的协同力量，尽可能考虑周全；第二步是注重各协同力量的优劣势，强化优势互补，形成合力；第三步是在整合各力量的基础上形成最佳协同方案。在协同时，要求大同存小异，达到最佳状态。

运用协同思维中，要实行协同管理模式，具体内容包括：一是以人为本，注重管理主体与管理客体的协同作用，增强员工的参与性；二是管理者应克服怕乱的思维障碍，使组织在运转中由受控的无序状态变为有序的自组织状态；三是加强决策、发展、激励、约束等机制的形成和协同运作，提高刚柔并济的灵活性；四是转变管理者角色，强化集体管理与自我管理；五是管理者要克服线性思维障碍，在组织的各个层次上加强管理和业务的非线性协同，进而促进组织的创新，使组织不断发展。总之，协同管理模式要求管理者不断地运用协同思维来实现管理的创新。

10 善借他人之力（众向思维）

从前，有个法国农民因为被诬陷偷了皇家的宝物，被关进了监狱，成了囚徒。

他在监狱里总想着家中那一大片种马铃薯的土地，他的妻子身虚体弱，单靠她一人之力根本无法去翻地松土，而不松土就没法种马铃薯。眼看播种的时节日益临近，那囚徒心急如焚。他苦思冥想了三天三夜，突然想到了一个奇招（即久思而至产生了灵感）。他写下一封密信，好言好语向一名貌似比较厚道的狱卒求助，请求狱卒将那封密信按地址寄给他老婆。信中写道："我最最亲爱的爱人儿，今天我冒着极大的风险给你写这封信，是为了告诉你一个秘密，好让你从此以后过上人世间最最幸福的好日子"。那囚徒在信中所指的秘密，就是把那些"宝物"埋藏在了他家中那片种马铃薯的地里。果然不出那囚徒所料，那狱卒一转身，就把那封密信上交给监狱长邀功去了。监狱长看过那封信，喜出望外，当即就派出一班士兵赶往囚徒的地里，将他家那一大片土地翻了个底朝天，结果可想而知，徒劳无获。囚徒用计借那班士兵之力，翻了那片土地。这个囚徒的思维[①]，其主旨是要懂得借势借力，即众向思维。目前比较时兴的众包、众筹、CRO（合同研究组织）等都体现了众向思维。

众向思维实际上就是借力思维，是指人们借助他人的力量解决问题的思维方式。 众向思维一般有以下两个前提之一：一是自己没有能力办好某一件事情，就想方设法请一个能办好该事情的人代劳；二是尽管自己有能力办好一件事情，但别人办得更好、成本更省，还是请一个更有能力的人代劳。

众向思维的实质就是要懂得借势借力。例如，有一家热交换器厂，从代工起家，逐步发展为能够研制开发热交换产品。随着企业规模的发展壮大，生产能力已经饱和了。此时只有两条出路：一是加大投资，扩大生产能力，但缺点是需要较大的投资，而且建设生产车间、购置生产设备、招聘生产工人等需要1年以上的时间，经营风险也提高了；二是将附加值不高的加工环节外包出去，可以腾出人手、生产场地等，但要损失部分利润。当时，该厂出现了两派，一派是以老板为首的，主张第一种方案；另一派是以总经理为首的，主张第二种方案。然而，该厂一直不能下定决心从以上两个方案中选择一个方案，错失了发展机会。客观来讲，该厂选择第二种方案是比较合适的。虽然第二种方案会损失部分利润，但却能赚到更多的利润，资产利润率提高了，而且实施的门槛低，风险小，操作简单，可以把企业更快地做大做强。

思维品质

从思维客体或者从思维对象来看，人们是看清了事物的本质还是事物的表面现象，是看到事物的全局还是事物的细节、片断，反映了人的思维能力与水平，也就是思维品质。

思维品质是思维的个性特征，是指人们在思维过程中所表现出来的各自不同的特点，包括广阔性、敏捷性、灵活性、深刻性、独创性和批判性等。思维品质反映了个体智力或思维水平的差异。

（1）广阔性，即思维活动的广度、宽度和全面性、系统性，是指善于全面地考察、分析问题的思维品质，也就是通常所说的视野。视野与看问题的高度有关，登高才能望远。通常所说的国际视野，属于广阔性。

（2）敏捷性，或灵活性，是指思维活动的速度，表现在处理问题和解决问题的过程中，能够适应变化的情况来积极主动地进行思维，周密地考虑，善于根据具体情况的需要和变化，迅速地发现问题，及时提出符合实际的解决问题的新方案。思维的敏捷性表现在：一是思维起点灵活，即从不同角度、方向、方面，可采用多种方法解决问题；二是思维过程灵活，即从分析到综合，从综合到分析，灵活地进行"综合的分析"；三是概括能力强，运用规律的自觉性高，系统性强；四是善于进行组合分析，伸缩性大；五是思维的结果往往是多种合理而灵活的结论。所谓的"举一反三"、"运用自如"等都是思维敏捷性的具体体现。智力超常的人，在思考问题时表现敏捷，反应速度快；智力正常的人，其思维的敏捷性表现一般；智力低的人，往往表现出迟钝，反应缓慢。

（3）深刻性，即思维的尝试，是指思维活动的抽象程度和逻辑水平，即能够善于透过纷繁的现象发现问题的本质的思维品质，集中表现为在智力活动中深入思考问题，善于概括归类，善于抓住事物的本质和规律，善于预见事物的发展进程。思维的逻辑性、系统性都是深刻性的具体体现，逻辑性是指思考问题时条理清楚，严格遵循逻辑规则的思维品质。系统性是指思维活动的有序程度，表现为整合各类不同信息的能力。

（4）独创性，是指思考问题、解决问题时，不仅善于求同，也善于求异，也就是思维活动的创造精神，即创造性思维。独创性源于主体对知识经验或思维材料高度概括后集中而系统的迁移，进行新颖的组合分析，找出新颖的层次和结合点。概括性越高，知识的系统性越强，伸缩性越大，迁移性越灵活，注意力越集中，则独创性就越突出。独创性包含独立性，独立性是指善于独立地发现问题、分析问题、解决问题的思维品质。独立性是创新者的必备品质。

（5）批判性，是指独立思考、善于质疑的程度，是思维过程中一个很重要的思维品质。批判性强的思维善于从实际出发，严格地根据客观标准评价和检查自己或他人的思维成果，进而能够在思维活动中有所发现、有所创新。批判性的思维品质，来自对思维活动各个环节、各个方面中进行调整、校正的自我意识，具有分析性、策略性、全面性、独立性和正确性等五个特点。思维的批判性，有助于我们提高自我认知能力。

另外，思维品质与思维视角不能截然分开，两者存在比较大的交集，即思维品质中包含了思维视角，而思维视角中也包含了思维品质，主要还应当看各自所占分量了。因此，本章介绍的思维方式中，不少内容也可归为思维视角。

01 既是顶层设计又要综合考虑 （系统思维）

在康有为、梁启超等维新人士的积极推动下，1898年6月11日，光绪皇帝颁布"明定国是诏"诏书，宣布变法，主要内容有：一是在经济上，设立农工商局、路矿总局，提倡开办实业；修筑铁路，开采矿藏；组织商会；改革财政。二是在政治上，广开言路，允许士民上书言事；裁汰绿营，编练新军。三是在文化上，废八股，兴西学；创办京师大学堂；设译书局，派留学生；奖励科学著作和发明。这些新政都是为了学习西方文化、科学技术和经营管理制度，发展资本主义，建立君主立宪政体，使国家富强。新政虽未触及封建统治的基础，却代表了新兴资产阶级的利益。由于新政措施触及清政府中一些权贵显宦、守旧官僚的切身利益，最终导致慈禧太后出手，于1898年9月21日将光绪皇帝囚禁于中南海瀛台，变法失败了。维新前后持续了103天，被称为"百日维新"。维新运动之所以最后失败，是因为光绪皇帝及维新者对维新运动缺乏顶层设计，对维新的国内基础和国际环境缺乏统筹的把握，对改革目标和进程缺乏通盘考虑，对改革的风险与阻力估计不足，没有充分发动广大民众，对阻碍改革的力量及其危害性缺乏心理准备。由于维新、改革等涉及面广，影响深远，必须运用系统思维，进行顶层设计。

再如，电机节能与电机系统节能是两个层面的概念。电机系统是由电动机、被拖动装置、传动装置、控制系统等构成，即由电动机将电能转化为机械能，再通过被拖动装置做功，实现各种功能。目前我们电动机的总装机容量大概是4.2亿千瓦，年耗电1万亿度以上，约占全国用电量的60%。电机的运行效率比国外先进水平低2%—3%，而电机系统的效率比发达国家低10%—30%。因此要节电，仅仅通过改进材料特性、改善电机结构、合理利用电磁转换原理等改造电动机，或者提高电动机的效率是远远不够的。而必须运用系统思维，提高电机系统的效率，实现电机系统节能，包括更新淘汰低效的电动机及高耗能的设备，合理匹配电动机系统，提高电动机效率，利用先进的电力电子技术传动方式改造传统的机械方式。

（1）**系统思维的概念**。系统是指由两个或两个以上的元素相结合的有机整体。系统的一个重要特征就是整体不等于其局部的简单相加。研究系统的科学就是系统论或系统学，系统论作为一种普遍的方法论是迄今为止人类所掌握的最高级思维模式之一。

系统思维，也被称为整体性思维，是指人们以系统论为基本模式的思维方式，是与点状思维相对立的，主要用于政治、经济、军事、规划、经营管理等方案的设计，以及重大工程设计等。系统思维有助于人们极大地深化对事物的认知，提高统筹能力及预见能力，树立整体观，因而有助于避免点状思维。从系统与局部的视角来看，系统思维也是思维的一个视角。但是，将一个事物放到一个系统里来思考，更能体现出思维品质来。从系统思维方式演变的历史进程来划分，可以分为古代整体系统思维方式、近代机械系统思维方式、辩证系统思维方式和现代复杂系统思维方式四个不同的发展阶段。

系统思维要求人们用系统的眼光从结构与功能的角度来审视现实世界，把被人为分割了的现实世界进行重新整合，将单个元素和切片放在系统中进行新的综合，以实现"整体大于部分的简单总和"的效应。例如，俗话说："三个臭皮匠，顶个诸葛亮。"然而，由于人们单项的、专业的思考能力的不断强化，系统性的思维能力却常常被削弱。系统思维有一个重要的前提，即对相互割裂的诸要素进行有机链接，从而在有效的协调机制下达成理想的目标。

（2）**系统思维的方法**。系统思维主要有以下实施方法：

①整体法，是指在分析和处理问题的过程中，始终把整体放在第一位。整体法要求人们把思考问题的方向对准全局和整体，从全局和整体出发。也就是说，在应该运用整体法进行系统思维时，必须运用整体思维法，否则，无论是在宏观方面还

是微观方面都会受到损害。

②结构法，是指在进行系统思维时，要注意系统内部结构的合理性。系统是由部分组成的，部分与部分之间的组合是否合理，对系统有很大的影响。这就是系统中的结构问题。一个好的结构，应该是组成系统的各部分之间结构合理，相互之间是有机联系的。例如，前述的电机系统节能就是采用结构法。

③要素法，是指要对构成系统的各个要素考察周全和充分，不仅要使各要素发挥作用，还要使整个系统正常运转并发挥最好的作用或处于最佳状态。一个系统是由各种各样的因素构成的，其中相对具有重要意义的因素被称为构成要素。要素法就是将着眼点放在系统的要素上。

④功能法，是指为了使一个系统呈现出最佳态势，从系统的大局出发来调整或者改变系统内部各部分的功能与作用。在此过程中，既有可能使所有的部分都向更好的方面改变，从而使系统状态更佳，也有可能为了求得系统的全局利益，以牺牲系统中部分的功能为代价。

例如，假设有9个一模一样的小球，其中有一个稍微轻一点，其余的重量相等。如果让你选用一种称重量的仪器，只允许你称两次，将那个稍轻的球找出来。请问你用什么仪器，怎么称？在做本题之前，先考虑一下采用哪一种方法。应选用结构法，即将9个小球进行编号，将9个球看成一个系统，再按数字顺序分成三个组，每组3个球，可看成一个子系统，将每个球看成子系统的一个要素。取一天平，取两组球放到天平的两端上称，视天平的位置变化可先判知那组有轻球。如果天平的位置没有变化，则另一组球中有轻球。再按前述方法对有轻球的一组任取两球放在天平的两端再称一次，即可知轻球所在。

02
思前想后，才能把握好今天
（超前思维与后馈思维）

二次世界大战期间，美国许多企业由于受战争影响处于半停滞、半瘫痪的状态，除了军火工业，大多数行业都不景气。杰克是一家濒临倒闭的缝纫机厂厂长，他经过深思熟虑，果断决定改变经营方向，他以超前的意识发现了战争所带来的市场，即伤兵和伤残的百姓。他组织设计并改造部分设备，开发出了残疾人用的轮椅。当二次世界大战即将结束时，那些受伤的人纷纷购买轮椅，一时间杰克的工厂生产的轮椅成了热销货，不但在美国销得快，还远销到国外。杰克在超前思考中看到了机遇，在后馈思考中立足现实，更加脚踏实地。

任何事物都有产生、发展和灭亡的过程，都是从过去走到现在、由现在走向未来。只要能够把握事物的特性，了解其过去和现在，就可以在已掌握的材料的基础上，预测其未来。根据思维对象的时间尺度的不同，可将思维划分为后馈思维和超前思维，后馈是向后看，即与过去进行比照；超前是往前看，是展望未来。

（1）后馈思维，是指人们用历史的眼光、过去的经验教训、优良传统、公序良俗等来看待现实的事物、调整现在的实践活动的思维方式。不能将后馈思维简单理解为用历史的联系、传统的力量和以前的原则来制约、规范现在，让现在按照历史的样子继续重演，也不是把"现在"拖回到"历史"中的某种状况，或者让"现在"重复"历史"的某些方面、原则、经验、模式等的思维。后馈思维本质上就是要使"现在"在"过去"的基础上得到提升，而不是简单地重复过去。

人们在工作或者生活上的成败，只要曾经是强刺激的，都会在人们的思维过程中留下痕迹，不知不觉地形成一种思维定势。个人的后馈思维分为肯定型与否定型两种。肯定型是指个人回忆那些觉得是成功的、胜利的经验或经历，在大脑中形成"兴奋中心"和"强烈刺激"，产生积极的情绪，对现在及未来将产生积极的影响。否定型是指过去经历的重大挫折和教训至今影响着其行为和思想，产生悲观的情绪，进而产生消极的影响。无论是肯定型还是否定型，都容易陷入思维定势，把自己圈在由传统和习惯所形成的"封闭圈"中，导致思维越来越封闭、越来越僵化，进而对现在的思维产生一定的阻碍。

后馈思维具有以下特点：

①面向历史的指向性。即把现在往历史上引导的指向性思维，会产生两种截然不同的结果：一是积极的，即以历史的成功经验和优良传统"改变"现在的缺陷、弊端；二是消极的，即以历史来"改变"现在，把历史"理想化"，对现在一律持贬损态度。前者为正面思维，后者为负面思维。

②确定性。过去是已经发生的，因而是确定的，所以后馈思维是确定性思维。

当然从现在看待过去、评价过去在时间上存在滞后性，但仍然有助于提高思维能力，借鉴历史，找准当前的思维坐标，既总结过去的成功经验，在继承的基础上进行创新，又吸取过去失败的教训，避免重蹈覆辙。

③调整性。向后看也是为了调整现在的实践活动，当然如何调整取决于人们怎么看待历史、看待过去，从过去看到了什么，从而决定了从过去借鉴什么。由于时代不同，看待历史的眼光会不同，向过去借鉴的东西也会不同。

在人们的思维中，总是包含着后馈思维的因素。人类社会的发展是累积式的，人的成长也是累积式的。人们现在所拥有的一切，无不打上过去的烙印，是无法抹去的。例如，知识是一点一滴积累起来的，人的世界观、人生观和价值观是在儿时形成并逐步发展起来的，生活习惯是儿时养成的，过去的成功经验会激励人们继续奋发有为，过去的惨痛经历会鞭策人们继续努力。因此，我们在前进的路上要常回顾历史，回想过去，不能忘记历史、忘记过去，还是要看到自己的传统、习惯、特色，借鉴"历史"中的合理因素，使"现在"延续历史的传统和民族的特色。同时，又要克服其负面的影响，防止因循守旧的思维，避免由此造成的思维定势或思维偏见。

（2）**超前思维，是一种预测性思维，是指人们依据一定的经验或科学原理，运用目标、计划、要求、设想等，对思维对象的发展趋势及其后果作出预测、推论，并指导自己行为的思维方式。**计划、目标、要求、设想等都产生于行动之前，以观念的形态存在于大脑，并指导行动。

古人云："凡事预则立，不预则废。"其中的"预"，就是预知、预见、预防、预备，体现了超前思维。意思是说，无论做什么事，都要预先知道事情的可能发展前景，预先看到事情发展可能遇到的困难，预先防止可能发生的最坏情况，预先为争取事情最好的发展结果而做好各方面的准备。"预"与"立"存在因果关系。只有"预"见得准确、"预"备得充分，事情才能立得住、站得稳，也才能获得成功、取得胜利。人们在实际工作中常常强调的"未雨绸缪"、"从长远考虑"等，就是以未来可能出现的情况来引导现在的行为，早作准备，体现出思维的能动性。例如，国家和上海市组织编制中长期发展规划，包括中长期科技发展规划与计划，实施科技计划等，都是超前思维。

超前思维具有以下主要特点：

①面向未来的指向性，即把现在引向未来的指向性思维，也会产生两种截然不同的结果：一是乐观的，即对未来的发展作出正面的判断，因而采取积极的、乐观的态度；二是悲观的，即对未来的发展作出负面的判断，因而采取消极的、谨慎的

态度。前者是正面思维，后者是负面思维。

②模糊性，是对事物发展的各种可能性进行分析，并作出预测，具有一定的模糊性和或然性，是一种可能性思维。对事物的未来发展进行分析和预测，是为了力争好的可能性，避免坏的可能性。

③调整性，是指对事物将来可能出现的各种情况和趋势作出预测，以便早作打算、早作谋划，及时调整现在的实践活动，以适应事物未来的发展趋势，争取更好的结果。如果人们不对现在的行动作出调整，就错失了超前思维的价值。

超前思维能否达到超前，取决于人们的视野有多宽（即思维宽度），站在多高的高度（即思维高度），能看到多远（即时间维度），所以在进行超前思维时，应当努力做到视野开阔、高屋建瓴、目光深远。当然，超前思维只是作为思考问题、处理问题的重要方法，不能成为全部的出发点。例如，美国贝尔实验室的研究人员在1947年12月用两根针压在一小块锗片上，成功研制出世界上第一个晶体管放大装置，可以将音频信号放大上百倍。科学家肖克利在对那种早期晶体管的工作机理进行分析的基础上，推出 PN 结型晶体管，美国西方电器公司将其用于助听器。而日本索尼公司的创始人盛田昭夫和井深大敏锐地预见到，晶体管将会给世界微电子工业带来一场革命。他们力排众议，在1953年以2.5万美元的价格买下了生产晶体管的专利权。经过多次试验，索尼公司于1957年成功研制出世界上第一台能装在衣袋里的袖珍式晶体管收音机，首批生产的200万台索尼收音机，一投放市场，就取得了爆炸性的销售业绩。索尼公司从那时起就名扬全球，并带动了日本的微电子工业在世界上独领风骚数十年[①]。索尼公司的成功，就源于盛田和井深具有远见卓识的超前思维能力。

（3）后馈思维和超前思维的结合运用。尽管后馈思维和超前思维是以不同的标准来思考问题的，而且是相对的，但两者都统一在"现实"之中。例如，每到年底，我们都要对当年的工作进行总结，并对下一年的工作提出计划或设想。这就体现了后馈思维与超前思维的有机结合。

"现实"本身是客观存在的，既是从"过去"演化而来的，又要向"未来"发展而去，"历史"沉淀于"现实"之中，"未来"是将来的"现实"。换句话说，"现实"既不能脱离"历史"，也不能背离"未来"的方向。因此，不能把后馈思维与超前思维完全割裂开来，也不能将任何一方绝对化。如果把后馈思维绝对化，会使思维僵化。如果把超前思维绝对化，会使思维脱离现实。

我们应当将超前思维与后馈思维统一起来，并要做到三点：一是立足现实，坚持从实际出发，实事求是；二是尊重历史，坚持历史唯物观，承认历史，克服思维定势和思维偏见；三是放眼未来，从追求长远利益出发谋划好当前，避免脱离现实，正确估计风险。

例如，美国人卡尔逊1937年发明了静电印刷术，当时并没有引起科技界和企业界的重视，人们也没看出它有什么应用前景。然而，纽约州哈雷施乐公司的负责人却独具慧眼，认准了该项发明前途无量。该负责人经过缜密的分析认为，它能摒弃蜡纸刻写，告别油墨印刷，可极大地提高办公效率。施乐公司倾其所有，投资500万美元，组织技术力量研制复印机。经过长达10年之久的攻关，终于开发出第一台可以使用普通纸复印的"施乐"复印机[①]。在本案例中，施乐公司将静电印刷术与蜡纸刻写、油墨印刷进行对比分析，从而预测到静电印刷术的巨大潜力，体现出将超前思维与后馈思维结合起来运用的妙处。

03 既抬头看路又埋头拉车（宏观思维与微观思维）

从思维主体"距离"（即能否把握事物的全局、局部和细节）思维对象的远近，可将思维分为宏观思维、中观思维和微观思维。宏观思维是指"距离"思维对象比较远，因而可以看清事物的全貌，但看不清其细节或细部；中观思维是指"距离"中等，可以看到事物的大概，既看不到全貌，也看不清细节；微观思维是指"距离"比较近，虽看不到事物的全貌，但可以看清事物的局部、细节。中观介于宏观与微观之间，中观思维也介于宏观思维与微观思维之间。

（1）**宏观思维，是指人们把事物放在广阔的范围内观察分析，从整体、大局上认识事物的思维方式。**因此宏观思维具有整体性、方向性强的特点，也是求同思维。宏观思维者从大处着眼，视野开阔，喜欢从全局的角度观察事物、看待问题，能够把握住事物的发展态势及其共性。宏观思维是战略思维、系统思维，是谋划全局的思维，主要用于制订战略，制订中长期发展规划。

宏观思维者应当具备宽广的知识面，是战略家、预言家，预见性、方向感强，大脑里装着一幅全景图，能够掌握大局，是领军型人才或者领袖型人物，一般是企业的董事长。

（2）微观思维，是指人们对事物的局部、重点作深刻分析，从事物的个性上认识事物特点的思维方式。微观思维具有务实性、个别性强的特点，也是求异思维。微观思维者从细微处入手，从近处、局部甚至是一个点出发，仔细观察、甄别事物，能够关注事物的细节和个性特点。微观思维是战术思维、务实的思维，主要用于制订行动方案和战术计划。

细节决定成败，即成败的关键在于细节，表明关注细节的重要性。微观思维者一般谨小慎微，心思缜密，要求知识专，属于专家型人才，主要担当参谋、助手。

微观思维者应该具备宏观思维的眼光，头脑里应该有一幅全景图，虽然不一定要有详细的计划，但必须有一个总体的方向。

（3）宏观思维与微观思维的结合运用。宏观思维与微观思维是相对的，又各有特点，不能将两者完全割裂开来，只有将两者有机结合起来，观察事物、分析问题、解决问题才有广度和深度。以建房子为例，宏观思维者必定先作整体构思，将房子放到一个特定的环境中考虑，使拟建房子与所处环境相衔接、相协调。第一步，进行总体谋划；第二步，进行总体设计，包括外观式样与结构布局，包括在哪里建，建多大、多高，房子周边配套及周边环境如何等；第三步，画好设计图纸，在画图纸时，必须对房子进行设计和规划，包括道路、交通、水电、暖通等如何与外部衔接；第四步，根据资金实力、技术条件、地形位置、可动用的资源多少、建设周期等约束条件，考虑房子的样式、风格、楼层等；第五步，考虑房子内部的布局，电线、水管、空调等如何铺设。这些都确定下来了，才能画出整栋房子的图纸来；第六步，考虑房子的预算，包括使用什么样的建筑材料，及其品牌、牌号、价格等，继而估算其总体造价。上述的每个步骤都要仔细评审论证，在评审论证中有可能对上一步的内容作出微调，确定以后才进入下一步，而且在进行每个步骤时，相关人员都要有全局观，对该房的建造要求有一个基本了解。再在此基础上，制订建设计划和行动方案，然后才执行计划和方案。所以先有宏观思维，后有微观思维，再在微观思维的基础上调整宏观思维，如此多次反复，直到满意为止。宏观思维必须由微观思维来落实，否则宏观思维落不了地，导致虎头蛇尾，功亏一篑；微观思维者应是专家型人才，可以独立地做好小事，但因缺乏整体构思和远见卓识，思维只会停留在细节上，不能从细节中跳出来，带有明显的局限性和随意性。知识大厦的构建也与建房子一样，必须先架构知识体系，再不断地充实知识库，避免知识碎片化，导致知识既不专深知识面也不广的后果。企业的经营管理、人生规划等也是如此。

（4）从宏观到微观与从微观到宏观。思维方式从宏观到微观，由大到小，整体意识较强，强调整体性、统一性，强调秩序、和谐，强调整体效果，但往往忽视局部或个体的作用，其结果的包容性强。人们考虑问题从整体入手，弘扬个人服从组织的集体主义精神，强调个人利益服从整体利益，因而其个性比较内敛。思维方式从微观到宏观，由小到大，强调个体，强调局部，喜欢将事物不断细分，而且分得越来越细，甚至以局部代替整体，其结果往往缺乏包容性。

以中国为代表的东方人和以欧洲为代表的西方人，在思维方式上存在着本质的差别。中国人的传统思维方式是由宏观到微观，欧洲人的思维方式则是由微观到宏观。中国人考虑问题是从整体入手，强调局部服从大局，个人服务集体。西方人强调个人利益至上，个性张扬。例如，从寄信地址书写方式的不同，就可见中西方思维方式的差异。用英文写信，寄信地址是从门牌号、县、市、州、国家，从小到大。这种书写方式恰好与中国人的书写习惯相反。再如，东西方人的思维差异也体现在中西医上。中医强调天人合一，人是一个整体（系统），没有内科、外科之分，疾病与天气、情绪、饮食等密切相关。西医则把人体拆成一个个局部，分成内科、外科、五官科等，强调什么病菌导致什么疾病，从胆固醇、白血球等指标来判断疾病，从病毒还发现了基因，一直到研究其内部构成。

东西方不同的思维方式导致不同的人群性格，创造出不同的科学体系、文化体系和历史形态，进而推动着社会的发展在历史上留下不同的轨迹。中国的思维方式推动着中国形成并维持着一个统一的国家。中国古代先贤强调事物的整体联系，向来漠视对细枝末节的深入钻研，注重事物的相互关系及其相对稳定性的发展过程，其特点是系统的、整体的、动态的。西方从微观到宏观的思维方式则注重研究事物本身状态，以实验科学为基础，其特点是局部的、静态的，因此对事物之间的必然联系考虑较少。西方文化（即现代科学）是一种实体论的认识方法，即注重科别分工的精细，注重从内部深入研究事物的空间位置、形态结构以及质量、能量、性质、内在规律等关系，缺乏归纳、综合的研究方法。当代西方文明中得到最高发展的技巧之一就是拆零，即把局部分解成尽可能小的一些部分，强调事物的内部、个体和局部，忽视或根本不考虑事物的外部联系。

04 静中看到动，动中看到静
（静态思维与动态思维）

有一年，某地茄子供不应求，其售价特别高，有一个农民由于种了许多茄子大赚了一笔，而那些没有种茄子的人看在眼里疼在心里，抱怨自己失去了一次发财的好机会，许多人暗下决心第二年多种茄子。结果可想而知，由于种的人多了，茄子供过于求，导致茄子价格暴跌，大家都损失惨重。这都是静态思维惹的祸。可是，有一个人却发大财了，就是那位第一年种了茄子的农民，因为第二年他专门种茄子的秧苗。那位农民的成功，就在于他运用了动态思维，以动态的眼光看待事物。人和人之间的主要差别就在于能够向前多想几步，有的人只想一步，有的人却想了两步，甚至想得更多。

客观事物按其存在或运动的外在表现，可以分为相对静止的状态和显著变动的状态。依照思维对象的运行状态来分，思维可分为静态思维和动态思维，将其作为科学方法引入科学研究和工程技术领域，便有了静态思维方法和动态思维方法之别。静态与动态是思维的两个视角，但从静态到动态，却是思维的升华，是思维品质的提升。

（1）**静态思维，又称静止思维，是指人们按照事物的静止状态来考察、分析事物的思维方式。**运用静态思维分析问题、解决问题的方法，称为静态思维法。静态思维着重从静止状态来考察事物，或者是事物相对静止和稳定状态在思维上的反映，要求人的思维从固定的概念出发，循着稳定的思维程序，寻找思维过程中的稳定因素，达到相对固定的思维成果，要求思维的规范化，可以不断重复。静态思维以"静"为主，但"静"不是绝对化的，而是相对化的，是一种趋于定型化的、稳定的状态。

静态思维是一种任何时代、任何思维不可缺少的思维方式，与工业时代机械地重复劳动相适应，按部就班、被动跟进，属于定势作用下的常规思维方式。尽管静态思维不是一种封闭的僵化的思维方式，但仍然不能适应信息时代发展的要求。

静态思维具有以下特点：一是固定性，即思维对象的不变性，反映客观事物在一定条件下的稳定性，对一些本来就比较稳定的事物具有重大的价值。例如，古迹的修复、标本制作、实验模型等都是采用静态思维方式。二是重复性，即思维活动可以周而复始地重复进行，反映了客观事物本身的延续性和过程的统一性。

静态思维侧重于对事物静态的分析，包括现状研究、解析研究、定性研究，因而在工作、生活和创新活动等实践中都具有一定的积极意义。例如，为计划方便起见，有时将不断变化着的科学技术创新活动，当成静态的或变化不大的对象来处理，由此制定出科技创新中长期规划、年度的或跨年度的计划。在计划的指导下，目标明确，方向性强。再如，在生物学研究中，为方便起见，总是将处于运动变化状态的生物有机体，当成静止的对象来研究。为便于学习和研究，天文学家根据变化着的宇宙天体，用各种静态的天文图表来描述，物理学家将瞬息万变的各种原子、基本粒子等，描记在静态的各种物理图表或者模型中。

静态思维也有其局限性，即将本来运动变化着的客体对象静止化，将丰富多彩的客体对象简单化，难免给人们的思想认识打上绝对静止和简单刻板的印记，因而不利于全面深入地把握客体对象。为此，在进行静态思维时，要避免形成刻板印象。

（2）**动态思维，是指人们根据事物的发展变化不断调整认识角度和价值取向的思维方式。**运用动态思维分析问题、解决问题的方法称为动态思维法。动态思维侧重于从运动中考察事物，研究事物的性质，是事物的运动状态在思维上的反映，是一种善于求新求变、具有前瞻性、超越性的思维方式，是一种运动的、不断调整的、不断优化的思维活动。

从思维形态上看，动态思维注重对事物动态的跟踪展望，思考和研究问题的重点是对事物的前瞻研究、预测研究和趋势研究，使思维活动更具变通性、择优性和建构性，因而是工作、学习和生活中必不可少的思维技巧。从这个角度上讲，动态思维是一种超前思维。

动态思维具有以下特点：一是流变性，即人们根据不断变化的环境、条件来改变自己的思维程序、思维方向，不断调整对事物的认识角度，从而达到优化的思维目标。二是择优性，即根据客观事物的运动变化，在思维的过程中，不断加强信息的输入、响应、反馈、控制等环节之间的协调互动，依据变化的情况进行相应的调节和优化。

动态思维是与信息时代瞬息万变的"信息流"相适应的。在科学技术高度发达的今天，人们既要把眼光投向快速变革的科技创新领域，时刻关注世界科技的新发展、新动向、新趋势，加强超前预测，不断作出预见、预断和预置，也要关注传统领域的改造与升级，为抢抓新科技革命的机遇并迎接其挑战提供基础和有力的支撑。动态思维既体现在持续改进上，全面质量管理中的PDCA（即计划、执行、检查、修正）循环也体现了动态思维，也体现在微创新上，通过持续改进和一系列的微创新，不断完善企业的经营管理、提高产品的性价比、提高劳动生产效率等。

动态思维也有其局限性，运动中的事物是变化多端的，如果不将其作简化处理，则难以抓住其特点及其运动的规律性，也不利于既全面又深入地把握客体对象。

（3）**静态思维与动态思维的结合运用**。静态思维与动态思维都有各自的规律，又是一对矛盾的统一体，都有各自的局限性。在思维过程中，不应将各自绝对化，而要做到两者的有机统一。如果将静态思维固定化、单一化，思维容易陷入僵化，形成刻板印象。为了克服静态思维的局限性，应与动态思维结合在一起运用。如果不对动态思维加以限制，任由其变动，思维容易陷入盲目，甚至是冒险。为克服动态思维的局限性，也应当与静态思维结合起来。静态思维与动态思维的有机结合，应当遵循静中有动、动中有静、以动促静、以静制动的原则，恰当地把握静与动的转换契机，实现动态思维对静态思维的超越，静态思维对动态思维的制约，进而对未来实践进行引领和创造。

有一则挺有趣的故事，说的是甲乙两人打赌，双方商定在两个月内，甲每天给乙10万元，乙每天只给甲1分钱，但必须每天加一倍。乙心中暗喜，以为自己占了大便宜，于是一口答应。等到第10天时，乙口袋里已经装进100万元，而自己只付出了5元钱，心里还后悔当时要是定三个月，不就可以赚得更多吗？想不到随着时间的推移，双方的进账开始逆转，并一发不可收拾。到第60天时，你知道乙应当付给甲多少钱吗？2500亿元都不够。这则故事让我们看到，动态发展着的事物和静态不变的事物在本质上存在着巨大的差异。

动态思维是一种用发展变化的眼光看世界的方法，有时是惊心动魄的，会给你的人生带来无尽的遐想和惊奇。静态思维虽然不能带来惊奇，却让我们平静地工作和生活，可以做到循规蹈矩、安分守己，因而更有安全感、满足感。

从静态思维发展到动态思维则可突破静态思维的定势，实现思维品质的提升。例如，惠普（中国）有限公司突破员工固定办公位置的定势，实行流动办公，即员工没有固定的办公桌，使办公桌处于被公用的状态。流动办公可使员工突破在固定位置上办公的思维定势，提高办公桌的使用效率，节约了办公经费支出。

静态思维与动态思维在职场上的运用体现在换岗上。定期换岗有助于打破思维定势，全面提升人的综合能力。如果在一个岗位上待的时间过长，容易形成思维定势，甚至滋生权力寻租的腐败行为，也不利于团队合作。但是，如果换岗太频繁，容易形成浮躁的心态，不利于积累较强的专业能力。因此，一般每3—5年应换岗一次。

05 化干戈为玉帛
（和谐思维与矛盾思维）

史玉柱在处理游戏里的关系时，提出了疗效与副作用、累与无事可做、人民币玩家与非人民币玩家、短期收益与长期收益、货币回笼与通货膨胀、抄袭与卓越、故事背景与游戏性、压力与价值等矛盾关系，并作了妥善的处理。例如，他主张要厚着脸皮抄，但要发展和优化，如果抄得跟别人差不多甚至比别人差的时候，别人会说你抄得真恶心，但如果你超越了对方时，别人就不会说你抄了。[1]

人们从客观事物的变化发展来观察事物、认识事物，进而提出问题、分析问题、解决问题，并根据变化发展情况及事物之间的相互关系，将思维分为和谐思维和矛盾思维。

（1）和谐与矛盾。"和谐"一词早在2000多年前就出现在古籍中。在《周易·乾卦·象辞》中载有"乾道变化，各正性命，保和太合，乃利贞"。汤一介认为，这

---

[1] 引自《史玉柱口述：我的营销心得》（剑桥增补版）。

里的太和可以理解为"普遍和谐"的意思，包括四个层次："自然的和谐"、"人与自然的和谐"、"人与人的和谐"、"人自我身心内外的和谐"。在哲学上，和谐是一个关系范畴，是指事物之间协调、一致、均衡、有序的状态。矛盾是和谐的反义词，是指事物之间的相互冲突的状态。

事物是普遍联系的，是相容的，也是矛盾的。事物之间的和谐是相对的，矛盾却是必然的。矛盾是分层次的，可以分为主要矛盾、次要矛盾。矛盾又是相互转化的，次要矛盾可以上升为主要矛盾，反之亦然。事物的矛盾运动是推动事物运动变化的力量。所以说，现实的问题，才是最重要的问题。

（2）**和谐思维，是指人们在思考问题、解决问题时，以合作共赢为目标，以和谐为原则的思维方式。**和谐思维强调人与人之间要和谐，以和睦为标准、以和气为态度处理人与人之间的关系，以及机构与机构之间、国家与国家之间的关系。机构与机构之间的关系、国家与国家之间的关系，核心还是人与人之间的关系。人与人之间一旦产生猜忌和防范，一般就会引起更多的猜忌和防范。因此，和谐思维强调合作共赢，共赢是人类的最高智慧。团结是双赢，不团结是两败俱伤。合作是双赢，不合作可能是双输。

和谐思维要求人们换位思考，克服以自我为中心，真正从内心深处承认他人的存在，尊重他人的文化传统、他人的意愿、他人的个性，包容他人的缺点。同时，要塑造阳光心态。如果心态是阳光的，就容易与别人和谐相处。如果心态是阴暗的，就不可能与他人和谐相处。

（3）**矛盾思维，是指人们依据事物的矛盾运动来认识事物、解决问题的思维方式。**也就是要认真对待并解决现实中的问题，努力改善当前的处境。从不同的角度，可作不同的分类：从本质上分，矛盾可分为对抗性矛盾和非对抗性矛盾；从影响程度上分，可分为主要矛盾与次要矛盾。解决矛盾一般有两种途径：一是对抗、斗争，甚至战争；二是和解，化干戈为玉帛。在处理企业内部矛盾、家庭内部矛盾、同事之间的矛盾、朋友之间的非对抗性矛盾时，应当以和谐为目标，通过和解、和顺、和缓的方式予以解决。在处理敌我之间的对抗性矛盾时，甚至是机构与机构之间的矛盾、国与国之间的矛盾时，完全排斥斗争是不现实的，要在斗争中争取主动，求得和解、和顺的结果。在处理敌我对抗性矛盾时，如果不斗争，就意味着妥协；而一旦妥协，不但不利于问题的解决，还会使自己处于被动的地位。

（4）正确处理和谐思维和矛盾思维的关系。和谐思维和矛盾思维是辩证思维总概念下的两个子概念，是辩证思维发展中不同的形态。从辩证的角度看，和谐思维具有矛盾对立性，矛盾思维也具有和谐统一性，这是两者作为辩证思维不同形态的共同本质。在和谐思维中，矛盾对立是隶属性的，并不意味着无矛盾的思维，而在矛盾思维中和谐统一是从属性的，也不意味着无和谐的思维。

在矛盾思维中，着重从矛盾出发，经过解决矛盾，达到暂时的和谐，但与此同时又出现了新的矛盾，然后又重复着从矛盾到矛盾的新的螺旋。也就是从矛盾开始发展到新的矛盾。

在和谐思维中，着重从和谐出发，经过缩小矛盾、化解矛盾，达到更高的和谐，然后又开始从初步的和谐到更高的和谐的持续发展。也就是从和谐开始发展到新的和谐。

由于和谐思维与矛盾思维都是辩证思维的两个子概念，有的强调矛盾思维，主张斗争哲学，认为事物是一分为二的，不是东风压倒西风，就是西风压倒东风；有的强调和谐思维，主张和睦友善，共存双赢。无论是矛盾思维，还是和谐思维，都不是固定不变的，而是以时间地点条件为转移，两种思维都具有合理性。无论是与人为善还是与人为敌，是以邻为伴还是以邻为壑，是以和谐思维为前提还是以矛盾思维的前提，都有各自的道理。一般来说，和谐思维立足于更高的层次，强调矛盾双方对立统一，即"和而不同"。

06
要有发现美的眼力
（对称性思维与非对称性思维）

有一个名叫王帆的学生，他仔细观察了湘绣绣花的过程，看到绣花针刺到布的下面去，针尖朝下，再掉转针头，刺到布的上面来，然后再次掉转针头刺下去，如此反复操作。每刺一下都要掉转针头，非常麻烦。王帆想，能不能不掉转针头呢？通常的绣花针，一端是针尖，另一端是针鼻，针尖和针鼻都有其特定的功能，两者不能相互替代。显然，问题就出在绣花针上，需要对绣花针进行改进，但是怎样改进呢？一次偶然的机会，他看见渔民用梭子织网，梭子两头都是尖的，网线就穿在梭子的中间。王帆从中受到启发（即移植思维、类比思维，也是灵感思维中的豁然开朗法），他想，如果在刺绣时不需掉转绣花针，那绣花针必须是对称的，且两端都应是针尖，但针鼻到哪里去了呢？针鼻就只能放在针的中段了。王帆利用对称性思维方法，将不对称的绣花针改为对称的。这就是双尖绣花针。这种双尖绣花针虽然结构简单，却非常新颖和实用，最能体现出创造性思维的特征，荣获第四届全国青少年发明创造比赛一等奖。①

对称性是客观世界的本质属性，客观世界中许多事物是对称的，如数学中有无数的对称图形、对称矩阵、对称空间和对称变换。对称是科学研究和培养创新思维的一种重要方法。事物的对称性一旦被掌握，就成为发现问题、思考问题和解决问题的一种具体方法。对称是理性的需要，却是感性的禁锢。

（1）对称性思维，是指人们在思考问题和解决问题时，从事物的对称性方面入手去寻找问题答案的一种科学的思维方式。形象思维与抽象思维、求同思维与求异思维、逻辑思维与辩证思维、收敛思维与发散思维以及正向思维与逆向思维是对称性思维方法中的典型代表。

人们在分析、推理、解决问题时，可有意识地运用对称性原理，对问题进行对称性分解、设计，并提出解决方案，或者在一个尚不明了的命题当中，从对称的角度找出其规律，发现对称或不对称的条件，进行对称性探索，从系统或整体上把握问题或命题的结构，得出解决问题的方法。

（2）非对称性思维，是指人们在思考问题、解决问题时，突破事物的对称性寻找问题答案的一种思维方式。凡是对称以外的均是非对称，因此非对称思维是一种辩证思维，也是一种创造性思维，是逆向思维与跨越性思维的总称。非对称性思维的应用很广泛，例如，对于事物的价值取向及其派生出来的失衡状态，可运用差异性的政策来实现多重均衡。

---

① 选自《培养创新思维系列讲座》，百度文库（http://wenku.baidu.com）。

07 克敌制胜的法宝（战略思维）

　　《孙子兵法》虽是兵书，反映了兵家谋略，却是战略思维的杰作，处处闪耀着战略的智慧。要掌握战略思维的精髓，可去细细研读该书。战略思维既是系统思维，也是宏观思维，均属于较高的思维品质，但三者的侧重点各有所不同，系统思维侧重于事物本身及其与其他相关事物之间的关系，宏观思维侧重于看待事物的视角，战略思维侧重于处理与竞争对手的关系。

　　（1）**战略，顾名思义，是指作战策略**。既然是作战，那必定有对手，目标是要战胜对手。所以，战略必须回答以下四个问题：第一，对手是谁？即和谁交战。例如，美国很清楚，它要打败的经济上的竞争对手，在20世纪90年代，美国的301条款点了40个国家，后来扩大到90个国家，现在是100多个国家。第二，为了取胜，将采用何谋何策何略？这是战略的核心要义。第三，要知己知彼，不仅要分析自己的优劣势、机遇和挑战，也要分析对手的，并找到自己与对手之间的差距。第四，要确定目标、布局、路径选择和行动计划。只有这样，才算是完成了一个战略，也才有可能战胜自己的对手。

　　（2）**战略思维的概念**。战略思维是指思维主体对关系事物全局的、长远的、根本性的重大问题进行分析、综合、判断、预见和决策等谋划的思维方式。战略思维的核心是谋划，包括客观与主观、真理与价值、知与行、物质与精神之间的转化，以及从认识事物到改造事物的全过程中的思维活动。战略思维涉及的对象大多是复杂的政治、经济、文化系统，以及人与自然的复合系统。由于事物是发展变化的，战略思维必须顺应这种变化，并根据变化作出相应的调整，因而战略思维是动态思维。

（3）**战略思维的步骤**。制定战略，应按照以下六个步骤进行：

①作出战略预测，即对战略目标、战略任务及战略手段的可行性作出判断，并对可能的实施效果作出预测。这是提出战略目标、战略任务、战略措施的基础和前提。如果战略预测是错误的，则整个战略谋划必定是失败的。为此，需要对战略所涉及的事物或对象的现实状况和未来发展趋势进行科学把握。这又是战略预测的基础。

②形成战略目标，即在战略预测的基础上确定实施战略所要达到的最终结果，是战略的出发点和落脚点。

③制定战略任务，即将战略目标分解为可以实施的详细且具体的任务。战略任务还可以进一步分解成若干具体的子任务，子任务还可以进一步分解为更细致的任务，形成目标任务体系。

④提出战略方针，是指根据战略目标的要求确定指导战略全局的总纲领、总原则，是组织战略实施的指导思想，包括完成战略任务、实现战略目标的基本途径和手段，以及战略重点和主要战略部署。

⑤制定战略措施，即为实现战略目标完成战略任务制定需采用的方式方法、手段。这是战略系统中最关键、实践性最强、最具操作性的部分。

⑥战略实施的反馈及战略修正，是指根据实际情况（信息反馈）及时修改战略目标和计划等，甚至要放弃整个战略。因为战略目标、计划、任务都是主观的东西，而客观事物总是发生变化的，因而导致主观与客观之间的不一致。要通过反馈和修正，使主观符合客观。

在上述的六个步骤中，第一步属于战略谋划，即思维主体对战略问题的思考和谋划，包括各种与战略问题相关的信息加工活动。第二至第四个步骤属于思维产出阶段，形成战略目标、编制战略计划、制订战略方针等都属于思维产品，用于指导并服务于战略实践。第三部分是战略的实施，即第五、六步，包括战略计划的实施、反馈，以及战略的修正，都是思维主体的能动的物质活动，是主观逐渐符合客观的过程。也就是说，战略思维包括谋划、产品和实施三个组成部分。

（4）**战略思维的特征**。战略思维具有以下特征：

①前瞻性。战略思维是超前思维，是相对于客观对象未来的动态发展过程而言的，是立足当前面向未来，考虑的是事物今后若干年发展的问题，是对事物未来发展趋势的科学把握。其前提是把握事物的规律，科学预测事物变化发展的前景，这

是战略思维中最困难的部分，也是最有价值的部分。这一特征决定了战略思维要坚持目的性原则，紧紧围绕特定的目的制定战略目标和战略任务。

②全局性。战略思维是系统思维，是从时空两个维度考虑问题，从事物发展的大局、全局考虑问题，处理好全局与局部的关系，力求实现全局利益与局部利益的统一，当二者发生矛盾时，坚持局部利益服从全局利益，不能局限于一时一地一域的狭隘利益。

③重点性。客体对象涉及复杂的内外部关系，而且其发展变化是不确定的，对手也是在发展变化的，思维主体与对手的力量对比及其关系也是复杂的，这些都决定了思维主体的思维过程是复杂的，主体客体之间的关系是复杂的。在众多的复杂关系面前，战略思维的着眼点就是放在系统中起决定性作用的局部，抓住事物的主要矛盾及矛盾的主要方面，以及抓住过程中的主要阶段和序参量（即描述与物质性质有关的有序化程度和伴随的对称性质）。能否抓住关键，决定了战略思维的成败。抓重点、抓关键虽然是抓局部，但这些局部从一定意义上讲可以代表和反映全局。

④创造性。战略思维是思维主体对未来发展问题的思考，并针对问题提出新的解决办法。在这一过程中，往往会推出新思想，提出新认识，发明新方法，制定新的切合事物变化发展规律的战略目标和规划。这也决定了战略思维是开放性思维，体现出思维主体的主观能动性，包括确立战略目标、选择信息、加工信息的能动性。

（5）战略思维的途径。 可以采取以下措施和途径提高战略思维能力：

①加强调查研究。调查研究是战略谋划的前提，是获取战略决策所需信息的重要来源，是战略思维的基础。任何成功的战略决策，必须基于充分的、及时的、准确的、完整的信息。如果信息不充分、不及时、不准确、不完整，所作出的战略决策必然质量不高，甚至是错误的。因此，在战略思维的过程中，要加强调查研究，要从内外部获取各种相关信息，从与战略有关的各个方面获取信息，要广泛搜集情报信息，包括从情报部门和统计部门获取信息，并提高信息收集、加工的质量。

②提高理论素养。思维主体可采取以下措施提高理论素养：一是加强学习，学习掌握科学的世界观、方法论，学习基础理论知识和专业技能知识，不断扩大视野，树立合理的价值取向。二是学以致用，广泛实践，积累丰富的实践经验，增加生活阅历。实践经验丰富、生活阅历多的人，战略思维能力一般比较强。三是充分利用外脑，发挥参谋、智囊机构的作用。因为一个人的精力、时间有限，不可能学习掌握所有的知识，具备所有的能力。针对自己不足的，或者不精的，可运用众向思维，借助能人的智慧。四是坚持民主决策、科学决策。在战略思维过程中，要多

听多看，广泛听取意见，这样的话，犯错误的概率就会大大减少。

③应用科学的方法。科学的方法是前人在实践中广泛应用，并总结归纳，证明是行之有效的规范性知识。我们不仅要遵循科学的思维方式方法获取信息，还要充分利用先进的科学技术手段，包括人工智能技术、互联网技术等，以及相应的思维程序，对所获得的信息进行加工处理。在思维方式上，要从封闭走向开放，从静态走向动态，从线性走向系统综合，从单向走向多维，从确定性走向非确定性，打破思维定势，克服思维偏见。

④崇尚实践。战略思维能力应建立在实践基础上，从实践中锻炼出来的，不能脱离实践直接培训出来。因此，提高战略思维能力，离不开实践，必须从实践中来到实践中去，实践的需要是动力，实践的过程是根本途径，实践的结果是最终目的。

08
中荣金属大爆炸为什么会发生？
（质变思维与底线思维）

2014年8月2日，江苏昆山台资企业中荣金属制品有限公司（下称"中荣金属"）抛光车间发生大爆炸，造成75人死亡，180多人受伤。国务院事故调查组认定：此次爆炸是一起重大责任事故，责任主体是事发企业，主要责任人是企业高层，当地政府负有领导和监管不力之责。中荣金属1998年建厂时就没有按照国家标准建设，但当时毕竟是全新的设备，除尘效果相对较强，问题没有显现出来。随着设备老化、加班密集，集聚的粉尘越来越多，除尘的能力越来越弱，粉尘做加法、设备做减法，积聚到一定程度以后就酿成了该悲剧。虽然历史是不能假设的，但是，假如中荣金属设定了安全底线，并采取有效的措施，就不至于发生这么大的惨剧。如果中荣金属的老板及其经营者能够事先设想到这样的惨剧可能发生以及可能产生的后果，也就不会置安全于不顾。

质变与底线是密不可分的，虽然质变思维与底线思维并不是相互对立的思维方式，但两者之间的关联度非常高，把握得好的话，可引导事物朝有利的方向发展，并有效控制风险，进而提高思维品质。

（1）**临界点与底线**。临界点是一个物理学名词，指物体由一种状态转变成另一种状态的条件，如0℃是水变成冰或者冰变成水的临界温度，也借指事物性质发展变化的关节。

底线是指不可逾越的红线、警戒线、限制范围、约束框架等，即一个人或一个组织等主体依据自身的利益、情感、道义、法律所设定的不可跨越的临界线、临界点或临界域。一旦跨越了，主体的态度、立场和决策就会发生质的变化，即从可以接受，变成不可以接受。底线一旦被突破，就会出现行为主体无法接受的坏结果，甚至导致彻底的失败。

从唯物辩证法的角度来看，底线是由量变到质变的一个临界值，一旦量变突破了底线，即达到质变的关节点，事物的性质就会发生根本性的变化。例如，成语"背水一战"是指在没有退路的时候只能一心向前，也称井陉之战。该战役发生于汉高祖三年（公元前204年），汉军和赵军在井陉交战，汉军大将韩信利用赵军主帅陈余轻敌之心，摆下犯兵家大忌的背水阵，鼓吹本军将士奋勇作战以求死里逃生，并另调轻骑趁隙夺取赵军军营。赵军想回营稍作歇息之余惊见本营插满汉军旗帜，以为大势已去，故一哄而散。韩信的背水阵就是成功地设置了底线。汉军不能后退，后退的话就会掉到河里被淹死，汉军只有向前突围，才能求得生存。

（2）**质变思维，是指思维主体依据量变积累到一定程度推动事物质变的思维方式**。任何事物的发展变化均有临界点，处于临界点上的任何微小的变化，即越过临界点，都会引起质变。所以，事物的发展变化，量变是基础。质变思维要求我们不可忽视任何细微的变化，又不被细微的变化所困惑，要求我们既要看到事物的现象，不拘泥于形，不被外在的东西所束缚，又要看到事物的本质。只有心明眼亮，才能看到事物的本质。

质变思维蕴涵着动态思维和超前思维。当我们希望质变发生时，质变思维是一种积极思维。

（3）底线思维，是指思维主体设定最低目标、争取最大期望值的思维方式。运用底线思维考虑问题的方法称为底线思维法。底线思维要求思维主体认真计算风险，估算可能出现的最坏情况或者最不利的后果，并作好最坏的打算。人们一旦做好了承受最坏情况的心理准备，也就找到了底线。这种底线是事先想象的或设定好的，不一定会真实地发生。有了底线，也就意味着可以从最底部开始，而往上走的每一步都是正向的，向前每走一步也都是意外的收获。底线思维着眼于有可能出现的最坏情况，凸显出强烈的忧患意识。

　　①底线思维的性质。底线思维是一种系统思维，通过系统思考和系统运筹，确定底线在系统布局中的地位，以及系统不可跨越的底线，对可能出现的系统风险和挑战，系统可能发生的最坏情况，做到心中有数，并提出防患未然、化风险为坦途、变挑战为机遇的措施办法。

　　底线思维是一种战略思维，要求在谋篇布局、制定战略规划时，把底线放到总体战略的全局中去考虑。

　　底线思维蕴含着辩证思维，就是多角度地、系统地看问题，有助于看到事物的本质。

　　底线思维是一种积极主动的思维。一方面，主动思考什么是底线（即问自己可能发生的最坏的情况是什么？）、底线在哪里（即你最担心的事情是什么？）、超越底线的最大危害是什么、有哪些原因会导致超越底线、如何有效地远离或规避底线等问题，以便守住底线、远离底线，坚定信心、掌握主动、追求最佳结果。另一方面，从底线出发，步步为营，努力逼近顶线，不断收获更大的战略利益。也就是说，底线思维不仅要求防范风险，而且要求主动出击，以实际行动化解风险。

　　②底线思维的影响。底线思维会影响我们的生活态度，提供继续前进时所必须具有的那份坦然。不是所有的人能够轻易地作出决定或承担风险。有时我们苦苦思索几个星期，甚至几个月，仍然无法得出结论，迟迟不能采取行动，是因为害怕承担风险，害怕跨入未知领域所带来的不利后果，但实际上已经错失了机会。这是因为没有找到底线的结果。

　　例如，2014年初在加拿大温哥华举行的世界黑客大赛上，来自上海的陈良仅花30秒的时间就攻破了苹果电脑系统夺得冠军。提到"黑客"，人们往往认为就是通过互联网非法侵入他人计算机系统，查看、更改、窃取保密数据的人。实际上黑客还有一个义项，就是精通计算机技术，善于从互联网中发现漏洞并提出改进措施的人。前者走的是黑道，在计算机行业，已有黑客靠技术欺诈敛财，并形成了完整的黑客产业链。如果黑客将漏洞和攻击方法抛给黑客产业链，酬劳是相当可观的，但却是违反道德、违法犯罪，一旦被抓获，就要坐牢，身败名裂。后者走的是正道，虽然也叫黑客，却是发现计算机系统中的漏洞的人，是完善计算机系统必不可少的，有助于维护信息安全，促进社会稳定。当然他们的收入不会很高，要耐得住寂寞。有一次，陈良向国内一家互联网巨头汇报其播放器存在安全漏洞，并提供了解决方案，该公司给他们的报酬只是1万元奖励。如果陈良将漏洞和攻击方法抛给黑客产业链，获得的酬劳也许是100万元，甚至上千万元。面对巨大的利益反差，有的人不能坚守住底线，一念之差，就滑向了犯罪的深渊。而陈良自2008年从上海交通大学信息安全学院毕业以后，凭着对信息安全行业的喜爱，始终坚守道德底线和法律红线，坚持走正道，成为一名优秀的"黑客"。另外，还有如食品安全问题频发，就是不法商人一切向钱看，没有守住道德底线和法律红线。

底线思维是基于以下逻辑，当一件事情已经坏到底的时候，只有两种可能：第一，不可能更坏了；第二，物极必反，可能取得意想不到的结果。底线思维的逻辑结论就是，只有更好，没有更糟。于是，消除了恐惧心理，光明就在黑暗的尽头出现了。所以，底线思维是一种光明思维。

③底线思维的意义。底线思维的意义在于：

一是面对现实，既然已经接受了可能出现的最差结果，也就更好地克服了自己的恐惧心理，从而可摆脱内心的焦虑，看到事物的远景。从长远来看，这其实可能造成最好的后果。既然意识到一旦我们处于底线的位置上，唯一能做的事只有往上走。

二是正确估计利益。已充分考虑在某种条件下可能产生的最差结果，最差结果出现时，利益是零，凡是比最差结果更好的结果，就赚了。我们的目标就是争取到比最差结果更好的结果，这就可以做到对下一步的行动心中有数。我们也可以明白，对我们来说，什么才是真正重要的。这样有助于我们对各种替换方案和解决办法保持更加开放的心态。

例如，汤姆以前一直跟父亲在他们家创办的律师事务所工作。他在35岁时患了轻微的心脏病。那时他想调整一下自己的生活，希望能实现自己在塞浦路斯开办一家冲浪学校的梦想。他搜集了大量资料，制定了一个投资计划，然后估算可能出现的最差情景，以推测自己的梦想能否获得成功。汤姆运用底线思维，将一些物质上的需求（如地位，高收入，宽敞的房子，宝马车等）排除在外，最后他找到了自己真正想要的东西——健康，安宁，满足。虽然汤姆接受了他可能损失物质利益这一事实，但他有机会享受更长久、更有益的生活。正是有底线思维的帮助，汤姆才摆脱了过去那一成不变的生活，实现了自己的梦想。

三是把握时机。人们在作出决策时，或者对所作出的决策感到担心时，或者对现状作出改变时，或者在感到不满足或不安定时，或者在面临威胁和挑战时，或者对某个要求说"不"时，运用底线思维能够帮助人们在上述情况下作出比较恰当的选择或者判断。

四是作出决策。运用底线思维时，需要搜集尽可能多的信息，并对可能出现的最糟糕的情况作出实事求是的评价。在我们独处时，集中注意力，把所作出的决策或者某一行为可能产生的所有后果都记录下来。然后对各种后果进行比对，将最为担心的那种后果挑选出来，再认真地加以思索。如果最坏的结果已经发生，想象一下，能否接受该结果。如果能够接受，那就可以轻易地作出决定。如果不能接受，问问自己"为什么不能"。

例如，乔所在的公司已经两次进行裁员了。乔深信，即使自己不主动申请离职，迟早也会被迫离开公司。公司为离职员工提供一年的薪金和一份评价颇高的履历证明。乔一时不知道该如何决定，最后他运用底线思维，首先明确自己的底线是永远无法再找到任何工作。他想象自己就处在那样的一种情况，并且开始设想一种不需要通常意义上的工作的生活。乔设想着在海外找一份福利性工作，在医院当志愿者，在海滩边像无业游民那样游荡，自己当老板，或干脆出家修行。突然间他感到心灵上的自由，对于失业的恐惧感突然消失了。由于运用了底线思维，他开始坦然地面对可能出现的最差情况，并且尝试着去接受它，世界也因此向他展示了新的可能性。

⑤消除忧虑。运用底线思维消除忧虑，可运用威利斯·卡瑞尔公式[①]分三步进行：第一步，毫不害怕且诚恳地分析整个情况，然后找出万一失败之后可能发生的最坏打算是什么；第二步，找出可能发生的最坏打算之后，让自己在必要的时候能够接受它；第三步，从这以后，平静地把时间和精力拿来试着改善在心理上已经接受的那种最坏情况。总之，做好以下三件事情：一是问自己"可能发生的最坏的情况是什么"；二是如果你必须接受它的话，就准备接受它；三是镇定地想办法改善最坏的情况。

（4）质变思维与底线思维的关系。 两者的联系包括：一是底线思维的底线就相当于质变思维里的临界点，这是两者的共同点；二是当我们不希望质变发生时，质变思维是一种积极的预防性思维，如一旦发生质变就意味着事故，或者改变了事物原本的性质，就要设法守住临界点，不能让事物发展到该临界点。此时，质变思维就是底线思维。

两者又有显著的区别：一是质变思维强调突"变"，核心是变，底线思维强调守

---

① 这个公式是戴尔·卡耐基在《人性的弱点》一书中提出的消除忧虑的三个步骤。

住底线，核心是"防"。二是质变思维包含着求变和防变两种思维方法，而底线思维有守住底线、守不住底线时做好最坏的打算和找到底线后争取最好的结果三种思维方法。

（5）**底线管理，是与底线思维密切相关的。** 与战略计划、绩效管理、效益最大化、激励与反馈等注重前瞻性的思维取向不同的是，底线思维注重的是对危机、风险、底线的重视和防范，管理目标上侧重于防范负面因素、堵塞管理漏洞、防止动荡。如果一个企业不注重底线管理，忽视风险防范，一旦出现问题，很可能就是企业所无法独自承担的大问题。

底线管理也是公共管理体系中的重要环节。社会发展就如跑步，要想跑得快，一是方向要明确，这是战略思维的范畴；二是不能走弯路，不能摔跤，这是底线管理的范围；三是技术能力要强，这是绩效管理的范畴；四是基本素质要好，包括有好的体质体力，这是人力资源管理的范畴；五是精神状态好，这是激励与反馈的范畴。在这其中，底线起着最起码保证的作用。同样道理，在公共管理中，底线思维起着与"最理想境界"、"效益最大化"相对应的"最低防线"、"危机最小化"的作用。基于底线思维所进行的底线管理，是公共管理体系中的一个不可或缺的重要环节。

底线管理与危机管理既有区别又有关联，两者都注重负面因素和各种变故，但底线管理比危机管理更加积极，更具全局观念，更具可操作性。底线管理的价值取向，一是更加注重人为因素；二是更加注重避免因政策、措施、管理的疏忽等人为因素带来的破坏；三是更加注重人力可以做到的防范措施和系统建设；四是更加注重从减少负面影响来促进发展。

（6）**质变思维、底线思维与科技创新。** 科技创新往往在一瞬间即产生质变，但没有持续的投入与研发，成功的瞬间是不会到来的。这是质变思维给我们的启示。

在科技创新中，要发挥底线思维的科学预见作用，增强忧患意识和风险意识，加大科技投入，包括人力、物力和财力的投入，持续地进行研发创新。但同时要做到以下三点：一是不能跨越法律的底线。在科技创新过程中，要遵纪守法，遵守法律法规规范，不能将科学技术用于违法犯罪活动，不能违反国家有关生命健康、环境保护等方面的法规；二是不能跨越道德的底线，要尊重他人的知识产权，尊重他人的发明创造，遵守生物伦理等方面的规范，坚守诚信底线；三是不能跨越公正的底线，要参与公平竞争，坚持正义和公道正派。

在进行科技创新活动之前，运用底线思维应想清楚以下五个问题：一要明白底线是什么，是法律底线、道德底线，还是失败的底线等；二要知道底线在哪里，在内部还是外部，在研发过程中还是在成果转化及产业化过程中等；三是超越底线的最大危害是什么，有否生命、健康方面的损害，还是法律的惩罚或者道德的谴责等；四是会有哪些因素导致超越底线，是技术因素、管理因素、条件因素，还是过强的逐利心等；五是如何有效地远离或规避底线，如调低预期，做好安全保障等。回答好以上五个问题以后，可以选择一条稳妥的创新路径，在控制风险的前提下寻求利益的最大化，此时的利益是安全的利益。运用底线思维，在创新过程中，遇到突发事件也能镇定自若，沉着应对。

09 可否用数字说话？
（模糊思维与精确思维）

　　熊猫机械集团是上海市一家现代化高新技术企业，但在管理中发现很多扯皮的事情，导致公司间接费用高、损失大等问题。例如，由于公司员工的工作任务无法量化，公司老总无法精确掌握业务员的工作量和工作效率，造成经营管理、业务考核等存在较大的随意性。为降低经营管理中的模糊性，熊猫机械集团决定采用 ERP系统（新一代集成化管理信息系统）。ERP 系统投入使用以后，整个集团实现了无纸化办公。每个员工每天完成的工时、拜访客户的情况等均生成报表，管理的精细化程度日益提高。ERP 系统中还有一个分析系统，每天晚上11：00前都会生成一个报告，每位员工的工作情况及其成果一目了然，用数据说话，彻底消除了扯皮的现象。

　　根据思维具有精确性还是模糊性，可以将思维分为精确思维与模糊思维。

　　（1）**模糊性与精确性**。模糊性与精确性是相对立的，分别反映客观事物的状态性质的不确定性和确定性。模糊性反映那些很难说清楚特征或者边界不清晰的事物。例如，漂亮、聪明、老、少等都是定性的概念，都是模糊的。再如，在分类时，老人、聪明人等的界限都很难划定，也都是定性的概念。而桌子有1米长，有20公斤重，都是定量的，可以精确地度量。

当然，模糊性和精确性是相对的。从表面上看，某个事物是模糊的，但实际上，人们在反映事物深层次差异方面显得更准确、更能把握事物的精确度，从而充分地揭示出事物的矛盾运动及其发展的丰富内涵。例如，在0和1之间，其间的任何一个数字都是精确的，但作为一个范围来看，却是模糊的。再如，在大与小、好与坏之间，可以使用数字来表达程度，即用精确的数字来表达模糊的程度。因此，在更多的时候，我们是在精确性和模糊性之间徘徊，进行辩证的思考。

（2）模糊思维，是指人们在思维的过程中，以反映思维对象的模糊性为特征，通过使用模糊概念、模糊判断和模糊推理等非精确性的认识方法所进行的思维方式。 模糊思维主要用于处理模糊的、不断变化的和错综复杂的事物，从整体上把握客观事物的大致情况。

模糊思维是人类自古以来就有的思维方式。例如，《周易》就是典型的模糊思维的产物。尽管需要经过理性思维的洗礼，但是在今天，《周易》仍有独到的应用价值。

模糊思维是以定性分析为主，采用定性分析的语言和不太确定的概念，对无法或难以精确描述的模糊性事物和现象进行描述、分析和研究，对事物的整体特征进行概括，作出近似的、灵活的结论。

世界本身是模糊的，大脑的思维机制是模糊的，思维的极致也是模糊的，因为模糊之处蕴含着极大的活力和创造性。人类对客观世界普遍存在着模糊性的适应，而且随着人类思维的发展，人类思维不是更加精确，而是向模糊转变。

模糊思维侧重于通过事物间的对比，注重描述事物的性质，其结果具有较强的相对性。例如，美与丑是不能截然分开的，在美与丑之间还有若干程度的过渡。这种程度的变化很难直接用数量表示，一般用比较美、比较丑、更美、更丑等比较概念作出相对的区分。

模糊思维的好处在于，一方面它有很大的解释空间或联想余地，善于在事物之间建立联系，善于从多角度考虑问题，能够反映事物发展过程的中间环节和过渡状态，特别是反映处于多因素的、系统的、动态发展过程中的事物有比较显著的优势，因而是一种弹性思维。

另一方面，模糊思维具有经济、灵活、简捷、整体性强的优点，有助于人们对事物或现象形成一种整体的理解，将隐藏在精确背后的深刻内涵揭示出来，是人们进行创造性活动卓有成效的工具之一。

当然，模糊思维也有其局限性。一是因为其概念是模糊的，凭借模糊的概念难以清晰地认识未知领域；二是模糊概念为偷换概念、转移话题，以及诡辩创造了条件，也可能导致轻视概念的后果。如果轻视概念，很有可能对范畴失去正确的把握，进而影响抽象的逻辑思维的运用。可以运用批判性思维识别是否偷换概念；三是模糊思维很难对事物的本质进行分析，进而影响到对事物规律的认识，甚至丧失探索未知领域的积极性。

（3）**精确思维，是指人们在思维的过程中，通过精确概念、精确判断和精确推理等精确性的认识方法，精确地反映思维对象的特征所进行的思维方式。**精确思维以定量分析为主。在现代科学技术的发展中，精确思维功不可没。精确思维具有清晰、准确、无歧义的优点，给日常的工作和生活带来了很多好处。人们似乎有这样的认识：非精确化的领域不是科学的领域；不能用数学描述的学科不是科学。在日常的工作和生活中，人们喜欢用数字描述问题、解释问题、衡量效果，力求用精确思维解决各种问题。例如，电脑能够进行精确的计算，准确无误地处理问题，就在于电脑是按照编好的程序进行确定性的理性思维。

然而，精确思维也有局限性，由于客观世界是复杂的、非线性的，是无法用形式化的、精确的、严格的推理来描述客观世界，所以人们不能精确地预测和决定未来，只能运用整体性的、模糊的、近似的判断和思维来应对复杂的世界。

（4）**将模糊思维与精确思维结合起来运用。**两者之间不存在非此即彼的矛盾关系。如果说精确思维侧重于对事物作条分缕析，并由此得出非此即彼的结论，那么模糊思维侧重于对事物进行概括性分析，得出亦此亦彼的结论。精确思维的结论是精确的、定量的，也是唯一的，模糊思维因是多角度考虑问题，是对事物的整体和特征进行概括，是对事物轮廓的勾勒，得出的结论只是近似的，有比较大的演绎空间。在自然科学领域，比较重视精确思维，讲求定量化分析，但在广泛的社会领域，模糊思维是必不可少的，讲求定性分析。但这是相对而言的，其实，精确思维和模糊思维各有所长、相互补充，都是分析问题、解决问题的有效工具。两者的相互关系体现在：

①精确思维是基于模糊思维进行的。在试图进行精确思维时，首先要做的是，把思维对象形式化、数学化，建立相应的概念模型或数学模型。在建模的过程中，只能抓住主要因素，要忽略大量的次要因素，所得到的只是一个与现实原型近似的东西，这本身就是模糊思维。所以说，模糊思维先于精确思维，是精确思维的基础。

②两者是相对而言的。在具体的思维活动中，既不存在纯粹的模糊思维，也不存在纯粹的精确思维，只是在特定的认识层次、认识阶段或者认识环境中所占据的比重不同而已。如果精确思维占主导地位，则符合精确思维的基本特征，可以认为是精确思维。反之亦然。例如，可见光的颜色，既可以用"波长"这样的精确概念来表述，也可以用红、橙、黄、绿、青、蓝、紫这样的模糊概念来界定。在日常生活中，人们使用模糊的颜色概念就足够了，但在光学研究上，则要使用精确的波段概念。

③两者可以相互转化。随着对事物认识的不断深入，一些原本模糊的认识变得精确，一些原本精确的认识变得模糊。例如，对于死亡的判断，一直是以"呼吸停止和心脏停止跳动"为临床死亡的判定标准。随着医学的发达，有的人虽然脑和脑干已经死亡，但可依靠人工方法呼吸并维持心跳，这就使临床死亡的概念变得模糊不清。

④两者可相互表达。在一定条件下，两者可以成为互为表达对方内容的手段。模糊思维可以达到精确表达的效果。例如，自然语言在语音、语义和语法等方面都具有强烈的模糊特征，但是人们可用它们准确地表达和交流思想，且很少造成误解。精确思维也能表现具有模糊性的认识内容。例如，画家用线条勾画出轮廓分明的云彩，虽然实际云彩的边缘是模糊的，但人们能够接受这种画所表达的实物的主要信息。

从上述关系来看，从模糊思维到精确思维，再到模糊思维，将两者有机结合起来，能起到更好的效果，发挥更好的作用。

思维层次

在思维过程中，考虑的问题是否足够多，涉及面是否宽广，考虑问题是否足够深，决定了思维的层次。

思维层次是指人的大脑思考问题的层次，对于同一个问题站在不同的思维层次上去观察和分析，所涉及的领域范畴是不同的。例如，在研制一种新产品时，基于微观层次，可以研究该产品的结构，应当具备的功能，使用的方便性、安全性、包装、运输的方式方法等；基于中观层次，要研究该新产品的性价比、消费者的可接受程度、营销策略等；基于宏观层次，要研究该新产品对人们的工作和生活可能产生哪些积极的、消极的影响，产生多大的影响，其影响有多长远。从本质来看，人类智能的进化就是思维由简单向复杂、由低级向高级的发展过程。随着人类社会的文明进步，智慧程度越来越高，人类不仅面临的环境和问题越来越错综复杂，而且对自然规律的认识也越来越深化复杂，所创造的物质产品和精神产品越来越丰富。从思维发展的角度看，思维活动可以分成以下四个层次：

第一个层次是人的原始思维，即情绪的本能反应。例如，我们对某些色彩感觉不舒服，而对另一些色彩感觉愉悦，这是本能的反应。虽然这种情况会随着受教育程度增加和知识的增长而有所改变，但从根本上是不能改变的。

第二个层次是通过习俗学习获得的。习俗即习惯风俗，是指个人或集体的传统风尚、礼节、习性，是特定社会文化区域内历代人们共同遵守的行为模式或规范，包括民族风俗、节日习俗、传统礼仪等。习俗对社会成员有一种非常强烈的行为制约作用。这个层次的思维水平是群体性的，不仅反映了一定的地域特色，也反映出家庭文化背景，这两者往往是混合在一起的。这个思维层次首先是基于个体具有了一定的反映模式；其次也是对个体的反映模式进行改造。例如，在元宵节、端午节等节庆活动，我们都要吃元宵、粽子等。

第三个层次是科学文化层次，是一个社会流行的科学文化意识系统的反映，是一个独立的文化区域的思维水平。在这个思维水平上，个体的思维不自觉地打上了文化的符号。这个思维水平是通过在对一个国家文化历史的逐渐习惯过程获得的，它需要长期的学习、实践和交流，是思维达到一个新的质的反映。

第四个层次是超越具体文化限制，也可以称为普遍的水平或国际的水平，一般是哲学思维所达到的水平。在这个思维水平上，可使用纯粹的数学语言进行思维。要达到这一思维层次，必须具备极其丰富的知识和无限开阔的视野。

由此可见，人的思维层次与其视野是密切相关的，没有相当丰富的经验积累和生活阅历，思维层次就难以提升。也就是说，要提升思维层次，就必须有更高的追求，有更丰富的生活。

人的思维层次性比较难以表达，要表达思维从低层次向高层次的发展演化就更难了。尽管如此，本章仍然试图通过三组思维方式来表现思维的层次性变化。

01

把握事物发展简单化与复杂化的两个方向
（简单思维与复杂思维）

20世纪50年代初期，中国某大学的一个研究室遇上一件麻烦事，需要弄清楚一台进口机器的内部结构，可是没有任何图纸资料可供查阅。那台机器里有一个由100根弯管组成的固定结构。要弄清其中每一根弯管各自的入口与出口，是一件比较难的事。研究室负责人召集有关人员攻关，并提出要求，必须尽快完成该项任务，既不能拖延很长的时间，又不能花太多的钱。为此，参与该任务的人员集思广益，开动脑筋，提出了一些奇思妙想。比如，往每一根弯管内灌水、用光照射，等等，甚至有人提出让蚂蚁之类的小昆虫去钻一根一根的弯管。尽管大家提出的办法都是可行的，但都比较麻烦费事，所花的时间和付出的代价不小，操作性也不强。后来，该校的一个老花工提出，只需要两支粉笔和几支香烟就行了。老花工的办法是：点燃香烟，大大吸上一口，然后对着其中一根管子往里喷，喷的时候在管子的入口处写上"1"，安排另一个人站在弯管的另一头，见烟从弯管里冒出来时，便立即也写上"1"，其他管子也都照此办理。不到两个小时，100根弯管的出入口就都弄清楚了。[1] 该项任务看似复杂，实质上简单。因为每根弯管的出口与入口是一一对应的，是单因果关系，应采用简单思维，将复杂问题作简单化处理。

简单是指单纯，头绪少，容易理解、使用或处理，一目了然等，是事物的基本特征。复杂是指事物的种类、头绪等多而杂，常是数量众多的部分、因素、概念、方面，而且相互影响，是事物的全部特征。对于简单与复杂的关系，史玉柱认为有以下四种组合[2]：看似简单其实复杂；看似复杂其实简单；看似简单其实简单；看

---

[1] 王健著：《创新启示录：超越性思维》，复旦大学出版社2007年版，第167-168页。
[2] 引自《史玉柱口述：我的营销心得》（剑桥增补版）。

似复杂其实复杂。一款游戏功能的最好结果是，看似简单其实复杂。根据思维对象作简单化处理还是复杂化处理，可将思维分为简单思维与复杂思维。是删繁就简，还是由简入繁，是思维层次的范畴，而如何较好地把握删繁就简和由简入繁，就取决于思维层次了。

（1）**简单思维，也称简单性思维、简单化思维，是指人们在分析问题解决问题时抓住事物的基本特征或主要矛盾、忽略事物的次要特征或次要矛盾的思维方式，即删繁就简，以最简单的形式表达最丰富内容的思维方式。**例如，某校法学院欢迎新生的招牌上写着"挥法律之利剑，持正义之天平"的标语，这是对一个法律工作者最基本的职业要求和应当信守的职业道德。再如，从前在伦敦，有一家帽子专卖店开张，老板为了吸引眼球，特意在店门口支起一块大招牌，上面写有"本店专卖帽子"几个大字。有位顾客见了，就跟店老板讲："你这招牌太哕嗦了。"店老板十分谦虚地请教。顾客说："这招牌就支在你店门前，你写'本店'二字，岂不是多此一举？"店老板听了觉得有道理，当场就拿下那两个字，招牌上只剩下"专卖帽子"。另一位顾客见了新招牌，觉得仍是"画蛇添足"，建议店老板去掉"专卖"二字。老板一琢磨，恍然大悟，于是又拿掉了"专卖"二字。那块招牌只剩下"帽子"，就更加显眼。所以，删繁为简，越简单就越集中，越能突出主题。

简单思维方式与客观性、因果性、必然性、规律性、可逆性、重复性、线性、清晰化等概念密切相关。当我们碰到一个问题时，很可能习惯性地将它看成是一个难题，而难题往往会有一种不容易解决的心理暗示，因此一开始就把问题复杂化了。从心理学的角度分析，这实际上已经是失败的开始。因为当我们觉得问题很难解决时，就很有可能出现两个很不利的结果：一是设法从难处着手，从而忽略了最简单的解决之道；二是很可能失去信心，加重问题的解决难度，形成恶性循环。简单思维是一种智慧，不仅需要逻辑和知识，又要超越逻辑和知识。

简单思维是最经济、最省力、最优化、最准确的思维，具有普遍的适用性。只有抓住事物最深刻的本质，揭示事物最基本规律与问题之间最短的联系，才能最合理、最有效地解决问题。例如，有一个有奖征答题目：在一次乘船游览中，假如一个人的母亲、妻子和儿子同时落水，请问，那人应该先救谁？有人说应先救母亲，因为妻子没了可以再娶，儿子没了可以再生，唯有母亲今生今世只有一个，即唯一性原则；有人说应该先救妻子，因为有了妻子便会有儿子，至于母亲已近人生之途的尽头，死也无憾，即价值性原则；还有人说应该先救儿子，因为儿子年龄最小，尚未体验人生的乐趣，而母亲、妻子则不然，即扶弱原则。三种答案各有各的道理，但都站不住脚，都没有获奖，因为带有太多的理性成分。三人一旦落水，可能没有时间去选择，而是人的本能反应起作用。一个八岁小孩的答案是应该先救最近的人。这才符合在紧急情况下的本能反应，因而他获奖了。为什么小孩能获奖呢？因为小孩头脑比较简单，用童心去感受生活中的一切，没有思维定势，所以采用简单思维，用简单的方法思考问题。

简单思维不仅是一种思想方法，更是一种生活态度和生存态度。例如，做生意的最高境界是做人，做人的最高境界是诚实。成功的秘诀就在于诚实、勤奋和善于与人交往。正是这种最简单的原则打败了市场经济中一切最复杂的东西。再如，IBM的行为准则，一是必须尊重个人；二是必须尽可能给予顾客最好的服务；三是必须追求优异的工作表现。就这三条简单原则，一直是 IBM 的行事方向。简练是真正的丰富，只有最简单的东西才具有孕育性和广阔的想象空间。

拉哥尼亚思维，是一种典型的简单思维。拉哥尼亚是古希腊南部的一个王国（现为希腊伯罗奔尼撒半岛东南部，东临爱琴海，南濒地中海）。传说在公元4世纪，所向披靡的马其顿国王腓力二世[①]向拉哥尼亚都城斯巴达发起猛攻，并给被围困的城邦国王送去一封信，咄咄逼人地威胁说："If we capture your city we will burn it to the ground（假如我们攻占城池，必将把它夷为平地）。"没多久，腓力收到了回信，上面只有一个词："If"（假如）。这里的"If"有丰富的内涵，给予了丰富的想象空间，可以理解为"等着瞧吧"，表达了抵抗到底的决心。从这一意义上讲，简单才是真正的丰富。直到今天，拉哥尼亚人以说话简洁闻名，现在广泛使用的英文"Laconia"，其词义是"言简意赅的"。凡是达到这种境界的思维被称为"拉哥尼亚思维"[①]。

然而，简单思维也有其局限性，它虽然简单但不丰富，虽然直接但失去了深刻的内涵，不能用于处理比较复杂的问题，也要避免将本来复杂事物作简单化处理。

（2）复杂思维，也称复杂性思维，是与简单思维相对立的，是指人们在分析问题解决问题时，充分考虑事物的各种特征、结构、影响因素等的思维方式，是自然科学领域广泛运用的一种方法论。形象思维、系统思维、战略思维都是复杂思维。

①复杂思维的概述。复杂思维立足于科学技术创新活动的复杂性，打破了传统思维的一些界线，因而是一种开放性思维，将思维引向更广泛的领域。在更广泛的领域中，多种因素相互耦合在一起，导致事物之间的边缘模糊，处于混沌之中，从中可发现事物新的特点、属性和规律，进而对事物产生一种全新的认识。

从系统观来看，每一事物都是一个复杂的系统，而且是动态发展的系统。从结

---

① 腓力早年曾在希腊的底比斯城邦为质，回国之后，于公元前359年夺取了年幼的侄子的王位。他经过20多年的励精图治，打造了一个强大的马其顿王国。公元前336年，他在准备进军波斯的前夕死于刺杀。

构层次上看，事物的内部可划分为若干个子系统，每个子系统又可划分为若干个次子系统，而次子系统又可分为若干个次次子系统，可以这样一直分下去。各系统之间存在着许多关联关系。

从构成要素上看，构成整个系统的各种要素之间相互影响，并处在各个子系统的各个层面上。其中的每个要素一旦发生变化，都或多或少地会引起整个系统的变化。

从观察的角度上看，人们可以从纵切面、横切面等多个角度来观察事物的结构。

从与外部联系上看，一个事物总是与外界的事物有着千丝万缕的联系，这种联系有强有弱，有的是积极正面的，有的是消极负面的。

因此，要认识一个事物，仅仅从一个侧面或者从一个要素入手是远远不够的，仅仅从事物的内部来认识也是不够的，还应当从多个角度、多个侧面、多个要素全面地加以考察。要考察各个要素之间的联系，要考察某一要素对其他要素带来的影响，以及该要素对整个系统带来的影响。同时，还要考察该事物与其他事物之间的关系，以及该事物对其他事物带来的影响，其他事物对该事物带来的影响。这就是复杂思维。系统思维的整体法、结构法、要素法、功能法也都适用于复杂思维。

社会是一个复杂的系统，社会内部是由若干个子系统构成的，包括自然、政治、经济、文化、生态环境、人口等子系统，各子系统之间存在着极其复杂的关系。我们的企业在经营管理中，必须充分考虑自然、政治、经济、文化、生态环境、人口等系统的影响和制约。在推进科技创新时，必须充分考虑政治、经济、社会、文化、生态环境、人口等系统对它的影响，以及科技创新对这些系统的影响。也就是说，科技创新本身是一项复杂又宏伟的系统工程，没有复杂思维，就不可能认识科技创新的复杂性和艰巨性，也就不能成功地推进科技创新。

运用复杂思维认识事物，实际上是将思维水平提高到一个比较高的层次，是将形象思维、抽象思维、宏观思维、微观思维等多种思维方式有机结合起来加以运用，动态地、联系地、多层面、多角度地看待事物。

②复杂思维的特征。复杂思维具有以下特征：

一是自组织性，是指事物是一个由多要素组成的系统，各要素之间相互发生作用，并生成具有高度协调性和适应性的有机整体。然而，系统的动态变化，决定了复杂思维具有不可还原性。

二是不确定性。世界万物总是处于变化之中，充满着随机性和偶然性，决定了事物变化的不确定性。事物的不确定性决定了其不可预测性。针对未来的不确定性和不可预测性，可采取情景规划等办法以适应这个动荡不定、极难预料的环境变化。

三是不可分离性，是指系统各要素、各组成部分之间是相互联系的有机体。按照复杂性的观点，自然界没有简单的事物，只有被简化的事物。按照机械论宇宙观，任何事物均像一部机器，是可分离的或可还原的，也就是可把复杂事物作简单化的处理，即可拆分或拆零，认为可以从事物的部分性质出发获得对其整体的理解，即简单地把整体看成是部分之和。但实际上，事物的各个组成部分是相互联系、相互影响的，是不可分离的，整体不是部分之和。

四是多而杂。复杂思维涉及的因素多，或者数量多，或者概念多，或者结构复杂，似乎难以理出头绪。例如，东京地铁系统被公认为是最复杂的，拥有13条线路，220多座车站，线路总长312.6公里，地铁的日平均客流量为1100万人次，是世界上客流量最大的地铁系统之一。然而，复杂思维就是要从多而杂中理出有"序"来，使多而不乱，杂中有序。

（3）简单思维与复杂思维之间的关系。简单思维与复杂思维的适用对象不同，一般来说，简单思维适用于探究具有单因果链的事物，复杂思维适用于探究网状因果关系的事物。如果张冠李戴，将简单思维应用于认识具有网状因果关系的事物，将复杂事物简单化了，就不能正确地认识事物，抓不住事物的特征，找不到解题方案，就会影响相关问题的解决。如果将复杂思维应用于认识单因素链的事物，将简单问题复杂化，就好比杀鸡用牛刀，耗费精力，浪费资源。例如，在一个充气不足、开始下降的热气球上搭载着三位科学家。一位是环保专家，他能解决环境污染问题；一位是原子专家，他能有效防止全球性核战争；另一位是粮食专家，他能解决未来100亿人口的吃饭问题。为减轻气球负荷，必须牺牲其中一位科学家以保证另外两名科学家的安全，你认为应该抛出哪一位？这个问题看似很复杂，因为三位科学家都很重要，都是不能舍弃的。但是这些都与热气球的下降无关，与热气球下降有直接因果关系的是他们的体重。只有牺牲体重最重的那一位，才能防止热气球的下降。在这里，运用复杂思维，是找不到解决方案的。相反，运用简单思维，就很容易找到解决方案。因此，在思维过程中，要防止两种倾向：一是本来是复杂的事物，应当进行系统考虑的，却被随意地简单化了；二是原本简单的问题，只要抓住主要矛盾就可以了，却人为地复杂化了。这两种倾向都要不得。

事物的发展是循序渐进的，是先从简单开始再逐步复杂化的。因此对事物的认识和思考，也应当先从简单思维开始，再逐步运用复杂思维。复杂思维能够更全面、更系统、更深入、更细致地认识事物，能够关注到事物的细节，进而分析问题，并提出解决问题的方案。例如，科技企业孵化器作为培育科技型中小企业、促进科技成果转化的政策工具，于20世纪80年代引入我国，并于1988年成立了上海第一家企业孵化器——上海市科技创业中心。经过近30年的发展，到目前为止，上海已经建立了100多家企业孵化器，从过去由政府创办为主，逐步让位于以上海市大企业、创投机构、科研院所等创办为主。从横向来看，企业孵化器作为战略工具的功能，越来越被认识并被挖掘出来。高校、科研机构基于知识溢出和科技成果转化，企业集团基于收购创新能力强的小企业，创投机构基于筛选、培育可投资的项目，科技园区基于延伸其服务功能等，纷纷开办企业孵化器。企业孵化器已从政府的政策工具拓展为投资工具、知识溢出工具等。同时，从纵向来看，企业孵化器的功能已经向前延伸到创业苗圃，对还没有成立企业的创业者提供创业的平台，支持创业者完善创业项目、锻炼创业团队、积累创业经验、培养市场意识，以降低创业成本与风险，提高创业的成功率。向后延伸为科技企业加速器，为达到毕业条件或已经毕业的孵化企业继续提供服务，扶上马再送一程。同时，创客、创业公社、众创空间等创业服务组织不断涌现，是企业孵化器的重要补充。这样，企业孵化器就从一个点变成一条链、一个群体的创业孵化服务体系。也就是说，事物的发展先从简单开始，再逐步发展壮大，形成体系，并构成系统。思维也是这样，先从简单思维再到复杂思维。随着年龄、经历、阅历的增长，人的思想变得越来越丰富，思维也就变得越复杂。

同时，在社会生活中，有许许多多的现象和问题，有些是复杂的，但不一定个个都复杂。人们在思考问题时，习惯于复杂，把原本简单的问题也复杂化了。这时，才需要将复杂的问题简单化。

（4）奥卡姆思维，是指舍弃一切复杂的表象，直指问题本质的思维方式，实际上就是简单思维，即将复杂问题进行简单化处理。14世纪英国萨里郡有一位名叫威廉·奥卡姆的人，对当时关于"共相"、"本质"之类的无休止争吵感到厌倦，于是著书立说，宣扬唯名论，认为那些空洞无物的普遍性要领都是无用的累赘，应当予以剔除。罗马教皇约翰二十二世把奥卡姆当作异端分子关进了监狱，目的是不让他的思想得到传播。后来，奥卡姆竟然逃跑了，并投靠教皇的死敌——德国的路易皇帝。奥卡姆对路易说："你用剑来保护我，我用笔来捍卫你。"奥卡姆一生写下了大量的著作，但最享盛名的是"如无必要，勿增实体"8个字。其本意是：只承认一个确实存在的东西，凡是干扰这一具体存在的空洞的普遍性概念都是无用的累赘和废话，应当一律取消。他的主张概括起来就是"简单有效原理"，在逻辑学中又称为"经济原则"。人们为了纪念他，将这一原理称为"奥卡姆剃刀原理"[①]。根据这一原理，对任何事物准确的解释通常是那种"最简单的"，而不是那种"最复杂的"，就像汽车在路上抛锚，人们总是先查看是不是燃油用完了，而不会马上就钻到汽车底下去检

---

① 钱钟书著：《钱钟书论学文选》（第六卷），花城出版社1990年版，第201页。

查是否哪个零件坏了。因此使用"奥卡姆剃刀"，就是要采用简单思维，化繁为简，将复杂的事物变简单。

为什么要化繁为简呢？因为繁杂容易使人迷失，只有将事物简单化，才有利于人们理解和操作。随着社会、经济的发展，时间和精力已是稀缺资源，无论是在工作还是生活中，由于时间和精力非常有限，人们必须具备将事物简单化的思维和能力，分清"重要的事"与"紧迫的事"，抓住事物的关键和核心，才能提高工作效率和生活质量。奥卡姆剃刀原理也认为，把事物变复杂很简单，把事物变简单很复杂。

奥卡姆剃刀原理的应用领域很广泛。在管理学领域，许多国际集团公司的总部采用百人法则，即不超过100名职员，这种人少效率高的组织结构，也许是奥卡姆剃刀在起作用。在哲学领域，思维是用最经济的方式来思考和表达客观世界。在企业管理领域，将企业最关键的脉络明晰化、简单化，抓住主要矛盾，解决最根本的问题，才能增强企业的核心竞争力。

奥卡姆剃刀也是一种生活理念，在生活中应当顺应自然，不把问题人为地复杂化，在处理问题时，把握问题的本质，解决最根本的问题。爱因斯坦说："如果你不能改变旧有的思维方式，你也就不能改变自己当前的生活状况。"运用奥卡姆剃刀改变思维方式时，生活将会发生改变。

（5）**费米思维**，其基本原理是指人们认清事物的发展过程及事物间的联系，运用已知的、简单的知识，把复杂的问题划分为若干个小问题逐个予以解决，由易至难，进而得到符合要求的结论或解决问题的方案。

费米思维是一种最简单、最省力、最准确的思维方法，具有普遍的适用性，属于简单思维。事实上，任何问题只要抓住其最深刻的本质，也就揭示出最基本的规律与问题之间最短的联系，才能使复杂的问题简单化。

其实，生活中看似复杂、繁琐、深奥的问题，追本溯源，都可以找到最简单、最基本的方法加以解决，关键是思维方式要由繁入简。应该深信，任何事物都有简单的一面，只要细心寻找，就能找到一条由繁到简的路径。

例如，某工地地下埋有一条内径为5厘米的弯弯曲曲的管道，要在管道内穿过一条电线。甲建议用微型机器人穿线，乙却说，那样做太费事了，不如抓一只老鼠，在它身上绑上连接电线的尼龙绳，然后把老鼠往管道里投放，接着敲打管道。那只受惊的老鼠，很快就会从管道的另一端跑出来，最后把电线拉过管道。这种穿电线的方式最简单，也最容易实施。

（6）**多米诺思维，是指抓住一个最微小的突破口，然后步步推进，可以推导出效应的最大化，属于复杂思维。**多米诺骨牌呈长方体形，将它们按照适当的距离进行排列，然后推倒第一张，第一张骨牌倒下时会撞到第二张，接着第二张又会撞倒第三张……很快，一整排骨牌全部被撞倒了。这个现象被称为"多米诺骨牌效应"或"多米诺效应"。多米诺效应告诉人们，一种微小的变量在适当的条件下可能引起整个系统的连锁反应，并且在反应过的每一个节点上都会呈现放大效应。这是一种优势富集效应，即从小到大、从弱到强、从简单到复杂的积累过程。这一客观的级数裂变现象反映到思维上，可以使人们对逻辑推演的过程进行一种新的思考。

加拿大医师奥斯勒在医学方面有过许多贡献。例如，他成功地研究了第三种血细胞（又称血小板），医学上以他的姓氏命名的术语有：奥斯勒结节、奥斯勒氏病等。奥斯勒是一个身兼多职又非常称职的人，除了睡觉、吃饭外，他每天的时间几乎都排满了，可他又很爱读书，这就产生了矛盾。为了从日常安排里挤出读书的时间，他给自己定下一个规矩：每天睡前，必须读15分钟的书。不管忙碌到多晚进卧室，即使是凌晨两三点钟，也一定要读15分钟的书才入睡。每天15分钟，积累起来是什么概念呢？奥斯勒是这样计算的：一般人的阅读速度，一分钟大约可达300字的水平，15分钟便能读4500个字，一周可读3.15万字左右，一个月可读12.6万字。那么，一年下来呢，阅读量就高达151.2万字。假如一本书平均以7.5万字计算，每天读15分钟，一年就可读20本书。而奥斯勒睡前读书15分钟的习惯，整整坚持了半个世纪之久，他这样共读了8235万字、1098本书。"每天睡前读书15分钟"使奥斯勒博学广纳，使他成为医学专家和文学研究家。这神圣的15分钟赋予了生命另一种神奇，在这神奇的背后，是一种积累的力量，是一种多米诺骨牌式的一块一块的推进。从这个案例可知，多米诺思维的实质，就是量变引起质变。或者说，好的习惯只要能够坚持下来，就能引发多米诺效应。

多米诺效应有多种表现形式：一是蝴蝶效应，是指有一个小事件联想到大问题的连锁反应，反映的是事物之间具有的普遍联系；二是微量渐变效应，是指一个微小的变量在适当的条件下可能引起整个系统的连锁反应，并且在反应过程的每个节点上都会呈现出逐级放大效应；三是狄德罗效应，是指消费中会出现一种不知不觉的连锁攀升效应，即一种多米诺式的夸张和逐级放大的非理性所胁迫。

微量渐变①是指在人们丧失了变革的力量时，才会醒悟过来。在生活中最危险、最强大的往往不是突然降临的暴风雨，而是"润物细无声"的渐变。这种既不张扬也不突兀的渐变和积累，就像时间一样，悄悄地、一秒一秒地进行着。其实，多米诺效应最通常的表现形式，并不是逐级放大的神奇推进，而是点点滴滴的蔓延。尽

---

① 可对照本书"灵感思维"中的"见微知著"进行阅读。

管每一块骨牌的力量都是微小的，但是，经过逐级与放大，却变成巨大的力量，所以说，最终的质变都是隐藏在不断积累的过程中。

在这个世界上，人们不可忽视任何一个微小的事物。也许，一个微小的东西，很可能就是改变大局的触发点。对好的苗头性的东西，要积极加以引导，使其发生多米诺效应，以改变大的格局。例如，阿里巴巴的电商模式，刚开始时并没有引起太多的注意，而现在却改变了我们的购物观念和购物习惯，对传统的实体店营销模式是一种颠覆。再如，一些创意孵化、技术孵化机构就是营造适宜的环境，对好的创意、好的技术加以培育，使其产生多米诺效应。而对于一些不好的习惯，却要防微杜渐，避免酿成大祸。特别是在小孩教育上，从小就要让小孩养成良好的习惯，包括对人有礼貌，爱整洁等。俗话说，"三岁看大、七岁看老"，概括了幼儿心理发展的一般规律，也是多米诺效应的体现。

多米诺思维的运用体现在以下两个方面：对于好的、有利的微量变化，要积极加以引导，使发生多米诺效应；对于不好的、有害的微量变化，要及时制止或抑制其变化，即防微杜渐，避免其发生多米诺效应。

（7）亚历山大思维，是指成大事者，决不被陈规旧习所束缚，要化繁为简，也属于简单思维。公元前333年冬，马其顿国王亚历山大，率领大军抵达戈尔迪乌姆建立冬季营地。在那里，亚历山大听到那座城市有一个著名的传说即"戈尔迪之结"。据说，那个绳结是希腊神话中弗利基亚国王戈尔迪亲自缠绕的，结构非常复杂，按照神谕，谁要是能解开"戈尔迪之结"，他就将成为亚细亚之王。亚历山大对那个故事很感兴趣，命人将他带到"戈尔迪之结"前，试图亲自解开它。亚历山大在绳结前试了半天，仍然找不到绳子的头绪，他茫然地问自己："我怎样才能打开这个结呢？"突然，他脑门一亮（即属于灵感思维中的"另辟新径"法），跳出一个无比大胆的想法："那就用我的规矩来解决这个问题吧！"于是，他伸手从腰间拔出利剑，将这闹心的绳结一劈为两半。从此，亚历山大战无不胜。后来，他果然称霸亚细亚。那故事的基本涵义就是快刀斩乱麻，而其深层次的含义是，它蕴含着一种更霸气的、更值得称道的思维方式，即成大事者，决不被陈规旧习所束缚。

复旦大学前校长杨福家在一次关于创造性思维的演讲中讲到这样一件事：几年前，美国举办了一次中学物理实验竞赛，要求学生自己命题，做实验，下结论，而不要按照一定的仪器和步骤去做。有个中学生的命题是："人的吞咽是否同地心引力有关。"有的同学嘲笑他说，大概要在宇宙飞船里让失重的人去做吧。但那名中学生说不需要。他的实验方案是让三个同学依次靠墙边倒立，头朝下，脚朝上，然后他挨个喂面包给他们吃，看他们能否吞咽下去。结果那三个同学都吃下去了，有一个同学甚至说："似乎比站着吃味道更好。"于是，实验结论是：人的吞咽与地心引力无关。命题、实验和结论都有了，也不需要上天，很有创意，所以他得了第一名。

（8）极限思维①，是指人们把所思考的问题及其条件进行理想化假设，当假设被一步步地推演到极端状况时，问题的实质就会浮出水面，进而找到问题的解决方案的思维方式，属于简单思维。在实际生活中，由于现实情况比较复杂，各种现象之间的变量受随机因素影响太大，我们无法理清极为复杂的各种关系。此时，我们的思维受到了阻碍。在这种情况下，运用极限假设似乎是一条出路。极限思维是一种非常奇妙和有效的思维技巧，就像一面照妖镜，可以将许多隐藏在日常生活里的东西显影出来。

例如，一位老师对学生们说："人多好办事，人多力量大，比如一个人单独造一条船，要花一年的时间，如果12个人一起来造一条船，只要一个月就够了，可见人越多，干活就越快，当然是成正比的。"这时，一个小男生站起来，大胆地发挥说："如果365人一起造船，只要一天，8640人只要一小时，而以51840人一起造的话，只要一分钟就可以造出一条船来了。"对此，老师无言以对。因为"人多好办事，人多力量大"的前提是错的①。这个案例说明，极限思维是一种非常奇妙且有效的思维技巧。

再如，牛顿看见一个苹果落地就想到万有引力，牛顿也运用了极限思维。他在思考：树上的苹果为什么落下来而不是飞上天呢？如果苹果树长到10英尺高，苹果还会落下来吗？苹果树长到100英尺高呢？要是再长到1000英尺、10000英尺……还是会落到地球上来吗？但是，假如苹果树有一天能长到月亮那么高，苹果还会落下来吗？当然不会，因为苹果那时肯定是飞到月亮上而不是落到地球上。于是，一个新的问题出来了：在苹果树长高的过程中，即在地球和月亮之间必定有一个地方是中间值，属于未定状态，那时，苹果既不会掉到地球上，也不会飞到月球上，而是处于一种极限平衡中，这个极限值究竟是由什么力量决定的呢？这一极限点又在哪里呢？这种奇妙的极限思维所导出的奇妙问题深深地困惑着早年的牛顿，并一步步引导他探索引力的奥秘。极限思维实际上是一种极限假设，这种思维方法在科学发现的过程中，特别在重大的前提性理论的建构中，有着极其重要的作用。

---

① 可对照本书的"归缪思维"，两者有相近之处，均是找到自相矛盾之处。

02 合合分分，创意无限

在生活中到处存在着组合与拆分的身影，例如生态农业、复合材料、合金、智能手机等都是组合的产物，而交通工具中分化出飞机、轮船、汽车、摩托车、自行车等，在汽车中又分出轿车、客车、货车等，在轿车中又分出了两厢车、三厢车、微型车等。组合是指由几个部分或个体结合成整体，拆分与组合相对立，是指将一个整体拆成若干部分或个体。组合不是简单地做加法，而是一种创新，是将两个事物进行组合，以增加新的功能。拆分也不是简单地做减法，也是一种创新，是将一个整体分成若干部分或者某一部分，进而突出某些功能或某一功能。

从组合或拆分思维的对象来分，可将思维分为组合思维与拆分思维。是组合还是拆分，是先组合再拆分，还是先拆分再组合，都会产生不一样的结果。灵活运用组合思维和拆分思维，可体现出思维层次的丰富变化。

（1）**善用组合思维获得创意**。组合思维，又称联接思维、合向思维，是指二个及以上的事物加以联结，变成具有新价值（或附加价值）的新事物的思维方式。组合成的新事物，是一个不可分割的新的整体，具有新的价值，能够产生别样的效果。组合思维具有创新性、广泛性和继承性的特点。运用组合思维的方法叫做组合思维法，在科技创新活动特别是产品开发中比较常用。

①从事物的组合方式来看，常见的有：

一是同物组合，是指将若干相同的事物进行组合，参与组合的事物的基本原理和结构，在组合前后一般没有根本的变化。例如，由德国人克莱斯特发明的莱顿蓄电瓶，因其蓄电量较小，没有很大的实用价值。后来，美国电学巨匠本杰明·富兰克林把多个莱顿蓄电瓶并联起来，蓄电量就大大提高了，其实用价值变得很大，也就成了现在广泛使用的蓄电池。再如，双排订书机、多缸发动机等都是同物组合。

化零为整是一种同物组合。例如，毛泽东在《抗日游击战争的战略问题》一文中指出，"集中使用兵力，即所谓'化零为整'的办法，多半是在敌人进攻之时为了消灭敌人而采取的；也有在敌人取守势时，为了消灭某些驻止之敌而采取的。集中兵力并不是说绝对的集中，集中主力使用于某一重要方面，对其他方面则留置或派出部分兵力，为钳制、扰乱、破坏等用，或作民众运动。"毛泽东高度总结了集中兵力的情形，及其用兵的策略。

积少成多式的化零为整，是指积少成多。古人云：不积跬步，无以至千里。不积小流，无以成江海。都是这个道理。例如，俄国大文豪托尔斯泰说过："人要有生活的目标：一辈子的目标，一个阶段的目标，一年的目标，一个月的目标，一个星期的目标，一天的目标，一小时的目标，一分钟的目标，还得为大目标牺牲小目标。"从小目标到大目标，完成了小目标，就向大目标的实现迈进了一步。就像读书那样，需要一页一页地读，一节一节地读，只要抓住点滴时间去读，很快就会把一本书看完。

二是异物组合，也称异类组合，是指将两种或两种以上的不同种类的事物进行组合，产生新的事物。参与组合的事物一般无主次关系，从意义、原理、构造、成分、功能等任何一个方面和多个方面互相渗透，在整体上产生变化，具有较强的创新性。例如，将车、刨、钻、铣等多种功能进行协调性的统一设计，成为多功能机床。在进行异物组合时，先确定组合的元素，元素一般并无主次之分，但在考虑时可有先后主次之分。在设计组合方案时，要体现出创造的机理，以建立全新的结构方案。

根据参与组合的对象不同，异物组合还有以下多种情况：

（一）元件组合，即把本来不是一体的两种或两种以上的事物组合在一起，如电子表笔、音乐贺卡、电子秤等。

（二）功能组合，即将一物品加以适当改变，使其集多种功能于一身。例如，瑞士军刀将小刀、开罐头刀、开瓶器、小剪刀等集于一身，电视与电话组合就成了电视电话。

（三）材料组合。例如，钢芯铜线电缆、钢筋混凝土、玻璃纤维的制品、塑钢门窗等，都是将不同材料组合在一起，使各材料之间达到取长补短的效果。

（四）方法组合，即在生产技术工艺开发中，将两种以上独立的方法组合起来。例如，将激光和超声波组合起来使用，对水作灭菌处理，可杀灭全部细菌，起到"声—光效应"，如果单独使用，则只能杀死部分细菌。

（五）技术原理与技术手段的组合，可使已有的原理或手段得到改造或补充。例如，弗朗克·怀特将喷气推进原理与燃气轮机组合，发明了喷气式发动机。

（六）将不同现象进行组合。例如，德国科学家发明的击碎人体肾结石的装置是利用两种现象设计制造而成的：一个是"电力液压效应"，即水中两个电极进行高压放电时，产生的巨大力量能把坚硬的宝石击碎；另一个是在椭球面上的一个焦点上发出声波，经反射后会在另一个焦点上汇集。其原理是让患者卧于一温水槽中，并使结石位于椭球面的一个焦点上，把电极置于椭球面的另一个焦点上。经过约一分钟的不断放电，通过人体的冲击波就可汇集作用于结石，将其击碎。

三是主体附加组合法，又称主体添加法，是指以某一事物为主体，再添加另一附属事物，以实现新的组合。例如，将铅笔与橡皮擦组合在一起，就成为带橡皮擦的铅笔。在运用主体附加组合法时，一是确定主体附加的目的，通过缺点列举法分析主体的缺点，运用希望点列举法列出各种希望，在此基础上确定附加的目的；二是根据附加目的确定附加物。其创造性在于使主体产生新的功能和价值。例如，在电扇上加一个定时器，在电冰箱上加一个温度显示器等。

四是共享组合法，是指把具有相同功能或者要素的事物组合到一起，达到共享的目的。例如，吹风机、卷发器、梳子都有一个手柄，将它们组合起来，共用一只带插销的手柄。再如，螺丝批都有一只手柄，将各种不同规格的螺丝批组合起来，共用一只手柄。

五是补代组合法，是指对事物的部分要素进行摒弃、补充和替代，形成一种在性能上更为先进、新颖、实用的新事物。比如将拨号式电话改为键盘式、用银行卡代替存折等。

六是概念组合法，是指将词类或者命题进行组合的方法。例如，变频空调、高清电视、强力胶、绿色食品、阳光拆迁、音乐餐厅等。

②从组合的事物是否有内在联系来分，可分为自由组合法和强迫组合法。组合不是随心所欲地拼凑，而是根据事物之间的内在联系，遵循一定的科学规律，形成有机的最佳组合，属于自由组合。例如，骑自行车需要用力蹬，比较费力。可否有不要用力蹬的自行车？那就给自行车装一个电机，让电机带动自行车。但电机运转需要使用电力，于是需要配一只蓄电池。就这样，将自行车、电机与蓄电池组合起来，变成电动自行车。

将无内在联系的事物进行组合属于强迫组合。例如，将两个或两个以上的文具组合起来，可以变成新的文具用品：把铅笔和橡皮组合起来就是常见的橡皮头铅笔；将一支0.7毫米粗铅芯和一支0.5毫米细铅芯的铅笔组合起来就是一支粗细铅芯的铅笔；把一支6B软铅笔和一支2H硬铅笔组合起来就是一支软硬铅芯的铅笔；将一支红铅笔和一只蓝铅笔组合起来，就是常见的红蓝铅笔；把铅笔制成三棱柱形，一面按1厘米为一格刻度，第二面按1.5厘米为一格刻度，第三面按2.5厘米为一格刻度，把铅笔的整体做成一把比例尺，具有多种用途，可一起使用。我们可以把文具盒中的文具一一列举出来，利用强迫组合法，可以得到许多很有价值的新文具①。

③组合方法。组合思维是从突破思维定势开始，是一种积极的发散思维，是对事物在空间上进行拓展思考，多方位、多角度地探索组合的可能性。可以运用以下方法进行组合思维：

一是二元坐标法，即借用平面直角坐标系，在横纵两条坐标轴上将元素或事物标出来，按顺序轮番地进行两两组合，从中选出有价值的组合物。例如，村上幸雄曲别针术解中，将曲别针概括为钩、挂、别、连四种用途，而我国"思维魔王"许国泰运用他创造的信息交合法，提出曲别针有无数种用途。许国泰将曲别针的信息分解为材质、重量、体积、长度、截面、韧性、颜色、弹性、硬度、直边、孤等，将这些信息点列于 X 轴；将人类的实践活动的要素分解为数学、文学、磁、电、音乐、美术等，将这些信息点列于 Y 轴，形成信息反应场，将两轴上的信息依次相交，就构成信息交合，形成无数种用途。这也说明，信息交合法是组合思维很好的工具。

二是焦点法，即以一预定的事物为焦点，依次与罗列的元素进行组合，寻求新思想、新技术、新产品等，或者寻求对某一问题的解决方案。例如，将玻璃纤维和塑料结合，可以制成耐高温、高强度的玻璃钢。

三是形态分析法，即通过对事物的相关形态要素进行排列组合，寻求对问题的各种解决方案。首先，确定并准确表述需要解决的问题，包括所要达到的目的、原理、技术系统等；然后，进行基本因素分析，确定所要解决问题的基本因素，编制形态特征表；第三，进行形态分析，充分发挥横向思维能力，尽可能编列出所有具有所需功能特征的各种技术手段（方法）。为便于分析和组合，可采用列矩阵表的形式，对每个因素的每个具体形态用符号 Pij 表示，其中 i 代表因素，j 代表具体形态。对于复杂的问题，也可用多维矩阵表示；第四，进行形态组合，根据所需解决问题的总体要求，将各因素的各形态一一进行排列组合，以获得所有可能的组合设想；第五，对所选出的少数比较好的解决方案，进行评价，并作进一步的细化，从中选出最合理的具体方案。

运用组合思维法时，第一步要围绕组合目的分析并优选要素；第二步设计组合方案，分析各优选要素的优缺点，形成优势互补的组合方案；第三步实施组合方案，并不断调整优化。其中优选组合要素很重要，这就需要广博的知识，丰富的阅历与实践经验，广泛的信息来源。也就是说，见多识广者运用组合思维会得心应手，组合的方式方法会层出不穷。可以说运用组合思维需要我们善于积累，勤于思索，将思维触角向各方面延伸，组合之路才能四通八达。正如爱因斯坦所说："组合作用似乎是创造性思维的本质特征。"

（2）运用拆分思维，找出问题的症结。拆分思维，也称分解思维、拆解思维、拆零思维，与组合思维相反，是指人们将思维对象拆成若干部分或个体的思维方式，拆分思维法是一种独特的创新思维方法。其原理就是化大为小、化整为零，将大目标分解成若干个小目标，将大问题分解为若干个小问题，将大事物分解为若干个小事物，将大机构拆分成若干个小机构等，然后进行组合或汇总，以达到新的目标。在创新思维培育中，运用拆分思维法往往起到曲径通幽之效。拆分是手段，不是目的，拆分之后还可以进行组合。

从拆分方式来看，拆分思维法可分为按功能拆分和按矛盾拆分两种。

① 按功能拆分。按功能拆分是与组合方式相对应的，主要方式包括：

一是同物分离，与同物组合相反，即将同一事物拆分成两个或两个以上的同一种性质的事物。例如，美国有一部反托拉斯法，许多大企业因此被迫解散。美孚石油公司是全美数一数二的大企业，自然会引起公众的注意。迫于舆论的压力，美国国会要求对美孚石油公司进行垄断起诉。那时候，美孚石油公司聘用的法律事务所中，一位名叫约翰·福斯特·杜勒斯的青年律师想出了一个绝妙的主意。他建议把各州的美孚石油公司宣布为独立的公司，如纽约美孚石油公司、新泽西美孚石油公司、加利福尼亚美孚石油公司、印第安纳美孚石油公司等。那些公司各自都有一名独立的老板，但实际上还是完整一体的美孚石油公司。为此，杜勒斯连续一个星期夜以继日地工作，替各家公司订立独立的账目，以供参议院审查。最后，参议院审查以后表示满意，也就不再提起诉讼了。杜勒斯的改头换面术，实际上是一种牺牲表面保全实质的做法，是一种自我保护。美孚石油按地区分拆成经营石油的地区公司，就是同物分离。

二是异物分离，它与异物组合法相反，是指将一种事物分成若干个性质、功能等不同的部分。例如，将油和水混合物分解为油和水两种物质。将一家混业经营的公司，按照专业领域拆分成若干个专业公司。例如，某企业有一年收到了一笔数目可观的营业外收入，那一年的营业收入总额就变得特别大，因分母突然变大，其研发支出与营业总收入的比例以及高新技术产品收入和技术性收入占营业总收入的比例就都变小了，因而就不符合高新技术企业认定条件了。其实，如果该企业一分为二，将高新技术产业的业务放到一家公司，将传统产业及非正常业务放到另一家公司，这个问题不就解决了吗？

三是主辅分离，它与主体附加组合法相反，是指将附加在主体事物的事物分离出来。例如，纯净水就是将自来水中的杂质去除以后得到的。再如，某公司为突出主业，集中力量发展主业，将与主业无关的其他业务都砍掉或者卖掉。

四是化整为零，是指把一个整体分成许多零散的部分。从纵向上看，可分为分段式、积少成多的累积式、递进式和倒推式四种；从横向上看，可分成若干部分，各个部分可再合成为一个整体。

（一）分段式的化整为零，是指将一个整体分成许多线段或者阶段。例如，在1984年东京国际马拉松邀请赛上，一位名叫山田本一的日本选手出人意料地夺得了世界冠军。马拉松比赛不仅是体力运动，也是耐力运动，不仅赛身体素质，也是赛耐力，并不单单是赛爆发力和速度。两年后的1986年，山田本一代表日本参加在意大利北部城市米兰举行的意大利国际马拉松邀请赛，又获得了世界冠军。后来，他在自传中道出了获胜的真相：在每次比赛之前，他都要乘车把比赛的线路仔细地看一遍，并把沿途比较醒目的标志画下来。比如第一个标志是银行；第二个标志是一棵大树；第三个标志是一座红房子；如此这样，一直画到该赛程的终点。在比赛开始后，他就以百米赛跑的速度奋力地向第一个目标冲去，到达第一个目标后，又以同样的速度向第二个目标冲去。40多千米的赛程，被他分解成许多个小目标，就这样相对轻松地跑完了全程。他说，起初他也不懂这样的道理，而是把目标定在40多千米外的终点线上，结果跑到十几千米时就已经疲惫不堪了。正是这种化整为零、循序渐进的做法，使山田本一获得了世界冠军。我们的日常工作和生活也是这样，面对太多的问题或困难，我们有时无从着手，甚至望而生畏，进而产生焦虑、懈怠心理，并选择暂时逃避。如果将大的目标，分解为若干个容易达到的小目标，只要每个小目标都达到了，大目标也就达到了。

（二）递进式的化整为零，是指循序渐进，不断降低目标的难度，分阶段地实现目标。例如，家用净水器一般要经过四级过滤：第一级是微滤（微米级），以过滤掉细菌和颗粒物；第二级是超滤（比微米级更小），以过滤大的高分子团，如色素等；第三级是纳滤（纳米级），可过滤掉钙镁等二价离子；第四级是反渗透滤（半透孔），可过滤一价离子，只允许水分子通过。经过上述四级过滤，才能得到纯净水。

（三）倒推式的化整为零，是指先确定最终目标，再从最终目标依次往后推导出各个阶段应当实现的目标，直至目前应当采取的行动，或者需要解决的问题。迈克尔是一位狂热的音乐爱好者，也具有一副天生的好嗓子，对于他来说，成为一名音乐家是他一生中最大的目标。但写歌不是他的专长，于是他找了一位名叫凡内芮的年轻人来合作。在一次闲聊中，凡内芮突然冒出一句话：想象一下你5年后能做什么？迈克尔思考了一会儿说："第一，5年后，我希望在市场上能有一张得到大家肯定和欢迎的唱片；第二，5年后，我要住在一个有很多很多音乐家的地方，能天天与一些世界一流的音乐家一起工作。"凡内芮听完后说："好，既然你已经确定了目标，我们就把这个目标倒过来看。如果第五年你有一张唱片在市场上，那么你的第四年一定是要跟一家唱片公司签上约。第三年一定是要有一个完整的作品，可以拿给很多很多的唱片公司听，对不对？第二年一定要有很棒的作品开始录音了。第一年就一定要把所有要准备录音的作品全部编曲，排练好。第六个月，要把那些没有完成的作品修饰好，然后你自己可以一一筛选。第一个月，要把目前这几首曲子完工。第一个星期，就要先列出一个清单，排出哪些曲子需要修改，哪些需要完工。"凡内芮一口气说完了上述这些话，停顿了一下，接着说："你看，一个完整的计划已经有了，现在你要做的，就是按照这个计划去认真地执行每一步，一项一项地去完成。这样到了第五年，你的目标就能实现了。"这是将目标倒推来进行分解，反过来指导今天该怎么做。说来奇怪，到了第五年，迈克尔的唱片真的在北美畅销起来了，他一天24小时几乎全都忙着与一些顶尖的音乐高手一起工作。[1]

（四）部分式的化整为零，是指将一个整体分成若干个独立的部分。例如，有的单位躲避公开招投标，将一个招标金额比较大的标书分解成若干个金额比较小的标书。再如，毛泽东在《抗日游击战争的战略问题》一文中指出："一般地说来，游击队当分散使用，即所谓'化整为零'时，大体上是依下述几种情况实施的：（一）因敌取守势，暂时无集中打仗可能，采取对敌实行宽大正面的威胁时；（二）在敌兵力薄弱地区，进行普遍的骚扰和破坏时；（三）无法打破敌之围攻，为着减小目标以求脱离敌人时；（四）地形或给养受限制时；（五）在广大地区内进行民众运动时。但不论何种情况，当分散行动时都须注意：（一）保持较大一部分兵力于适当的机动地区，不要绝对地平均分散，一则便于应付可能的事变，一则使分散执行的任务有一个重心；（二）给各分散部队以明确的任务、行动的地区、行动的时期、集合的地点、联络的方法等。"毛泽东在这里总结出了在游击战中灵活运用化整为零方法的情形和策略。

按矛盾拆分，将技术矛盾拆分为物理矛盾、化学矛盾、生物矛盾等，每个矛盾还可以继续细分，拆分有利于抓住主要矛盾，进而进行分析和解决。

另外，分级也是拆分思维。日常生活中，到处都有分级，以便事物分出高低、大小、程度等差异来。例如，楼梯按等分被分成一个个台阶，以方便人攀登。再

---

① 李猛：《思维导图大全集》，中国华侨出版社2012年版，第225-226页。

如，我国唐代学者李淳风在《乙巳占》中依据风力对树木的影响和损坏程度将其分为8级，即：一级动叶，二级鸣条，三级摇枝，四级堕叶，五级折小枝，六级折大枝，七级折木飞沙石，八级拔材及根。再加上静风、和风，共10级。[①]

运用拆分思维时，首先要进行整体分析，找准目标或者要求，再围绕目标或者要求进行拆分，然后进行评价，判断是否达到目标或者是否符合要求。如果达到目标或者符合要求的，问题解决，拆分结束；如果没有达到目标或还不符合要求的，应继续拆分，或者重新再来，直到解决问题为止。

运用拆分思维也需要广博的知识、丰富的阅历，需要直觉与灵感。拆分是把事物中多余的、不重要的、不突出的、次要的部分从主体中分开来，使事物的主体更突出，原来隐藏的部分充分呈现出来，甚至原来显得多余的、不重要的、不突出的或次要的部分，其价值也被发现出来了。这样就可找到问题的解决途径或者问题的症结所在，进而有利于解决问题。拆分也是一门艺术，需要创新思维，因此，拆分思维也是创新思维。

（3）**浪子思维**，其本质是设定一个较低的预期，将较大的目标分解成能够接受的较低的预期，以便营造更大的发展空间。从技巧的层面上讲，浪子思维有点设定陷阱的意味。在实战中，往往达到出奇制胜的效果。

在一个白雪皑皑的冬夜，一位无家可归的年轻浪子，在路过一个村庄时，已经饥寒交迫，快要走不动了。浪子只好就近敲了一家农户的门，开门的是一位面容慈祥的老太太。老太太瞧见是一位模样乖巧的后生，表现出非常心疼的样子，热情地迎进屋里。那饥肠辘辘的浪子，一进屋就一屁股坐在了火炉旁。老太太一边张罗着，一边开始仔细打量起眼前的那位不速之客。尽管老太太显得非常热情，心里却怀疑浪子是一个来蹭饭的人，于是只给浪子一只窝窝头。浪子接过了老太太手中那又冷又硬的窝窝头疙瘩，说道："我想喝汤。"见老太太满脸诧异，浪子反倒显得从容不迫，大大方方地从怀里掏出貌似窝窝头的一块鹅卵石。浪子彬彬有礼地问道："我想借你的锅用这宝贝给自己做一锅石头汤，行吗？""石头汤？"老太太很惊讶，心想那新鲜东西是闻所未闻的，她好奇心特重。见老太太默许，浪子马上将那石头放入锅中，加入水煮起来了。一会儿，水开了，老太太在一旁看着，心里却迷惑不解，她很想知道浪子怎么煮石头汤的。"好像差点儿盐味。"浪子自言自语道。老太太一听，转身就递上盐罐。"要是来点儿胡椒粉，味道一定很美是不是？"浪子以询问的语气跟老太太说。"我觉得也是。"老太太表示赞同。"要是搁一些肉末，那就更棒。"浪子又说。"那就来点吧。"老太太又作贡献。"有大白菜吗？"浪子问，并自言自语说道，要是

---

① 引自《中国科技史》。

再来几片大白菜叶，那石头汤的味道就完美了。结果他也如愿以偿了。正当老太太在一旁看着浪子美滋滋地享用他那所谓的石头汤时，忽地恍然大悟，她莞尔一笑地说："哎哟妈呀，小子，俺让你给诓了！"从上述可知，浪子思维里蕴含了拆分思维、底线思维和沉锚效应：一是将目标分解，设定了一个老太太能够接受的较低预期，再逐步加码，以达到喝汤的预期目标；二是所设定的较低预期应是老太太和浪子均能接受的，那是底线，再从该底线逐级往上走；三是提出了用石头做汤这一老太太没有听说过的新概念，以满足她的好奇心，这就是给老太太设定了一个沉锚。如果浪子直截了当地向老太太提出想喝汤，老太太可能不乐意。于是提出煮石头汤这一新东西，才实现了喝汤的预期结果，即达到了出奇制胜的效果。

据美国《商业周刊》2006年5月刊登的一篇文章透露，美国空军当局为了对付国会的军费预算限制，想以"拆买"的方式，添置20架F—22"猛禽"隐形战斗机。F—22是美国有史以来最昂贵的战机，其单机造价高达1.3亿美元，若想一次性定购20架那种战机以及配套设备，得花费35亿美元。可是美国空军只要求国会为该项军购拨款20亿美元，并在2007年将机身弄到手。"军方为何不干脆一点，希望得到多少架飞机就要求得到建造该批飞机所需要的拨款呢？"有位国会议员对此疑惑不解。原来，军方不想因为过于庞大的开支，令该项军购计划在国会审议时受阻。军方的设想是，先拿下机身外壳，至于战机内部设备，以后再说。因为其中有个较长的生产周期，而且更关键的是，到机身完工的时候，谁也不愿意看到那些建造到一半的飞机成为没有结局的半成品。日本新干线和我国的高铁上马时也是采取类似的做法。这些也是浪子思维的应用。

（4）**组合思维与拆分思维的结合运用。**在开发新产品、制定营销策略或者进行其他创新活动时，有时只运用组合思维或者拆分思维是不够的，可将组合思维与拆分思维结合起来运用。两者的结合既是技术更是艺术，用得好可产生意想不到的效果。一般来说，可采取先组合再拆分或先拆分再组合两种方式。

①重组组合法，往往综合运用了拆分与组合，先分解原来的组合，再按新的目的或者要求进行重新组合。例如，物理学的发展经历了多次大组合：第一次大组合是牛顿组合了开普勒天体运行三定律和伽利略的物体垂直运动与水平运动规律，从而创造了经典力学，引发了以蒸汽机为标志的技术革命；第二次大组合是麦克斯韦组合了法拉第的电磁感应理论和拉格朗日、哈密尔顿的数学方法，创造了更加完备的电磁理论，引发了以发电机、电动机为标志的技术革命；第三次大组合是狄拉克组合了爱因斯坦的相对论和薛定鄂方程，创造了相对量子力学，引发了以原子能技

术和电子计算机技术为标志的新技术革命。

②分解组合法。例如，教师在教小孩学习芭蕾舞时，先把动作中的重点、难点以及基本动作进行分解，让小孩掌握各个动作要领以后，再组合起来，形成连贯的动作。学习太极拳、武术等时也是如此。这些都是运用分解组合法。

在房地产开发中，也经常灵活运用拆分与组合思维。例如，一栋商务楼分成若干层，每一层又分隔成大小相同或者不同的若干房间。开发商再根据客户的需要，将若干房间进行组合，形成若干套，再进行出售。

公司重组从狭义上限于公司并购，包括公司合并、公司收购与公司分立，从广义上讲，是公司之间、股东与公司之间、股东之间为实现公司资源的合理流动与优化配置所进行的活动。在重组过程中，有时先拆分，将债权债务分开来，将沉淀资产和优势资产剥离出来，再根据要求进行重新组合。

03 加中有减，减中有加，加减互存
（加法思维与减法思维）

在事物上增加其他事物或者减少部分，可以得到新的事物。从对思维对象是添加还是减少，思维可分为加法思维和减法思维。加法思维是一种特殊的组合思维，减少思维是一种特殊的拆分思维。

（1）减中有加。"减"是指减法思维。减法思维，是指人们通过对思维对象减小一些、降低一些、减轻一些、减短一些、减少一些等提高其价值的思维方式，其要义是1-1>1，前一个"1"和第三个"1"都是指思维对象，中间一个"1"是指要减去的那部分，即因为减少而丰富。事物的价值不在于其量越多越好，有时量多反而质劣价低，减少一定的量却能提高其质及价。哈佛大学管理课程中有这样一个伟大的观点：要是在某一产品中增加一个部件如何减少成本？最好的办法是：首先，考虑一下能否不要这个部件；其次，考虑有否办法修改现有的部件以增加相应的功能；实在不行，再考虑如何减少该部件的成本问题。减法思维的精髓是：在扬弃中获得更大的利益。

从有绳电话到无绳电话，从台式电脑到笔记本电脑，都减去了连接线。袖珍收音机、袖珍字典等都是减小了体积。短裤、短袜、短袖等都是在长裤、长袜、长袖的基础上减短了。公共汽车无人售票、无人驾驶飞机等都分别省去了售票员、驾驶员。这些都是减法思维的运用和体现。

（2）**加中有减**。"加"是指加法思维。加法思维，是指人们通过扩展和叠加等形式提高思维对象价值的思维方式，包括加大一些，加高一些，加厚一些，加长一些，增加一些等，其精髓就是让1+1>2，甚至达到100+1=1001的奇妙的效果。这个"1"就是我们需要添加的那一点东西，就像画龙点睛故事当中，那个点睛的神奇一笔，虽然就加那么一小点，但却增值不少，使原有的价值一下子猛增起来。但是，点睛的难度是很高的，如果点睛没点准，就会造成前功尽弃，因此其成功的概率减少了。运用加法思维进行创新的关键是，必须突破平面思维的定势，突破点、线、面的框框限制，从各个方向拓展思维空间，让思维的视野更加开放，才能找到解决问题的答案。

加法思维到处存在，例如，高层建筑、高速铁路、高速公路、高清电视、宽银幕电视等都是加法思维的体现。但这些"高"都是增加了技术难度、增加了投入、降低了安全性得来的，因而隐含着付出了"减"的代价。再如，在手表上增加日历、周历、防水等功能，也是加法思维的体现，但同样地，其构造的复杂度增加了，损坏的概率也增加了，维护保养的难度也增加了，也付出了一些代价。

（3）**加减互存**。加减是相对的，存在因果关系。一方面，"减"是因，"加"是果。有一家企业的老总在谈他的创业经验时提到奉行"三不主义"：一不结婚，二不买房，三不炒股。他解释说，一旦结婚，就要承担家庭责任，会分散创业的精力；买房就要按揭，一旦按揭，就背着一个螺丝壳，会被按揭压得喘不过气来；炒股的话，如果涨了就没心思搞企业，跌了也没心思搞企业。这样他就可以将全部精力和资源放到创业一个点上，即专注。相对一般创业者而言，他的"三不主义"是"减"，"减"是为了聚焦，为了获得"加"的效果，即闯出了自己的一番事业，他的企业不断发展壮大。因此，没有"减"就没有"加"。

另一方面，"加"是因，"减"是果。某高分子材料企业加强生产工艺的研究，反应釜的生产能力从100升、300升、500升、1吨、3吨、10吨等逐级进行放大试验，找到放大规律及其判据。单釜的生产能力的成倍扩大，产品的单位生产成本随之成倍下降，产品的售价也随之降低，市场竞争力随之增强，市场占有率也会随之提高，企业随之得到发展。"加"是为了增加能力，达到降低生产成本的目的与效果。

围绕能力的提升、性价比的提高、竞争力的增强，该加时必须加，该减时必须减。例如，Apple 在推出 iMac 时，没有配置软驱。尽管当时软驱是不可或缺的，但乔布斯基于"那种东西会被淘汰"的想法而放弃使用。再如，某钢铁企业在应对金融危机时，砍掉了一切不必要的成本。正因为这样削减成本，才成功地渡过了难关。

不该加时千万别加，加了就会变成累赘。该加时不加，就会错失机会。例如，一个团队向公司高层提出了一个很好的创意，但没有引起重视。于是他们从公司辞职，自主创业创办了一家新的公司实施其创意。经过两三年的努力，他的公司成功地开发了新产品，开辟了新的市场，还得到了风险资本的投资，新的公司不仅在市场上站稳了脚跟，而且得到了较快的发展，并成为原公司强有力的竞争对手。

该减时不减，就会增加负担，负重前行。不该减时减了，同样会错失机遇，自己酿下的苦果自己吞下。例如，某空调厂家为降低生产成本，降低原材料的品质，甚至以次充好，导致产品质量下降。某大厦采用了该公司的空调，夏天不制冷，冬天不制热，苦不堪言。于是将该公司告上法庭，该公司赔了一笔钱了事。这真是害人又害己。

要辩证地看待"加"和"减"，加减的结果往往是此消彼长或者此长彼消，取决于我们需要的是"消"还是"长"。在加减时，不该消的消了，不该长的长了，事与愿违的话，就适得其反了。同时，事物总是发展变化的，要顺应事物的发展变化，否则，老天爷就总喜欢和我们开玩笑。你在哪里站起来的，有可能还在那里摔跤。你在哪里摔跤的，又有可能从那里站起来。只有与时俱进，及时做到加减有度，才有可能避免陷入从哪里站起来再在那里摔跤的怪圈。

04 从小米看成功的秘密所在（互联网思维）

    北京小米科技有限责任公司（以下简称"小米"）是运用互联网思维取得巨大成功的公司。[①] 小米成立于2010年4月，是一家专注于智能产品自主研发的移动互联网公司。小米首创了用互联网模式开发手机操作系统、发烧友参与开发改进的模式。其产品理念是"为发烧而生"。小米的产品2011年底进入市场，2012年实现营收126亿元，2013年316亿元，同比增长了150%。小米是怎么做到的呢？首先，小米竭尽全力用最好的材料做最好的手机硬件，确保手机的高质量；其次，通过互联网方式在安卓基础上做了操作系统，并每周迭代，使小米手机内在体验方面远远超过同行；第三，小米与免费WIFI服务商合作，发布一个小应用，在2万多个咖啡厅、餐厅、机场、火车站，那些免费安全的WIFI小米能一键接通，即不需要输账号、密码，只问要不要接入，而且安全可靠，极大地提升了用户体验，也许从中可以理解为什么用户喜欢小米手机；第四，小米继承了从设计、研发、供应链管理到市场、渠道、销售、服务全部一体化，用电商模式极大地优化了小米，这样小米以接近成本价进行零售，构建了一个移动互联网平台。尽管小米在成立的一年半时间里，极其低调，不做任何广告，但小米以优良的品质和良好的体验，博得了用户的关注，赢得了用户的高度认可。2010年小米做系统，第一个版本发出来时，只有100个人使用，第二个星期增加到200人，第三个星期达到400人，在不到一年的时间里，达到全球30万人。就是这样，在不做广告的前提下，才能真正地测试其产品是否有足够口碑。很多人认为好产品有口碑，也有人认为便宜产品有口碑，但是这个世界好产品和便宜产品都很多，又好又便宜的产品也很多，而口碑的传播是超预期的。正因为如此，小米手机进入市场不久，就拥有了非常强大的影响力，而且小米的用户群非常活跃。

---

    ① 2014年3月30日雷军在"2014中国（深圳）IT领袖峰会"上的讲演实录，http://bbs.xiaomi.cn/thread-9527399-1-1.html。

互联网在各个领域里面的竞争是最残酷的。在残酷的竞争中，只有将产品做到极致才行。传统企业经常打价格战，但互联网企业一上来就是免费，产品投放市场时就直接卖成本价。在各行各业里这个模式会造成雪崩效应，但在互联网环境下，一上来就假定对方全无还手之力。

互联网文化，就是一个比一个好。对于互联网公司，就是要快，不仅仅是业务成长快，而且对用户服务的反应都要特别快。如果用户提一个意见被小米采纳，而且只需要一个星期就发布出来了，就会给用户一个强烈的导向和激励，进而促进小米加快提升其产品品质，增加用户的黏性。这在传统手机企业是无法想象的。在诺基亚时代，三五年不更新一次系统。苹果每年发布一次产品，Google是每个季度发布一次，小米则是每个星期更新迭代一次。这就是小米强调的方法论，专注、极致、口碑、快四个方面，也被认为是互联网的七字诀。

小米鼓励用户参与，用户参与是最大的元素。小米鼓励400万、500万用户一起参与整个手机的设计，甚至是全球用户。其中，比较核心的一点是，把用户当朋友。把用户当朋友的公司才可以成为一个伟大公司。小米始终秉承着互联网精神，把用户当朋友，小米所有的服务中心都像苹果店一样漂亮，而对于维修店，要求从用户进门修复手机开始，60分钟以内必须修好。如果修不好，每小时向用户赔偿20元。在这样持续改进的情况下，整个互联网公司把用户体验、用户口碑一步一步推到了极致，这才是互联网给传统产业带来的最重要的思想。

互联网思维就是用互联网思想重新武装传统产业，在传统产业转型升级中具有巨大的意义。小米的成功是互联网思维的成功。为进一步验证小米模式的成功，小米复制了一个案例。有一家在2013年8月成立的做移动电源的小公司，只有20个人。所做的移动电源使用了4节1860毫安时锂电池，像iPad一样的铝合金外壳，容量1万多毫安时，定价69元人民币，税后价格仅9美元。小米给那家公司投了点钱，2013年12月底该公司在互联网上发布了产品。三个月后就实现两个多亿的营收，2014年全年大概可做到20亿元，预计三年过百亿。所以说，互联网文化和互联网精神跟实业结合后，会酝酿一批大企业出来。

随着互联网的发展，互联网越来越成为一项通用的工具，在各行各业中深度渗透并广泛应用，改变了人们的思维方式、生活方式和工作方式，进而产生了基于互联网的思维方式。

（1）**互联网思维的概念**。互联网思维是指在互联网、大数据、云计算等不断发展的背景下，对市场、用户、产品、企业价值链乃至整个商业生态重新进行审视的思维方式。互联网思维是由百度公司创始人李彦宏最早提出的。在2011年百度的一个大型活动上，李彦宏与传统产业的老板、企业家探讨发展问题时，首次提到"互联网思维"这个词。李彦宏说，我们这些企业家们今后要有互联网思维，可能你做的事情不是互联网，但你的思维方式要逐渐像互联网的方式去想问题。这种观念已经逐步被越来越多的企业家甚至企业以外的各行各业、各个领域的人所认可。特别是2013年11月3日，新闻联播发布了"互联网思维带来了什么"的专题报道以后，这个词汇就走红了。

互联网思维是指互联网时代的思考方式。这里所指的互联网，不再局限于互联网产品、互联网企业，不单指桌面互联网或者移动互联网，而是泛互联网，是跨越各种终端设备的网络形态，台式机、笔记本、平板、手机、手表、眼镜等都是终端设备。从1994年4月20日中国全功能接入互联网以来到2014年的20年里，互联网时代先后经历了Web1.0、Web2.0和Web3.0三个时代。Web1.0是门户时代（大致是1997-2002年），其典型特点是单向互动，主要用于信息展示，代表产品有新浪、搜狐、网易等门户网站。Web2.0是搜索／社交时代（开始于2001年，兴起于2004年），其典型特点是UGC（用户生产内容），实现了人与人之间的双向互动，典型产品是新浪微博、人人网等。到了Web3.0（大致兴起于2010年），即大互联时代，由以智能手机为代表的移动互联网开端，其典型特点是多对多交互，不仅包括人与人，还实现了人机交互以及多个终端的交互。一开始还只是大互联时代的初期，真正的3.0时代一定是基于物联网、大数据和云计算的智能生活时代。

（2）**互联网思维的特征。**互联网思维的主要特征可从"互，联，网"三个方面来看。"互"即"互动"，从被动接收信息到主动搜寻信息，从彼此交流信息到随时随地交流信息，互联网的发展更好地满足了人们的"互动"需求。"互动"体现出转换，体现出社区化、草根化，因而是互联网时代的第一个本质特征，表明互联网思维是转换思维。"联"即"联接"，因为WIFI、2G、3G、4G、CDMA等无线通信网络的发展，加上智能手机的普及，我们已经全面进入了移动互联网时代。在互联网时代，任何人、任何物，在任何时间、任何地点，都可以自由联接。在某种意义上，互联网的发展更好地满足了人们的"联接"需求。因此，"联接"是互联网时代的第二个本质特征，联接的前提是开放，本质就是协同，因此互联网思维是开放思维、协同思维。"网"即"网络"，通过"网器"和"云端"的联接，人们可以很轻松地掌握更全面、更及时的信息，并更好地作出分析。基于云计算和大数据，将不断形成无数张无边无际的网络，并组成一个相互交织的网络体。通过这样的网络体，人们可以任意互动、无限联接。因此，网络就是平台，互联网思维就是平台思维。综上所述，互动、联接、网络是互联网时代的本质特征，也互联网思维的本质特征。互动的本质是民主，联接的本质是协同，网络的本质是平等。

（3）**互联网思维的作用。** 互联网思维是对工业化思维的颠覆，有助于体现消费者的主权。在互联网时代，消费者同时成为媒介信息和内容的生产者和传播者。这与工业化时代的大规模生产、大规模销售和大规模传播"三位一体"的工业化思维模式有显著的区别。在工业化时代，稀缺的是资源和产品，资源和生产能力被当做企业的竞争力。但在互联网时代，"三位一体"的基础被解构了，资源和生产能力不再是企业的竞争力，渠道垄断和媒介垄断均被打破了，企业无法通过买通媒体单向广播、制造热门商品诱导消费行为，生产者和消费者的权力发生了根本的转变，真正体现出消费者的主权。因此，互联网思维是一种商业民主化思维。

互联网思维是一种用户至上的思维，有助于消灭信息不对称。互联网时代是消费者主体时代，消费者的好评变成有价值的资产。例如，现在人们外出自助旅游，都会上网搜索衣食住行等各类信息，如外出就餐就会上大众点评网搜索餐馆信息，查看餐馆的口碑，并根据口碑选餐馆、点菜。用餐以后还要对比较满意的餐馆和味道好的菜作一番评价。如果商家在互联网上的口碑不好，尽管商家也许会想方设法删除差评，但其代价也不小，而且是不可持续的，总之是难以生存下去的。再如，网上购物的体验更好。在网上购物，我们可以货比三家，不仅比价格，还比送货速度、支付体验、售后服务等。下单时可以选择送货的具体时间和地点，同城有的上午下单下午就可收到货。网上购物还有以下好处：一是比到大型卖场便宜，因为可省掉昂贵的房租等中间成本；二是选择的余地更大，毕竟商场里的商品是很有限的，但网络上的商品却是无限的，可以买到自己想要的东西；三是可以大大节省时间，省却了逛商场找东西的时间；四是比较轻松，商家送货上门，不必拎一大堆东西回家，特别是米、面、蔬、果等有分量的东西，拎回家是挺累的。所以在互联网时代，商家要比的不仅是价格，还有服务能力、服务水平，总之要比如何让消费者满意，如何让消费者有良好的购物体验、有意外的惊喜。

互联网思维是一种多米诺思维，有助于实现微创新。在物质极其丰富的当代，消费者的需求是分散的，也是个性化的，不像单纯的功能需求那样简单和直接。因而商家对消费者需求的把握有一个测试的过程，根据消费者的反馈进行改进。在传统的工业时代，这一过程比较漫长，响应速度比较慢，代价比较高，只有通过小范围试销的方式进行测试，因而是不充分的。但在互联网时代，可以通过微创新的方式实现，而且可做到响应及时、代价低。微创新具有以下三个方面的独特之处：一是快速而持续的微调和迭代，虽然每次迈出的是一小步，但只要持续进行，累积起来却是一大步；二是用户的广泛参与，涓涓细流可以汇成江海，每个用户的微小贡献，汇聚起来却能形成巨大的力量；三是有众包、众筹、创客等各种模式的支持。从本质上讲，各类商业模式都是累积式的微创新，体现出多米诺效应。所以说，在互联网时代的微创新是优势富集效应的体现，只有坚持不懈地改进创新，就能形成巨大的变革力量。

（4）**关键词**。互联网思维体现了5个关键词：一是便捷，即互联网的信息传递和获取比传统方式更直接、更快也更丰富；二是参与，人人都有强烈的参与感和自我表达、表现的愿望，而互联网给了人们充分表达、表现的可能，人们只要上网，就可以展现自己；三是注意力，人们可以从互联网中享受大量的免费服务，免费是为了引起关注，关注了才有价值，所以互联网经济就是注意力经济、流量经济；四是数据，互联网让数据的搜集和获取变得更加便捷，并随着大数据的应用，将引发一系列的连锁反应，获得更多更好的体验；五是体验，商业模式的根本在于用户，就是让用户满意。

（5）**互联网只是工具**。在互联网时代，任何人和任何机构都应当具有互联网思维，都应充分利用互联网这个工具。对于个人来说，用好互联网提升生活品质，提高工作效率，可抓住机遇，并更好地应对各种挑战；对于企业而言，应充分运用互联网适应新的竞争态势，提升竞争力；对于创业者来说，互联网提供了小成本挖掘第一桶金的可能性。因为互联网除了媒体属性，更偏重于以顾客为本的产品创新思维，互联网提供了追踪用户、分析用户的可能，从而能制造出更符合用户需求的产品。

（6）**互联网化**。当然，互联网思维的前提是要互联网化，阿里巴巴首席战略官曾鸣提出了传统企业走向互联网化的三个步骤[①]：第一步是在线，即触网。在线是任何一个企业走向互联网化必经的一个步骤，即企业首先要将产品、服务、流程等环节搬到互联网上，这是一个非常基础的要求；第二步是互动，即在产品当中要有实时互动的环节，以便实时得到用户反馈。互动让我们可以实实在在地接触到客户，并且对客户提供直接的服务；第三步是联网，即寻求与其他企业更多协同的机会，包括跟上下游的关系建立新的组合的机会，以寻求混搭创新的机会。以打车软件为例，一打开"快的"软件，不仅可看见自己的位置，还可看见在旁边所有跑动

---

① 来源《比特网》。

的出租车的位置。如果将快递、餐饮外卖、点座、采购等与出租车结合起来，也许其中很多的服务环节就可以利用起来，很多的增值服务可以交叉销售甚至重新组合。如果实时提出交易需求，任何一个司机如果感兴趣就会接单。

11

提升创新思维力

思维除了思维方法、思维视角、思维品质、思维层次以外，还有一个思维能力的问题，即采用同样的思维方法和同样的思维视角等，对思维素材加工能力不同，思维结果也会有较大的差异。由于个人知识、阅历、智商、情商等主观因素的不同和客观因素的限制，思维能力会有较大的差异。

01 思维能力的提升路径

　　思维能力是指人们在工作、学习、生活中通过分析、综合、概括、抽象、比较、具体化和系统化等一系列过程，对感性材料进行加工并转化为理性认识，进而解决问题的能力，包括理解力、分析力、综合力、比较力、概括力、抽象力、推理力、论证力、判断力等能力。人们一旦遇到问题，总要想一想，这里的"想"，就是动词词性的思维。思维参与、支配着一切智力活动，是智慧的核心。一个人是否聪明，有没有智慧，主要看他的思维能力强不强。人们要让自己聪明起来，就是要培养并发展自己的思维能力。

　　心理学研究成果表明，一个人的创新能力与他的思维能力成正相关关系，其思维能力越强，则其创新能力也会越强。而创新思维不受已有的思维定势的影响和条条框框的限制，可以从多个角度来认识事物和分析问题，从而达到"柳暗花明"的效果。所以说，人们在工作、生活和学习的过程中，可以采取多种方式方法不断地发展自己的思维能力，包括锻炼思维、多笑、多提问题、多做猜谜游戏、多玩、多学习、多读书、多写等。凡是动脑的活动，都有助于锻炼思维，提高思维能力。以下提出五种提升思维能力的途径：

　　（1）**置身于问题中**。问题一般有两种：运用现有的知识能够回答或解释的题目，属于学习问题；运用现有的知识不能回答或解释的题目，属于科研问题。例如，癌症的成因是什么？如何检查癌症？如何治疗癌症？如何预防癌症？这些问题利用现有的知识都难以回答，都是科学家正在研究的问题，因而是科研问题。科研问题的解决从社会来讲是从未知向已知的转化，意味着科学发现和技术发明的到来。再如，为什么天会下雨？为什么冬天寒冷夏天炎热？这些问题利用已有的知识能够回答或解释，都是学习问题。学习问题的解决意味着知识由社会向个人转移，即个人获得知识，或者说是知识的传承。

发展思维能力最有效的办法是置身于问题之中。有问题或者有需要解决的问题时，思维就会活跃起来，并在解决问题的过程中，思维能力会得到进一步的发展。无论是解决科研问题还是学习问题，思维能力都能得到发展，而我们要推动思维的发展，就要自觉地使自己进入提出问题、分析问题和解决问题的思维活动中去。那么如何置身于问题之中呢？

①要善于发现问题。在工作、生活、学习的过程中，只要肯动脑，留心用心，就自然而然地会发现问题。对过去一直被人认为是正确的东西或者基于某种固定的思考模式形成的结论，敢于并且善于提出新观点和新建议，并能运用各种证据，证明新结论的正确性。首先，每当观察到一事物或现象时，无论是初次接触还是多次接触，都要多问为什么，并且养成习惯；其次，每当遇到问题时，尽可能地寻求事物自身运动的规律性，或从不同角度、不同方向观察事物，以免被位置偏见所迷惑。

实际上，我们可以经常向自己提问，通过提问能够较容易地发现问题，能够透过所有的表面现象去寻找真正的问题。例如，在工作中可以问自己，我们的工作职能或者部门职能是否充分发挥出来了？对本单位核心职能的实现有哪些贡献？还存在哪些问题？如何避免被边缘化？还有哪些改进的余地？如何进一步改进工作流程，提高工作效率？这些问题有助于我们及时发现工作中的问题，纠正工作中的偏差，改进工作方式方法，提出合理化建议。再如，在学习时，因为一些知识没有掌握好而出现的问题；因为出现一些新的概念而产生的问题；因换一个角度看待同一事物而出现的问题等。**经过自己的思考提出问题、发现问题并解决问题，能够大大提高工作效率、生活品质和学习效果，思维能力也会大大提高。**因此，工作上提不出问题，往往工作水平不会提高，意味着只是简单重复；生活上提不出问题，生活质量往往不会提高，意味着生活平淡无奇；学习上提不出问题，知识没有深化，意味着学习没有进步；科技创新上提不出问题，没有获得新的发明或发现，意味着科技创新的止步。

②要努力解决问题。问题提出来了，必须积极地思考并努力去解决。例如，某青少年科技馆电子组接受了一项露天光电打靶游艺项目的设计任务，要在太阳光下进行光电打靶。通常的光电打靶机的工作原理是，射击者扣动机枪的扳机，机枪就会发射出一束光线，如果光线照射到靶面中心的光电接收装置上，就会显示出击中的效果。但是，这种光电打靶机枪有一个显著的缺点，当环境光线较强时，机枪发

出的光线会受到干扰，从而影响到光电接收装置的正常工作，导致光电打靶机失控。问题提出来了，怎么解决呢？该青少年科技馆的一位姓刘的同学利用逆向思维，将光电打靶机枪的工作原理改为由靶发光、枪接收光线，即将光电打靶的因果关系进行了颠倒。其具体做法是：在靶面中心安装一盏100瓦的电灯泡，一旦扣动机枪的扳机，那盏灯就会闪亮，如果发出的光线正好射入安装在瞄准的枪筒内光电接收装置上，就显示出击中的效果。这就是被动式光电打靶。这种方法不仅解决了太阳光干扰的难题，而且分辨率达到正负0.3度，如果"枪口"指向靶心的角度偏离正负0.3度，不能显示出击中的效果。这一发明产生了连锁反应，衍生出一系列的发明创造：另外一位李同学对被动式光电打靶的原理进行了理论计算，撰写了一篇题为《高分辨率被动式光电打靶的研究》的科学小论文，获得第五届全国青少年科学论文讨论会二等奖；冯同学利用被动式光电控制的原理，发明了被动式光控五线谱板，并获第二届北京国际发明展览会银牌；王同学发明了光控电子竖琴，该发明荣获第七届全国发明展金牌；小宇同学综合以上发明，发明了激光舞琴，该发明荣获第三届北京国际发明展览会银牌。①

③敢于寻求帮助。发现问题以后，经过独立思考，仍然不能解决问题，怎么办？只有请教别人，向专家请教，向在这个问题上比自己强的人请教。我们在对某一个问题经过深思熟虑以后提出来，都会有一定的深度。因此，**要敢于提出问题，敢于暴露自己的问题，并虚心向别人请教，主动寻求别人的帮助，我们的思维能力就会得到提高**。当然，如果一个问题没有经过自己的深思熟虑就随便提出来，有可能是显而易见的事情，不仅起不到提高思维能力的效果，还可能影响别人对你的看法，给别人留下一个爱不动脑筋的不良印象。

遇到问题不能解决时，也可集思广益，集中众多人的智慧，广泛吸收有益的意见，从而达到思维能力提高的效果。集思广益不仅有利于研究成果的形成，还具有提高潜在的研究能力的作用。在集思广益中，由于各人的起点、观察问题的角度不同，研究方式、分析问题的水平不同，就会产生种种不同观点和解决问题的办法。通过比较、对照、切磋等，就会有意无意地学习到他人思考问题的方法，从而使自己的思维能力得到潜移默化的提高。

（2）**坚持独立思考**。独立思考，重点在于思，就是开动脑筋，想办法，让大脑细胞处于活跃的状态。一个正常的醒着的人，无时无刻不在想，想什么呢？有许许多多的想，如联想、回想、推想、幻想、梦想、猜想、构想、遐想、冥想、臆想、狂想、妄想等，从思维科学上说，每一种"想"都代表一类思维活动，也是一类思

---

① 引自《培养创新思维系列讲座》，百度文库（http://wenku.baidu.com）。

维方法的反应。我们的思考都是自觉的行为，通过教育培训，完全可以提高思维能力。同时，我们应坚持独立思考，有意识地控制自己的思维活动，使之朝有利于发明创造的方向发展。

坚持独立思考，不要钻牛角尖，要善于转换思维，换一个角度、方式或方法进行思考。转换思维有助于提高思维能力，并提高到创造的水平。创造是把以前没有的事物制造出来，其最大特点是有意识地进行探索性劳动，主要是创造性的思维活动。接受他人思考的成果是学习或模仿，如果思维达不到创造的水平，就只能跟在别人的后头。

独立思考的表现之一是：善于独立地发现问题、分析问题、解决问题，独立地检查判断在问题解决以后的效果并纠正偏差。如果即使是独立地解决别人已经解决了的问题对社会没有创造性的意义，也孕育着创造性思维的才能，进而有可能实现真正的发明创造。

独立思考的表现之二是：不盲从、不轻信、不依赖，凡事都问个为什么，自己思考明白以后才接受。正如古语所说，学而不思则罔。

独立思考的表现之三是：循序渐进，对某个设想进行严密的思考，在思维上借助于逻辑推理的形式，把结果推导出来。

只有始终坚持独立思考，我们的思维能力才能发展到一个新高度。例如，打字机的发明者邵尔斯原在美国一家烟草公司供职，他的工作与打字机毫无关系。邵尔斯的妻子在一家公司当秘书，因为需要整理的材料太多，时常把材料带回家，连夜加班赶写。邵尔斯当然不能袖手旁观，有时，他也帮着妻子抄写，两人经常为此忙到深夜。为减轻妻子的工作量，邵尔斯逐渐有了设计写字机器（打字机）的念头。为设计出一种快速打字的机器，他遍访名师，虚心求教。随着研究的深入，他发现，这事儿太难了，但他没有放弃。他了解到，有一个人花了十几年的时间研究写字机，没有成功，最后只好放弃。邵尔斯通过关系，把那人放弃的写字机模型搬回家，仔细琢磨，开始了一场旷日持久的艰苦研究。邵尔斯碰到的第一道难关是，如何设计打字机的字臂？为此，邵尔斯伤透了脑筋。刚开始时，他感到盖印章的方式简单实用，但他被这一思维方式捆住了手脚：他认为字键与字印之间不宜距离太远，最好是字键在上，字印在下，一按就能打出字来，如同盖印章一样方便，还能缩小机身的体积。但研究来研究去，在实践上却行不通。其原因是，字键在上字印在下的设计结构，字臂不能太长，否则，就像树根一样盘在下面，既复杂又不实用；如果字臂太短，又不够灵活。一时间，邵尔斯陷入了困境。一天深夜，邵尔斯为了放松一下疲惫的大脑神经，到院子里散步，一抬头，忽然看到妻子弯背伏案写字的侧影非常优美。那时，一种灵感突然在他脑海中闪现，这不正是他苦思冥想的字臂模型吗？把妻子的头当作字键，弯曲的手臂当作字臂，太妙了！邵尔斯高兴得跳了起来，他立即把这一想法记录下来，用于改进打字机的构造。经过四年的努力，在1867年冬季一个美好的日子里，他终于发明了世界上第一台打字机。这是他献给妻子最好的礼物。四年的艰辛，换来永恒的硕果。这是对妻子爱的最高奖赏和最好回报。邵尔斯在研制打字机的过程中，最主要的经验就是坚持独立思考，独立思考给他带来了灵感和顿悟。

（3）**学点思维科学**。人类在长期的实践中，从成功的经验和失败的教训中，科学地总结出思维的形式、规律和方法，形成了思维科学。无数的实例证明，好的思维方法至关重要。有了好的思维习惯和思维方法，我们的工作、学习可以达到事半功倍的效果，而且在接受新知识时更能举一反三。[①]我们要学点思维科学，使自己的思维纳入到科学的轨道。要准确地理解并善于运用概念、判断和推理三种思维形式，掌握思维的同一律、矛盾律、排中律、对立统一、量变质变、否定之否定等思维规律，掌握分析、综合、比较、抽象、概括、分类、系统化、具体化、归纳、演绎等基本思维方法。思维方法指导着工作方法和学习方法，工作方法和学习方法又是思维方法在工作和学习中的具体表现。因此，正确运用思维方法，对于提高工作和学习的效率、质量有很大的促进作用。

同时，还要掌握具体的思维过程。因为思维的形式、规律和方法都是在具体的思维过程中体现出来的，只有在具体的思维活动中才能把握好思维的形式、规律和方法。

（4）**不断加强知识积累**。知识和能力是相辅相成、相互促进的，丰富而深刻的知识会促进思维能力的发展。知识点是思维的细胞，只有准确掌握相关概念、掌握原理，大脑才会因为有丰富的"原材料"而使思维深入进行下去。例如，在进行产品开发时，必须掌握相关的技术原理、原材料的性能及其参数、产品的结构特点等，否则无法开发出合格的产品。同时，大脑中贮存的知识质量还要高，即一是准确理解，二是所掌握的知识系统性强。这样的话，在进行思维活动时，能够随时"取用"，这必然有利于提高思维能力。

参加培训学习是知识积累的一条有效途径。在具体的工作与学习中，还要善于总结，总结有助于知识的系统化。在工作和生活中所用到的知识，都是从小学、中学到大学学习以及在工作中学习积累的。由于知识更新日新月异，我们掌握的知识

---

① 参见吴光远：《受益一生的44种思维方法》，海潮出版社。

积累跟不上工作和生活的要求，怎么办？一是加强自学，现在的微信、微博等自媒体很发达，可将书籍下载到手机上进行阅读，可以利用碎片时间进行学习；二是参加培训，可以选择参加一些针对性比较强的、内容新颖实用的培训。有效的学习和培训能引发思考，激发好奇心，引导我们探究新的问题。

（5）要提高语言能力。当我们认识到某一类事物的本质特性而形成概念时，必须用词语来表示。所以，用词语表达的概念是"思维的细胞"。语言直接影响到知识的贮存、流传和继承，关系到思想的交流和思维的进行。语言和思维密切相关。我们依靠语言文字将所获取的各类知识保存下来，依靠语言文字将保存下来的知识继承下去，依靠语言文字将社会知识转化为个人知识。人与人之间交流思想、心得体会都要依靠语言文字，并且借助语言文字进行记忆、思维和想象。所以说，语言文字能力决定了我们掌握知识的质量水平，也决定了我们的思维能力。语言文字能力强的话，学习能力、沟通能力、表达能力一般都比较强。要提高思维能力，就必须加强语言文字的学习，提高语言文字能力。在平时的工作和生活中，要重视语言文字的学习，通过学习提高语言能力。

总之，在思想上重视，行动上跟上，就能不断提高思维能力。

02 激发创造力

人类的历史是一部发明创造史，没有发明创造，就没有人类社会的繁荣与昌盛，也就没有物质文明和精神文明。科学技术发展的源泉是发明创造，进行发明创造需要创造力，创造力的基础是思维能力，核心是创造性思维。

创造力是指为达到某一目的或完成某一项任务，运用一切已知的条件和信息，开展能动的思维活动，经过反复的研究和实践，以新颖、独特、高效的方式解决问题的能力。这一定义有四层含义：一是目的性很强，基于一定的目的和任务，是为了解决问题；二是具备一定的基础，即一切已知的条件和信息，包括知识、信息、技术基础、物质条件等；三是能动性，必须经过反复的研究和实践，是一种自主性很强的思维活动；四是结果的独特性、新颖性和价值性，即比已知的条件和信息有显著的进步，不是对已知条件和信息的重复。它具有变通性、流畅性、独特性的特征。

创造力不同于智力，创造力＝想象力＋观察力＋思考力＋记忆力。一个创造力强的人，应具备善于打破常规的能力、具有丰富的想象力、敏锐的观察力、深刻的思考力和非凡的记忆力。

一个人与生俱有的两大能力，一是创造力，二是破坏力，而且这两大能力与人相伴终生。

例如，有一天，一位衣着体面的先生走进一家银行，来到贵宾室，大模大样地坐了下来。"请问先生，您有什么事情需要我们效劳吗？"那天恰好是该银行经理亲自接待，经理一边热情招呼，一边上上下下打量着来客，只见那人：西服是大牌的，皮鞋是高档的，手表很名贵，领带夹上还镶着蓝宝石……"我想贷点款。"那先生说。"完全可以，您想贷多少呢？"经理问道。那位先生不动声色地说："1美元。""1美元？"经理惊奇地问。"我只需要1美元。可以吗？"那先生肯定地回答。经理心想：这个人穿戴如此绰阔，为什么只借1美元呢？他是不是在试探我们的工作质量和服务效率？想到那，经理便装出很高兴的样子说："当然，只要有担保，无论借多少，我们都可以照办。""好吧。"那位先生从豪华的皮包里取出一大堆股票、国债、债券等放在经理的办公桌上，问："这些做担保可以吗？"经理清点了一下，再一次以征询的口吻问："先生，总共50万美元，做担保足够了，不过先生，您真的只借1美元吗？""是的，我只需要1美元。"那人肯定地回答。"好吧，到那边办手续吧。年息6％，一年后归还，到时我们就把这些作保的股票和证券还给您……"经理毕恭毕敬地说。"谢谢！"那先生办理完借款手续，便准备离去。经理觉得很奇怪，便追问说："对不起，先生，可以问您一个问题吗？""当然可以，你想问什么？""我实在不懂，您为什么用50万美元的家当，只借1美元？""好吧，既然您如此热情，我不妨告诉你实情。我到您这儿来，是想办一件事情，因为随身携带的这些票券很碍事，我问过几家金库，租借他们的保险箱，租金都很昂贵，我知道贵行的保安很好，所以就将这些东西以担保的形式寄存在贵行了，由贵行替我保管，我还有什么不放心呢！况且利息很便宜，存一年只不过6美分。"经理恍然大悟，他十分钦佩那位先生的做法。那位先生就是大名鼎鼎的美国大企业家洛克菲勒。洛克菲勒运用逆向思维，将租借保管箱存放有价证券变为用这些有价证券向银行抵押贷款，以最小的贷款利息，求得保管有价证券利益的最大化。洛克菲勒的这一做法具有创造性，他的创造性不能仅仅解释为逆向思维，其中还包含了换轨思维和一种主动思维等。主动思维是指时时求主动，处处占先机，以最小的代价，求得利益最大化。[①] 相反，那位经理却陷入了思维定势，即认为贷款人都是因缺钱而贷款的。从中还可看到，创造力不仅体现在自然科学领域，也可以体现在社会科学领域、经济领域和生活等各个方面，可以体现在任何领域。

创造力是一个人与生俱有的能力，与之相对立的是破坏力。有意思的是，在现有的秩序遭遇破坏时，因没有了条条框框，创造力往往是最强的，即所谓不破不立。尽管创造力是人与生俱有的，但人们的年龄不同、文化层次不同、知识基础不同、学历程度不同，其创造力也不同。创造力是可以培养的，可采取以下措施培养创造力：

（1）**设定目标，激发思维动机**。目标明确则目的性强，目的性强则思维动机就被诱发出来了。大脑在进行思维活动时，往往要激发出强烈的动机。如果没有动机，那只是本能的重复和再现，不会持续地深入下去，也就不会有创造性思维。

一般来说，思维动机可分为内因和外因。领导交办的任务是外因，自我设定目标是内因。但外因要通过内因起作用，而内因有时也要借助外因的反作用。我们还可借助一些情境，如参加培训、外出旅游、参观各种展览等形式，借机主动与他人交流等，激发思维动机。在这些特定的情境下，我们的思维会变得活跃起来，思维能力也会得到明显的提高。

（2）**设疑问难，以问题激发思维动机**。思维总是从问题产生开始的，因此在平时的工作和学习中，要有意识地设疑问难，给自己提出问题，并牢牢抓住问题不放，努力地解决问题。设问的问题一般有两类：一是设问原因，二是设问新的可能。例如，植物在生长发育过程中，顶芽旺盛生长时，会抑制侧芽的生长。这一现象叫做顶端优势。那么，在哪些情况下要利用顶端优势？在哪些情况下要打破顶端优势呢？在实践中，果农修剪果树，农民给棉花打顶，园艺工人给街道两旁和公园里的景观树剪枝，则是要打破顶端优势，使侧枝生长良好，以提高产量或者更好地遮荫。而为了让松树、杉树等成材，就是要充分利用顶端优势。通过这样的设疑设问，我们从无疑中生疑、知疑，达到小疑有小进，大疑有大进，进而获得对事物更深入的认识，甚至引发创新。即使疑问最后没有带来新的成果或成功，这种质疑精神也是值得肯定的。例如，某大学有一位年青的教师，用了十几年的时间潜心钻研经济学，用英文写成6篇论文，把现行的经济学理论都给推翻了。这些论文投寄到 Nature 和 Science 上，可惜都没有被录用，他不愿意将这些论文投寄到其他杂志上。由于

---

① 王健著，《创新启示录：超越性思维》，复旦大学出版社2007年版，第217-218页。

没有科研成果，他的职称仍然只是讲师。尽管如此，但他那种敢于质疑的精神是难能可贵的。

（3）**纵横递进，多种思维并用**。思维往往是从已知的知识入手，通过思维的层层深入，打破已有知识之间的关联性，重新进行联结或关联，形成新的组合，以探究未知的问题，从而提高创新思维能力。一方面，我们可顺着已知的知识，运用纵向思维设定一系列有关联的问题，形成一个完整的问题链，进行一系列的连续性思考，将知识引向纵深，在知识内在联系的基础上获得更丰富的知识，对相关知识探本溯源，也许从中能够获得新知。例如，为了获得基因对性状控制的知识，可以提出以下问题：一是为什么基因中存在着遗传信息？二是生物的遗传信息在哪里？三是遗传信息是如何从基因传到蛋白质的？四是在什么情况下，遗传信息在传递过程中会出现差错？其后果如何？通过这一系列问题的思考，层层深入，我们可获得对相关知识更加深刻的理解。

另一方面，我们还可从已有的知识中去思考与之类似、相关的问题，即进行横向思维，这有助于拓宽知识面，实现知识的"迁移"，也就是通常所说的举一反三、触类旁通。在横向思维中，通常要用到求同思维和求异思维。求同思维关注事物之间的共同点，有助于从不同的现象中寻求所包含的共同本质和规律。例如，有氧呼吸和无氧呼吸都是分解有机物，释放能量。求异思维关注事物之间的差别，有助于拓展思维空间。例如，通过比较植物对水分和矿质元素的吸收可以发现，植物对水分和矿质元素的吸收部位都是表皮细胞，但植物根吸收水分的主要方式是渗透作用，与植物的蒸腾作用有密切的关系；植物根吸收矿质元素的主要过程是交换吸附和主动运输，与植物的呼吸作用有密切的关系。

（4）**分析综合，不断提高认识**。在思维过程中必须用好分析综合两种方法。两者之间的关系是相互依存、紧密联系的：没有分析，我们的认识就深入不下去；没有综合，我们的认识就提高不上来。因此在思维过程中，应当严格遵循"分析—综合—再分析—再综合"的规律，不断提高创造性思维能力。例如，人们要了解体内细胞的物质交换时，就要分析：一是细胞与内环境之间进行物质交换的情况；二是内环境通过消化系统吸收营养物质的情况；三是内环境通过呼吸系统与外界进行气体交换的情况；四是内环境通过泌尿系统和皮肤排出代谢最终产物的情况。进而归纳总结出：高等动物的体内细胞只有通过内环境才能与外界环境进行物质交换。只有这样，我们才可以把握知识的脉络和思路，以及各部分知识之间的逻辑关系。

在分析综合的过程中，要善于运用聚合抽象训练方法，即把所有感知到的对象依据一定的标准"聚合"起来，显示它们的共性和本质。首先，要对感知材料形成总体轮廓的认识，从感觉上发现十分突出的特点；其次，要从感觉到共性问题中进行肢解分析，形成若干个分析群，进而抽象出本质特征；第三，要对抽象出来的事物本质进行概括性描述；最后，形成具有指导意义的理性成果。

另外，我们内心要永远充满着创新的渴望，及时将大脑里突然冒出来的创新想法记录下来，并努力去实施。同时，要敢于把自己的想法充分表达出来，循规蹈矩的心境是没有创造力的。我们可运用推陈出新训练法，将看到、听到或者接触到一些事物，尽可能地赋予它们新的性质，运用新观点、新方法、新结论，反映出独创性。

营造创新环境

提高创新能力，培养创造力，需要营造一个良好的创新环境。特别是对于个人来说，创新思维的运用需要某种良好的外部环境。也许你有这样的体会，在某种环境里，你的思维特别活跃，新观念新办法层出不穷；而在另一种场合，你也许心乱如麻、理不出头绪。因此，每个人都应该选择并把握住自己的最佳思维环境。中外历史上的许多思想家和发明家，常有适合于他本人的独特的思维环境，有些环境在我们普通人看起来简直无法忍受，而他们却如鱼得水，乐在其中，独特的环境成了他们伟大观念和伟大作品的催化剂。有的学者喜欢在寒冷的地方思考，比如古希腊的哲学家苏格拉底经常站在冰天雪地里思索哲学问题；有的学者则喜欢在温暖的房间内思考，比如法国学者笛卡尔一定要在烧着壁炉的房间内裹着被子沉思。还有更为奇特的思维环境，像德国学者席勒，他喜欢在写字台上摆满腐烂的苹果，据说那种"美妙的气味"有助于激发他的灵感。而文学家普鲁斯特的书房里则摆着一排软木塞，每当找不出恰当词汇的时候，他就盯着那排木塞出神。音乐家莫扎特喜欢一边做体操一边构思旋律。词典编纂家约翰逊博士在写作的时候，身边常陪伴着一只喵喵叫的花猫。还有人说，著名哲学家康德在写作《纯粹理性批判》这本划时代巨著的时候，习惯于站立在窗前，眺望远处的一座古塔。当他凝神远望的时候，头脑中便飞扬起一连串抽象范畴的联结、贯通与融合。后来，窗外有几棵树长大了，枝叶遮住了古塔，这使得康德心乱如麻，十分不自在。当地市政府为了支持哲学家的工作，便派人把那几棵树砍掉了。

我们每个人对思维环境都会有一种偏向。**尽量寻求自己喜欢的思维环境，并在这样的思维环境里思考，能有效激发个人的思维，使思维变得异常活跃。**那时一些新的观点、新的思路就会突然冒出来。

创新思维的激发是有规律可循的，一般要同时达到以下五个方面的状态：一是长期的知识积累，知识积累到一定程度以后才会产生创新思维；二是锲而不舍的持续关注；三是苦思冥想，思考问题达到入迷的程度；四是良好的情绪状态，既放松又积极向上；五是既宽松又适度紧张的环境。这是因为，根据耶克斯—多德森定律[1]，人的思维效果与情绪有关。当人处于过于放松或者过于兴奋时，思维效果往往不佳；当情绪有些兴奋，又没有焦虑心理时，思维效果往往较好。而情绪又往往与所处的环境有关，环境会影响人的情绪状态。这也与人的压力有关，怀特在《企业创新的7堂课》一书中指出，不够紧张，你将一无所获；过于紧张，你也将一无所获。也就是说，人在一定的压力下才具有创新力。

外部环境会影响创新思维的数量和质量，利用外物激发创意固然是个好办法，但如果过分依赖外部环境，离开了特定的环境就会令人心乱如麻，也是不好的习惯，是心理适应性太差的表现。良好的思维习惯应该是，在各种外部环境中都能进行有效的创意思考，都能利用身边的各种物体作为良性刺激物，激发创意。外部环境至少包括以下三个方面[2]：

（1）**相对宽松的环境。**在相对宽松的、愉悦的环境下，思维会很活跃，创造性能够充分发挥出来。如果思想负担重，就很难能动地进行思维活动，怎么还能创造呢？大到一个时代、一个国家、一个地区，小到一家企业，都要有相对宽松的环境。例如，在独立战争以后，美国采取了一系列政策措施支持创新活动，包括实行专利制度、发布向大学赠予土地的法令、支持科技活动的开展等。这些措施使美国在1850年以后开始走上了工业技术创新之路。而硅谷的兴起与成功，也是因为硅谷的

---

① 引是心理学家耶克斯（R.M Yerkes）与多德森（J.D Dodson）通过实验研究归纳出的一种法则，用来解释心理压力、工作难度与作业成绩三者之间的关系。动机的强度与工作效率之间的关系是倒U形曲线，即中等强度的动机最有利于任务的完成。

② 参见曾国平：《创新思维与创造力的发挥》，http：//www.cctv.com/lm/131/61/85918.html。

创新环境非常优越，并充分体现出美国的创新活力。在微软亚洲研究院，创新环境比较宽松，具体表现在：首先，对一个人的评价是切实地根据他的学术水平和在业界的影响力。一个人的影响力可以在任何地方体现出来，既可以从他所发表论文的水平，也可以从他做出的应用项目的水准。总的来说，只要能够影响到提高用户的体验就是好的。他的影响力大了，其职位就会得到提升，就会获得更多的激励。对一个人的评价，不会受到他与上级的关系、与同事的关系或其他关系的好坏的影响。这样，每个人都在谋事，都在想办法怎么把事情做好，而不是去谋人，不用把主要精力放在人际关系上。其次，每个人的主观能动性较强，没有领导叫你一定要做什么或者不要做什么，而是你先有了想法，再跟你的领导去讨论。很多时候讨论会激发一些灵感，并不断完善你的想法。讨论之后，如果大家都觉得你的想法很好，马上就可以去做。这样一个宽松的机制，就是创新的重要源泉。所以说，要激发每一个人的创造性，要有宽松的环境，必须去掉各种精神枷锁。

我们的创新思维能力及创造力也受我们周围的人的影响，包括父母、兄弟姐妹、老师、亲戚朋友、同事等。人们一旦有了想法，往往先与周围的人商量，得到他们的认可以后，才会对外宣布。如果周围的人都具有创新意识，对其想法总是持肯定或支持的态度，则其思维就会变得更加开放，创造力就会被更大程度地激发出来。反之，他的思维就会封闭起来，创造力就会受到抑制。比如，一个小学生听了老师讲圣诞老人的故事后，看到一幢房子的烟囱很小，就很疑惑地问老师，那房子的烟囱那么小，圣诞老人怎么爬得进去呢？爬不进去的话，又怎么给他的小孩送圣诞礼物呢？老师无法回答，就鼓励他向那房子主人写封信，建议房子主人把烟囱改大一点，以便圣诞老人能够爬进去送圣诞礼物。那栋房子的主人收到小学生的信后，为保护小学生的想象力，果真把烟囱改大了，并向小学生回了一封信，非常感谢小学生的建议。那个小学生收到回信后，其创新思维就被进一步激发了，更敢于想象，敢于提出建议，因此获得了进一步创新的力量。如果老师回答说那是神话故事，是虚构的，或者那房子主人收到信后，往垃圾桶里一扔，那个小学生的创新思维就被泯灭了。所以说，老师是否有创新思维，会直接影响到学生开发创新思维的能力。每个人都有创新思维，都有创造力，只是许多人的创新思维和创造力都被埋没了。在传统思维环境里，人们无法很好地、有效地发挥其创造力。

（2）**适度紧张的环境**。宽松并不等于松松垮垮，一个好的环境，还需要适度紧张。适度紧张有助于集中精力，进而激发出人的创造力来。例如，有一群猎人在上山打猎的途中，远远看去，山中烟雾缭绕，突然他们发现一只老虎朝他们扑来，其

---

① 引自曾国平：《创新思维与创造力的发挥》，载《华夏星火》2004年第2期。

中一个猎人赶紧张弓开箭,用尽全身的力气朝扑来的老虎射去,其他人都趴在地上。过了一会儿,他们走上前去查看。他们都惊呆了,扑来的不是老虎,而是一块像老虎一样的石头。那块石头被那支箭射成两半,可想而知那射箭的猎人力气有多大。但事后,有人再弄一块石头让他去射,怎么射也射不穿那石头。这是为什么呢?因为那时是在最危险的时候,他以为老虎朝他扑来,感到生命有危险,所以用尽了全部的力量来射箭。[①] 所以说,在适度紧张的状况下,在危机的状况下,人的创造力能够最大限度地发挥出来。有时候,我们就是要制造一点危机,以便产生一种危机感。再如,2000年,华为公司实现了220亿元的销售收入,利润高达29亿元人民币,位居全国电子百强的首位。而那时,华为公司的总裁任正非却大谈危机和失败,撰写了一篇题为《华为的冬天》的文章,要求华为员工居安思危,增强危机意识。正因为有了这样的危机意识,华为人的创新意识一直都很强烈,创新能力不断增强,华为才得以持续快速的发展。2013年华为实现销售收入2390亿元人民币(约395亿美元),净利润为210亿元人民币(约34.7亿美元),分别同比增长8.5%和34.4%,分别超过了爱立信的353亿美元和19亿美元,成为全球的龙头老大。

在平时的工作和生活中,我们一般通过设定目标、制订计划,而且将目标设定得相对高一些,将计划制订得相对紧一些,使自己处于一种适度紧张的环境之中,这样比较容易出成果。如果达到了预期目标,甚至超过了预期目标,会产生一种满足感、成就感和幸福感。

(3)**无畏的环境**。创新需要无所畏惧。有所畏惧的话,创造力就难以迸发出来。例如,有一天,一位高中数学老师给他的学生布置了四道数学题目,让学生带回家去做。一个学生在做第一道题时,很轻松地解出来了,他很开心。在做第二道题时,他感觉稍微难了一点,但也很快地解出来了。第三道题,难度又大了一些,不过花了近一个小时还是解出来了。而第四道题呢,却怎么也解不出来。那个学生心想,今天怎么搞的,这道题应该能解出来的呀,怎么就解不出来呢。他没有气馁,而是反复琢磨,反复思考,终于把那道题解出来了。第二天那位老师像平常一样批阅学生的家庭作业,在批到那个学生解的第四道题时;让老师惊呆的是,他才发现,自己顺便把一道世界性难题布置给那学生,那道世界上还无人能够解答出来的难题已被那个学生解答出来了。如果那位老师说,这是世界性的难题,到现在全世界还没有人能解出来。那么,学生或者碰都不会去碰它,根本不会尝试去解题。那个学生就是享有“数学王子”之称的德国数学家高斯。所以说,无畏才能有所创造,无所畏惧才能勇往直前,才敢于去创新、去创造。再如,1994年,有位创业者与几个朋友怀揣几万块钱开始创业。

---

① 引自曾国平:《创新思维与创造力的发挥》,载《华夏星火》2004年第2期。

当时这位创业者发现，因电网的交流电不够稳定，导致电焊机运行也不够稳定，影响到焊接的质量。他认为应该将交流电经逆变后变成直流电，再给电焊机供电，这样可以避免因电网的电压、电流、频率的波动而影响到焊接的质量。于是，他就开始了漫长而又艰难的创业之路。他说，如果当时知道创业是那么艰难，就不会有信心和决心去创业。正是这无知者无畏，使得他和他的团队勇往直前，近20年来创建了在国内外均有影响、年销售收入超过5亿元的专业焊接公司。

开发创新思维力的途径

脑子越用越活，我们要想使自己的思维变得发达起来，就必须多用脑、勤思考，积极主动地进行创新思维的训练，提高创新思维能力。一般人往往不太注意自己思维素质的优劣和思考能力的强弱，而只是自发地、本能地进行思考而已。我们有时会发现，有些事情记得特别清楚，而有些却可能没有任何印象。对没有印象的事情，我们会借口说自己的记忆力不好。为什么有些事情记不住呢？有些事情却记得特别牢呢？这其实是思考能力的问题。如果对某一件事情，我们进行了深入细致的思考，入耳入心了，就会产生很深刻的印象，就肯定会记得很牢。如果对某件事没有进行过思考，没有形成印象，当然就记不住了。所以说，**记忆力好不好与是否进行思考有关**。如果我们想办法改善和提高自己的记忆力，就应当有意识地训练自己的思考能力，提高思维能力。

创新思维是可以通过学习和训练进行开发的，开发的途径和措施包括：

（1）**要充满好奇心**。什么是好奇心？好奇心就是希望了解更多的事物或某一事物的更多属性的一种不满足心态。"好"是认识事物的前提，是一种态度；"奇"是本质，是探求事物本质的品质。"好"与"奇"的关系可用一句话来概括："好而不奇是庸才，奇而无心是蠢才。"一个充满好奇心的人总是喜欢多问几个为什么，以探究其中隐含的秘密。科学家就是具有好奇心的人，并总能从一些司空见惯的现象中取得重大的发现，或实现重大的技术发明。例如，牛顿对一个苹果从树上掉下来产生好奇，发现了万有引力；瓦特对在烧水过程中从壶上冒出的蒸汽好奇，改良了蒸汽机；伽利略对吊灯摇晃好奇而发现了单摆。好奇心是叩开创新之门的钥匙。没有好奇心，就产生不了兴趣；没有了兴趣，就没有探究问题的动力，那就谈不上创新了。有了兴趣以后，再深入其中，找到乐趣，再深化为志趣。所以，要开发创新思维，首先要有好奇心。

（2）**要有丰富的想象力**。丰富的想象力是创新的前提和基础。例如，1984年罗纳德·里根当选美国总统，当时有一个故事，有一群小学生在老师的带领下到户外去玩耍。到了一个树丛中，他们发现了一只蛋。老师让学生都来猜猜那是什么蛋。有的说是麻雀蛋，有的说是恐龙蛋，有的说是鸭蛋或鸡蛋，莫衷一是。当时有人提议，要知道那是什么蛋，抱回家放在孵化箱里面孵化，看孵出来是什么就知道是什么蛋了。一个学生把那只蛋放在孵化箱里，然后加温，眼睛一直盯着那只孵化箱看，看看到底孵出来的是什么。终于等到蛋壳破了。你猜出来的是什么，一看，全部惊呆了，是里根总统。[①] 简直不可思议，却又是多么富有想象力啊。这个故事是1984年全美推荐的一篇优秀的小学生作文。丰富的想象，即使是异想天开，也要加以引导，千万不要泯灭人的丰富的想象力。

在培养创新思维的过程中，必须用好逻辑思维方法与非逻辑思维方法。如果将思考比喻为一部行进中的车子，逻辑思维和非逻辑思维就好比两个车轮子。"思考"这部车子要平稳地前进，这两个轮子就必须协调地转动起来。两者的协调转动就体现在，对于有待创新的课题，要用非逻辑思维方法提出新思路、新设想，形成新创意；运用逻辑思维方法对提出的新思路、新设想、新创意进行整理、加工和筛选，找到解决有待创新问题的最佳方案。

（3）**多用正面思维**。创新要有良好的心态，以积极向上的心态进行正面思维，克服负面思维的影响。同一个事物，同一个现象，用不同的心态去看，得出的看法会截然相反。例如，曾有一位记者问爱迪生为什么失败了一千多次还在努力。爱迪生却回答说，他不是失败了一千多次，而是成功了一千多次，这就是正面思维。别人认为的失败，对爱迪生来说，是朝成功前进了一步，那当然是成功的了。能够这样

---

① 引自曾国平：《创新思维与创造力的发挥》，载《华夏星火》2004年第2期。

经得起挫折，始终保持积极的心态，进行正面思维，创新不可能不成功。

（4）**强化综合实践训练**。训练创新思维的目的是开发自己的创造力，利用创新思维去解决工作与生活中所遇到的各种问题。创新不是纸上谈兵，而是实践性很强的活动。通过创新思维训练，人们可以切实有效地提高创新思维能力。获得知识的最有效办法是亲自去实践。在实践的过程中，可以更有效地接收信息，也更能提高自己的创造力。美国的教育注重实践训练。例如，美国的小学老师要求三年级学生连续观察一个月的月亮盈亏，逐日画下月亮的形状，并要求小学生进行描述。在这一过程中，小学生会对月亮产生浓厚的兴趣，同时培养小学生的观察能力、动手能力和表达能力，在相互交流中还能培养思考能力，让小学生养成一个观察的好习惯，并持之以恒地去做好每一件事情。这些都是创新所需要的基本素质。美国老师还会要求小学生带种子回家去种，观察并记录种子发芽和生长的过程等。这些实践性很强的带有研究性质的作业，有助于增强学生的创新与创造能力。尽管能获得创新成果的人毕竟是少数，但一个有创新能力的人，在日常生活和工作中会直接产生一些有价值的小设想和小发明，对改善我们的生活、提高工作水平也是非常有益的。

（5）**营造充分交流的环境**。交流可以产生创新的思想火花。思想的交流会产生连锁反应。例如，甲乙两人交流思想，显而易见，甲不仅保留了自己的思想，还拥有了乙的思想；乙也同样如此。不仅如此，甲和乙在思想交流中，两个思想会产生碰撞，迸发出思想火花来，产生的也许不只是一个新的思想，而是两个、三个，甚至更多个。因为在交流中会相互启发，很容易产生创新。

在日常工作与生活中，亲朋好友之间、同事之间、上下级之间，应该建立平等、和谐的人格关系。只有这样，才能充分交流思想、共同研讨问题。否则，如果不能进行平等的交流，存在"权威—依从"关系，依从者的思维就会受到抑制，创新思维就容易关闭。我国著名科学家钱学森曾谈到他与他的老师卡门教授之间平等交流的体会。卡门教授每星期要主持召开一次研讨会和一次学术讨论会。会上，大家一律平等，可以畅所欲言，充分发表自己的学术观点，并公开进行讨论。在一次讨论中，钱学森和卡门发生了激烈的争论，钱学森坚持自己的学术观点，毫不退让，这令卡门教授十分生气，双方不欢而散。会后，卡门教授经过深入的思考，发现在那个问题上，钱学森的观点是对的。于是，第二天早上一上班，年过花甲的卡门教授来到年轻的钱学森的办公室，恭恭敬敬地给钱学森行礼致歉。科学的精神就是求真务实。坚持求真务实，才能展开平等的交流。职务有高低、年龄有长幼，但人格无贵贱之分。

参考文献

［1］艾伦·鲁宾逊、萨姆·斯特恩：《企业创新力》，新华出版社2005年版。

［2］托马斯·吉洛维奇：《理性犯的错：日常生活中的6大思维谬误》，中国人民大学出版社2014年版。

［3］孙惟微：《赌客信条：你不可不知的行为经济学》，电子工业出版社2010年版。

［4］王健：《创新启示录：超越性思维》，复旦大学出版社2007年版。

［5］龙柒：《世界上最伟大的50种思维方法》，金城出版社2011年版。

［6］卢克·威廉姆斯著，房小冉译：《颠覆性思维：想别人所未想，做别人所未做》，人民邮电出版社2011年版。

［7］乌云娜：《创新力》，国家行政学院出版社2012年版。

［8］布鲁克·诺埃尔·摩尔、理查德·帕克著，朱素梅译：《批判性思维：带你走出思维的误区》，机械工业出版社2012年版。

［9］丹尼斯·舍伍德著，邱昭良、刘昕译：《系统思考》，机械工业出版2008年版。

［10］雷·库兹韦尔著，盛杨燕译：《如何创造思维：人类思想所揭示出的奥秘》，浙江人民出版社2014年版。

［11］赵大伟：《互联网思维独孤九剑》，机械工业出版社2014年版。

［12］保罗·阿登著，王喜六译：《颠倒思维》，安徽人民出版社2009年版。

［13］余小元：《正面思考的力量》，哈尔滨出版社2011年版。

［14］（日）最上悠：《负面思考的力量》，华夏出版社2010年版。

［15］林崇德：《发展心理学》，人民教育出版社2009年版。

［16］张保隆、伍忠贤：《科技管理》，五南图书出版公司2010年版。

［17］邵强进：《逻辑与思维方式》，复旦大学出版社2009年版。

［18］王雁：《普通心理学》，人民教育出版社2002年版。

［19］（英）贝佛里奇著，陈捷译：《科学研究的艺术》，科学出版社1979年版。

［20］李猛：《思维导图大全集》，中国华侨出版社2010年版。

［21］麦冬：《经典思维50法：比智慧更重要的是思维》，内蒙古人民出版社2006年版。

［22］袁劲松：《柔性思维教练》，青岛出版社2005年版。

［23］拿破仑·希尔著，布衣译：《拿破仑·希尔成功学全书》，长江文艺出版社2010年版。

［24］郝广才：《带衰老鼠死得快》，知识出版社2003年版。

［25］吴盈：《正向思考：预约你的幸福人生》，北京航空航天大学出版社2010年版。

［26］于惠棠：《辩证思维逻辑学》，齐鲁书社2007年版。

［27］王干才：《矛盾思维概论》，陕西人民教育出版社1989年版。

［28］爱德华·德博诺：《创新思维训练游戏》，中信出版社2009年版。

［29］（英）波诺·冯杨：《六顶思考帽——全球创新思维训练第一书》，北京科学技术出版社2004年版。

［30］东尼·布赞：《心智图法实务运用》，耶鲁国际文化事业有限公司2004年版。

［31］陈劲、王方瑞：《技术创新管理方法》，清华大学出版社2006年版。

［32］高韵斐、章茜：《头脑风暴：50位商界巨子的财富论战》，学林出版社2006年版。

［33］安健·克里斯坦森：《自我颠覆》，哈佛商业评论（中文版），2012年第5辑。

［34］马克斯维尔·韦塞尔、克莱顿·克里斯坦森：《颠覆求生》，哈佛商业评论（中文版）2012年第5辑。

［35］埃弗雷特·罗杰斯：《创新的扩散》，中央编译出版社2002年版。

［36］白春礼：《创新能力建设：专业技术人员创新案例》，中国人事出版社2009年版。

［37］古典：《拆掉思维里的墙》，吉林出版集团北方妇女儿童出版社2011年版。

［38］（美）拿破仑·希尔著，刘津、刘树林译：《成功法则全书》，中国发展出版社2006年版。

［39］史玉柱口述，优米网编著：《史玉柱自述：我的营销心得》（剑桥增补版），北京同心出版社2014年版。

［40］曾国平：《让思维再创新》，重庆大学出版社2009年版。

［41］袁腾飞：《这个历史挺靠谱1》，武汉出版社2012年版。

［42］袁腾飞：《这个历史挺靠谱2》，武汉出版社2012年版。

［43］袁腾飞：《这个历史挺靠谱3》，武汉出版社2012年版。

［44］张新天：《创造性思维40法》，上海大学出版社2005年版。

［45］余鸿：《思维决定创意：23种获得绝佳创意的思考法》，中国纺织出版社2012年版。

［46］莫布森著，王昭力译：《反直觉思维：如何避免不理性的决策失误》，中国友谊出版公司2014年版。

［47］张明、丁井尧：《中国科技史》，青苹果数据中心出品。

［48］杰夫·戴维森著，王鼐译：《好点子都是偷来的——史上最感性的60堂创新课》，中国广播电视出版社2013年版。

［49］吉娜·基廷著，谭永乐译：《网飞传奇——从电影租赁店到在线视频新巨头的历程揭秘》，中信出版社2014年版。

［50］王振宇：《创新思维与发明技法》，中国工人出版社2007年版。

［51］希拉·P·怀特著，宋长来译：企业创新的7堂课，中信出版社、辽宁教育出版社2002年版。

［52］丘有光：论思维定势的形成及其运行机制，载《玉林师专学报》2000年01期。

［53］（美）约瑟夫·卡迪罗著，高伟译：《思考，非理性》，中国广播电视出版社2013年版。

精彩评论

《创新思维力》是一部好书，能够把深奥的东西写得引人入胜，需要深谙和创新，有操作性、可读性和系统性，可作为创新组织提升思维能力的参考教材。

—— 李普　科技部科技人才交流开发服务中心主任

"大众创新，万众创业"成了2015年的最大热词，创新成了我们这个时代的最强音符，创新也是激励现代企业家不断前行的最大动力。创新的根本在于思维，希望《创新思维力》为我们的思维加上创新的引擎，为梦想的实现创造精准的动力！

—— 陈晓　前国美总裁，现新沪商企业家协会总裁

在我的创新管理与策划活动中，特别是在与客户的沟通中，经常碰到许多思维障碍与思维偏见难以逾越。《创新思维力》一书为我打开思路，找到灵感，提供了切实可行的方法与路径，使我豁然开朗，有效提升了思维创新的能力。

—— 王鹰　国家注册高级认证咨询师、高级商务策划师

《创新思维力》是一部富有创新精神与思维深度的著作，结构简洁而寓意深刻，文风清新而内容厚重，值得一读。

—— 郭俊华　上海交通大学教授，博士生导师

作为一名普通读者，有幸先期拜读了吴寿仁博士的著作《创新思维力》，他运用自身专业的学术积累，结合在政府相关部门长期工作实践，为解决中国当下创新能力不足提供了新的视野。诚然，在通过"创新驱动、转型发展"解决中国经济发展内生性不足的大战略下，如何克服中国自身创新的内生性不足问题，已经脱离了我们曾经的知识框架。面对诸多新趋势、新问题，其性质和走向尚未被充分揭示，我们急需开启一个新的思想时代来应对这些问题，以思维创新带动理论、制度和体制的创新，开创改革的新局面，开辟发展的新境界。希望这本书能更多被决策咨询领域的同行参考和借鉴。

—— 汤蕴懿　上海社科院科研处副处长，公共管理决策咨询专家

《创新思维力》对创新的思维方法进行了追溯、借鉴、印证、反思和升华，让我脑洞大开，受益匪浅。在面临瞬息万变的市场环境时，创新已不再是可有可无之物，它已经成为企业生存与发展的必要条件。作者特别强调了创新思维的有效性和方法论，破除"为创新而创新"的误区，从而真正掌握创新之舵，驶向充满机遇的蓝海。

—— 李岩　《华东科技》杂志执行主编

《创新思维力》不仅揭示了行为模式背后的思维模式，而且剖析了思维模式背后的思维原理，从而站在更高的层次帮助读者拓展思维方法、提升思维品质。

—— 段招凌　上海通用汽车规划工程师

一位经济学家指出，成为一本好书的标准有三条：一要自成体系；二要有大量的知识细节；三要有诗性、灵性和神性。《创新思维力》正符合了这三条标准，它有着庞大的体系架构和丰富的理论知识，通过大量的鲜活案例又使理论不枯燥而富有生命力，称得上是一本好书。在实施创新驱动战略的大背景下，该书无疑对开阔科技人员的视野和创新实践，有很强的指导作用和参考价值。

—— 樊玲燕　张江高科技园区管委会文秘

读完《创新思维力》一书，潜意识里记住了很多事情。在学习上，在碰到问题时会从多角度思考，寻找最适合的解决路径。其中，我运用到最多的是发散思维、联想思维和思维转换。　此书对于我调整学习计划、摸索研究方向、调节生活步骤、处理自己与自己的关系以及自己与身边同学、老师和朋友关系都有很强的指导意义。

—— 刘菊艳　上海外贸大学在读研究生

《创新思维力》一书把抽象、深奥的概念配以一个个生动有趣的案例，从思维定势、思维偏见中帮助我们认识思维中的障碍因素，同时又指明创新思维的方法和路径，内容全面系统，可读性强，是提高创新思维能力不可多得的好读物。

—— 李雪艳　博士、上海科技管理干部学院教授

读完《创新思维力》一书，顿感无数创新灵感之光在闪烁，更有信心面对现实，满怀希望憧憬未来。创新思维赢，赢在创新思维力！

—— 黄龙　创新培训师

　　《创新思维力》一书将思维理论与丰富案例结合分析，使我豁然了解了多彩思维带给世界的万千变化，激发了对人类思维探究的热情，同时也感受到思维的威力和开发用好创新思维对现实工作生活的重要性、迫切性。

—— 潘海燕　上海科技管理干部学院副教授，创新培训师

　　作了茧的蚕，是不会看到茧壳以外的世界的，只有破茧重生，才能感受外面的精彩。《创新思维力》正是那股强大的力量，能够帮助我们超越固有思维，冲破思维障碍。

—— 葛佳慧　上海科学技术开发交流中心

　　科技创新，主要在于思维的转变，如何进行思维的转变呢？《创新思维力》通过案例、可操作性的方法，作了较好的回答。它对各类思维的概念、障碍及能力提升的途径阐述得清晰，易懂易掌握。通过学习，它有助于拓展思维、找到新思路、寻求创新突破、创造价值。

—— 陆梓语　上海浦东新区研究开发机构联合会秘书长